50种
经济林果丰产栽培技术

王立新　王法格　王　森　主编

中国农业出版社

编写人员名单

主　编　王立新　　王法格　　王　森

副主编　吴振旺　　梁文杰　　郜爱玲

参　编　（按姓名笔画排序）

叶召权　　权　伟　　朱建军

刘益曦　　杨艳红　　余宏傲

张余田　　张常顺　　陈功楷

周海萍　　董占波　　曾光辉

谢志亮

前 言

　　经济林是以生产果品、食用油料、饮料、调料、工业原料和药材为主要目的的林木。经济林产品包括果实、种子、花、叶、皮、根、树脂、树液、紫胶、白蜡等，根据其主要产品的用途可分为干果类、水果类、蔬菜类、食用油类、工业用油类、芳香油类、香料调味品类、饮料类、药用类、工业原料类等很多种。经济林是商品林的重要组成部分，具有投资周期短、见效快、经济效益显著、利国利民等优点，其屏障作用和产业作用并存且不可替代，在我国现代化农业建设中具有特别重要的意义，在当前保护生态环境和保证国民经济可持续发展进程中，愈来愈受到世人的关注。

　　我国山区、丘陵及荒滩面积大，许多地区都适宜发展经济林生产。经济林树种具有一年种植多年收益的特点，可为广大群众提供可靠的经济来源。在城郊及交通方便的地方，合理开发经济林资源，可为人们提供休憩场所，带动生态观光旅游林业发展；在"三北"防护林中建设生态型经济林，相当于创办绿色企业；在经济林中搞立体经营或发展庭院经济林，可增加致富门路。因此，结合市场需要合理开发利用土地气候资源，依靠科技进步因地制宜发展经济林生产，既可调节气候、改善生态环境条件、保持水土涵养水源、防治自然灾害，促进农牧业生产持续健康稳定地发展，又能优化林业产业结构，推动高效林业、创汇林业的发展，经济效益、社会效益、生态效益显著。

为了推广普及经济林果科技知识，帮助果农和林农尽快提高果园及经济林的经济效益，我们组织有关专家教授编著了《50 种经济林果丰产栽培技术》一书，重点介绍我国目前广为开发利用且经济价值较高的油茶、油桐、乌桕、杜仲、山茱萸、银杏、八角、肉桂、花椒、笋用竹、香椿、龙芽楤木、茶树、沙棘、板栗、核桃、仁用杏、榛子、柿、石榴、枣、山楂、猕猴桃、瓯柑、杨梅、蓝莓、枇杷、番石榴、百香果、番木瓜、杨桃、黄皮、椰子、油橄榄、金银花、胡椒、腰果、无花果、扁桃、厚朴、果桑、山核桃、玫瑰、枸杞、五味子、黄柏、辛夷、香榧、欧李、刺梨共 50 种经济林果丰产栽培技术。

参加本书相关工作的人员有王立新、王森、王法格、吴振旺、谢志亮、权伟、邬爱玲、梁文杰、余宏傲、朱建军、叶召权、陈功楷、杨艳红、周海萍、刘益曦、张余田、张常顺、董占波、曾光辉等。在本书编辑出版过程中，得到了中南林业科技大学林学院、温州科技职业学院园林系、温州科技职业学院三农服务中心、温州市农业科学研究院果树研究所、温州市农业科学研究院现代农业规划研究所等单位和部门的大力支持，在此一并表示谢意。

王立新

2013 年 10 月 13 日重阳节

目 录

第三章　药用类树种丰产技术

第四章　香料类树种丰产技术

第八章　水果类树种丰产技术

第九章　其他特色经济林树种丰产技术

第一章
经济林树种的分类和作用

我国《森林法》指出，经济林是"以生产果品、食用油料、饮料、调料、工业原料和药材为主要目的的林木"。它是我国防护林、用材林、经济林、薪炭林、特种用途林等五大林种之一，是能够迅速实现生态效益、经济效益和社会效益有机结合的最佳林种，可为人们提供高质量的森林食品、药材、工业原料及其他产品。经济林具有投资周期短、见效快、经济效益显著、利国利民等特点，为我国商品林的重要组成部分，在我国国民经济建设中具有特别重要的意义。

一、经济林树种的分类

经济林产品包括果实、种子、花、叶、皮、根、树脂、树液等，根据其主要用途可对经济林树种做如下分类：

（一）果品类

1. 干果类 干果类指果实或种子含水量较少且种壳较硬，可供食用或加工成食品及饮料的树种。如香榧、腰果、板栗、核桃、榛子、沙枣、红松、扁桃（巴旦杏）、阿月浑子、仁用杏等。

2. 水果类 水果类指果实含水量较多，可供食用或加工成食品及饮料的树种。如柑橘、枇杷、杧果、荔枝、龙眼、香蕉、苹果、梨、桃、杏、李、梅、樱桃、猕猴桃、石榴、葡萄、山楂、柿、枣、沙棘等。

（二）油料类

1. 食用油类 食用油类指利用树体含有油脂的果实或种子

加工为食用油的树种。如油茶、油橄榄、油棕、元宝枫、毛梾、文冠果、翅果油树等。

2. 工业用油类　工业用油类指利用树体含有油脂的果实或种子加工为工业用油的树种。如油桐、乌桕、黄连木等。

（三）饮料类

饮料类指利用树叶、树汁、种子、果实或花粉加工制成饮料的树种。如茶树、咖啡、椰子、沙棘、刺五加、余甘子、马尾松（花粉）、刺梨等。

（四）香料类

1. 芳香油类　芳香油类指利用树体含有油脂的各个部分加以蒸馏分离，能提取芳香油的树种。如八角、胡椒、山苍子、桉树、樟树、肉桂、茉莉、丁香、柏树、玫瑰等。

2. 调味品类　调味品类指果实、种子或树皮可作为食品调味用的树种。如八角、胡椒、肉桂、花椒等。

（五）工业原料类

1. 树液、树脂类　树液、树脂类指利用树干流出的树液、树脂、树胶，提制糖料、漆料、胶料等有机化学物质的树种。

（1）糖料类。如糖槭、金樱子、白松、刺梨等。

（2）树脂类。如马尾松、云南松、南亚松、思茅松、安息香、沉香等。

（3）漆料类。如漆树、野漆树等。

（4）胶料类。如印度橡胶、巴西橡胶等。

2. 鞣料、染料类　鞣料、染料类指利用树皮、树根及果实来提取或浸制鞣料、染料、色素等物质的树种。

（1）鞣料类。如桫椤、栲树、栎树、黑荆树等。

（2）染料类。如黄山栾树、黄栌、苏木等。

（3）色素类。如槐花中可提取黄色素芦丁，黄栌木材中含黄色素，黄柏的内皮可提取黄色染料等。

3. 纤维类　纤维类指树枝、树皮、树根可提供大量纤维的树种。如棕榈、蒲葵、青檀、三桠、罗布麻、构树及竹类等。

4. 编织类　编织类指枝条可供编织筐、篮及其他用具的树种。如杞柳、柽柳、柳树、紫穗槐等。

5. 软木类（栓皮类）　软木类指利用树皮的栓皮层可制作软木塞、隔音板及其他物品的树种。如栓皮槠、栓皮栎等。

6. 寄主树类（放养类）　寄主树类指让有益的昆虫寄生在某些树体上，利用其分泌物或虫瘿作为经济林产品的树种。

（1）紫胶类（虫胶）。适合放养紫胶虫的寄主树有合欢、小叶合欢、南岭黄檀、钝叶黄檀（牛肋巴）、火绳树、木豆等。

（2）白蜡类（白蜡）。如白蜡、女贞等。

（3）五倍子类（虫瘿）。如盐肤木、红麸杨等。

（六）药用类

1. 医药类　医药类指具有医疗功效可入药的树种。如五味子、枸杞、杜仲、厚朴、山茱萸、辛夷、金银花、黄柏等。

2. 农药类　农药类指利用树体有毒的性能，其产品可防治植物病虫害的树种。如木荷、枫杨、苦楝、川楝等。

（七）蔬菜类

蔬菜类指芽、嫩茎或叶可作为蔬菜的树种。如香椿、笋用竹、龙芽楤木。

（八）其他类

1. 淀粉类　淀粉类指果实、种子、块根等含有淀粉可供加工利用的树种。

（1）食用淀粉类。如柿、枣、板栗、沙枣、葛根等。

（2）工业用淀粉类。如各类橡子、栲类、榆等。

2. 饲料、肥料类　饲料、肥料类指枝叶中含有丰富的蛋白质可作为动物饲料或肥料的树种。如紫穗槐、桑树、柞树、榆树等。

二、经济林果在我国经济建设中的重要作用

经济林具有显著的经济效益、生态效益和社会效益，其屏障作用和产业作用并存且不可替代，在保护生态环境和保证国民经济可持续发展进程中，将更加受到世人的关注。

（一）经济林果产品是人们生活中的重要商品

我国现广为开发利用的经济林树种有100多种，其根、茎、叶、花、果、种子以及树皮、树脂、树液、纤维等器官组织及紫胶、白蜡等产品，都可为食品、医疗、油脂、化工、涂料、纺织、造纸、化妆等工业生产提供原料。

（二）经济林果产品是出口创汇的重要物资

许多经济林产品如核桃、板栗、枣、梨、杏仁、柿饼、生漆、桐油、山苍子油、八角、茶叶、银杏、杜仲等各种干鲜果品、饮料调料、工业原料及木本药材等，在我国对外贸易中，能提供大宗出口商品，是历史上的传统出口商品。

（三）经济林果是调整林业产业结构的主要林种

发展经济林能获得显著经济效益，见效快、受益期长，可以迅速搞活林业经济，从而大大提高林业产业的社会地位。依靠科技进步，优化调整林业产业结构，因地制宜搞好经济林生产，是进一步发展高效林业、创汇林业的重要途径。应该相信，在我国实施退耕还林、保护生态环境、加强生态文明建设、实施西部大开发战略中，经济林建设必将有新的跨越式的发展。

（四）经济林果生产是农民奔小康的有效途径

结合我国山区、丘陵及荒滩面积大的实际和市场需要，合理开发利用土地资源搞好经济林生产，既可调节气候、改善生态环境条件，又能保持水土涵养水源、防治自然灾害，使人们安居乐业，促进农牧业生产持续健康稳定地发展。

经济林树种具有一年种植多年收益的特点，可为农民群众提供可靠的经济来源。在城郊及交通方便的地方，合理开发经济林

资源，适地适树发展生态观光旅游林果业，可为人们提供休憩场所。在"三北"防护林中建设生态型经济林，相当于创办绿色企业；在现代林业产业中搞立体经营或发展庭院经济林果，对于解决我国人均土地面积小的问题具有十分重要的现实意义和深远的历史意义。

第二章

油料类树种丰产技术

一、油茶丰产技术

（一）经济价值

油茶为山茶科山茶属常绿小乔木或灌木，是我国南方特有的木本优质食用油料树种。茶油色清味香，不易酸败；茶油中的不饱和脂肪酸占94%左右，比一般草本油料含量都高，食后易为人体消化吸收，不会使人体血清中的胆固醇增加，是重要的保健食品；茶油耐贮藏，用来煎炸食品颜色鲜黄、味道可口、不易发霉变质，因此，茶油为我国重要的战略性物资。茶饼可作为肥料、农药，果壳可用来制碱、烤胶和活性炭等。

（二）优良品种及生长发育特性

1. 主要栽培种类

（1）普通油茶。普通油茶又称中果油茶、茶子树、茶油树、白花茶。树高2～4米，有的可达8米。树皮棕褐色、光滑。1年生枝灰褐色或棕褐色，被灰白色或褐色短毛。单叶互生、革质、光滑、短柄、卵状椭圆形。10月中下旬开花，花两性、白色，花瓣5～7片，开花后至次年10月间果成熟。蒴果球形、桃形、扁圆形、橄榄形等，果色有红、黄、青几种，果径2.0～4.5厘米，每果有种子1～16粒，一般4～8粒。普通油茶分布于南起广西南宁，北至河南云台山，西至云南德宏自治州，东到浙江镇海的广大区域内。

（2）小果油茶。小果油茶又名江西子、小茶、鸡心子、小叶油茶。嫩枝有细毛，节间短，分枝角度小，枝多叶密。10月下旬至11月中旬开白色花，花冠平展。蒴果，次年10月上旬成熟，果径0.9～2.6厘米，果皮薄，每果有种子1～3粒。小果油茶与普通油茶的区别在于叶小、花小、果小、芽小，芽的苞片中下部没毛。主要分布在北纬28°以南的福建、江西、湖南等地中南部，两广北部，其中以湘、赣两省为多。

此外，越南油茶、攸县油茶、浙江红花油茶、广宁红花油茶、腾冲红花油茶、宛田红花油茶、博白大果油茶、白花南山茶等，都有一定栽植面积。

2. 油茶良种名录 经国家林业局林木品种审定委员会审（认）定的油茶良种名录见表2-1。

表2-1 国家林业局林木品种审定委员会审（认）定的油茶良种名录

序号	良种名称	选育单位	适生区域
1	岑溪软枝油茶	广西壮族自治区林业科学研究院	广东连县，广西南宁、桂林，江西赣州、南昌，福建闽侯，贵州贵阳，湖南长沙，浙江富阳，安徽黄山，湖北武昌，河南新县
2	GLS赣州油1号	江西省赣州市林业科学研究所	江西南部
3	GLS赣州油2号	江西省赣州市林业科学研究所	江西南部
4	桂无2号	广西壮族自治区林业科学研究院	广西、湖南、江西等地的油茶产区
5	桂无3号	广西壮族自治区林业科学研究院	广西、湖南、江西等地的油茶产区
6	桂无5号	广西壮族自治区林业科学研究院	广西、湖南、江西等地的油茶产区
7	湘林1	湖南省林业科学院	南方油茶中心产区

（续）

序号	良种名称	选育单位	适生区域
8	湘林 104	湖南省林业科学院	湖南北部、东北部、中部，广西北部，江西西部等寒露籽传统产区
9	湘林 XLC15	湖南省林业科学院	南方油茶中心产区
10	湘林 XLJ14	湖南省林业科学院	南方油茶中心产区
11	湘 5	湖南省林业科学院	南方油茶中心产区
12	赣石 84-8	江西省林业科学院	江西、湖南油茶适生区
13	赣抚 20	江西省林业科学院	江西、湖南油茶适生区
14	赣永 6	江西省林业科学院	江西、湖南油茶适生区
15	赣兴 48	江西省林业科学院	江西、湖南油茶适生区
16	赣无 1 号	江西省林业科学院	江西、湖南油茶适生区
17	GLS 赣州油 3 号	江西省赣州市林业科学研究所	江西南部
18	GLS 赣州油 4 号	江西省赣州市林业科学研究所	江西南部
19	GLS 赣州油 5 号	江西省赣州市林业科学研究所	江西南部
20	亚林 1 号	中国林业科学研究院亚热带林业研究所	湖南、江西、浙江、广西等地油茶适生区
21	亚林 4 号	中国林业科学研究院亚热带林业研究所	湖南、江西、浙江、广西等地油茶适生区
22	亚林 9 号	中国林业科学研究院亚热带林业研究所	湖南、江西、浙江、广西等地油茶适生区
23	岑软 2 号	广西壮族自治区林业科学研究院	广西、湖南、江西、贵州等地油茶适生区
24	岑软 3 号	广西壮族自治区林业科学研究院	广西、湖南、江西、贵州等地油茶适生区

（续）

序号	良种名称	选育单位	适生区域
25	桂无 1 号	广西壮族自治区林业科学研究院	广西、湖南、江西等地油茶适生区
26	桂无 4 号	广西壮族自治区林业科学研究院	广西、湖南、江西等地油茶适生区
27	长林 3 号	中国林业科学研究院亚热带林业研究所中国林业科学研究院亚热带林业实验中心	浙江、江西、广西等地油茶适生区
28	长林 4 号	中国林业科学研究院亚热带林业研究所中国林业科学研究院亚热带林业实验中心	浙江、江西、广西、福建、湖北油茶适生区
29	长林 18 号	中国林业科学研究院亚热带林业研究所中国林业科学研究院亚热带林业实验中心	浙江、江西、广西、福建、湖北等地油茶适生区
30	长林 21 号	中国林业科学研究院亚热带林业研究所中国林业科学研究院亚热带林业实验中心	浙江、江西等地油茶适生区
31	长林 23 号	中国林业科学研究院亚热带林业研究所中国林业科学研究院亚热带林业实验中心	浙江、江西等地油茶适生区
32	长林 27 号	中国林业科学研究院亚热带林业研究所中国林业科学研究院亚热带林业实验中心	浙江、江西、广西、福建、湖南、湖北等地油茶适生区

（续）

序号	良种名称	选育单位	适生区域
33	长林 40 号	中国林业科学研究院亚热带林业研究所 中国林业科学研究院亚热带林业实验中心	浙江、江西、广西、湖南等地油茶适生区
34	长林 53 号	中国林业科学研究院亚热带林业研究所 中国林业科学研究院亚热带林业实验中心	浙江、江西等地油茶适生区
35	长林 55 号	中国林业科学研究院亚热带林业研究所 中国林业科学研究院亚热带林业实验中心	浙江、江西、广西等地油茶适生区
36	赣州油 1 号	江西省赣州市林业科学研究所	江西、广东、福建等地油茶适生区
37	赣州油 2 号	江西省赣州市林业科学研究所	江西省油茶适生区
38	赣州油 6 号	江西省赣州市林业科学研究所	江西省油茶适生区
39	赣州油 7 号	江西省赣州市林业科学研究所	江西、广东、福建等地油茶适生区
40	赣州油 8 号	江西省赣州市林业科学研究所	江西、广东、福建等地油茶适生区
41	赣州油 9 号	江西省赣州市林业科学研究所	江西省油茶适生区
42	赣 8	江西省林业科学研究院	江西、湖南、广西等地油茶适生区
43	赣 190	江西省林业科学研究院	江西、湖南、广西等地油茶适生区

（续）

序号	良种名称	选育单位	适生区域
44	赣 447	江西省林业科学院	江西省油茶适生区
45	赣石 84 - 3	江西省林业科学院	江西省油茶适生区
46	赣石 83 - 1	江西省林业科学院	江西、湖南、广西等地油茶适生区
47	赣石 83 - 4	江西省林业科学院	江西、湖南、广西等地油茶适生区
48	赣无 2	江西省林业科学院	江西、湖南等地油茶适生区
49	赣无 11	江西省林业科学院	江西、湖南等地油茶适生区
50	赣兴 46	江西省林业科学院	江西、湖南等地油茶适生区
51	赣永 5	江西省林业科学院	江西省油茶适生区
52	湘林 51	湖南省林业科学院	湖南油茶适生区
53	湘林 64	湖南省林业科学院	湖南油茶适生区
54	XLJ2	湖南省林业科学院	湖南油茶适生区

3. 生长发育特性

（1）根系。油茶主根发达，在土层深厚处主根最深可达 1.5 米以上。油茶细根的密集范围，垂直方向一般在 14～50 厘米范围。

油茶根系一般 2 月中旬开始活动，3 月下旬至 4 月中旬，当土温达 17℃且土壤含水量达 30％左右时，出现第一次根系生长高峰；9 月果实停长后至开花前，当土温 27℃左右、土壤含水量

17%左右时，出现第二次根系生长高峰；12 月至翌年 2 月油茶根系生长缓慢。

（2）枝芽。油茶的顶芽一般 1～3 枚着生在一起，中间 1 枚是叶芽，其余均为花芽。叶芽瘦长、青色，而花芽肥大、略带红色。

油茶的春梢从 3 月上中旬开始萌发至 5 月上中旬结束，生长期 55～70 天，花芽一般在春梢上形成。油茶夏梢多数自春梢顶端抽生，从 5 月中下旬开始萌发至 7 月下旬终止生长，需 60～65 天，夏梢在一定条件下也能分化出花芽。秋梢一般从 9 月上旬开始萌发至 11 月下旬终止生长，秋梢不能分化花芽且易遭霜冻，应当控制其生长。

（3）开花结实。油茶的花芽分化在春梢生长结束后开始，大约从 5 月开始到 8 月下旬基本结束，花芽分化盛期在 6 月下旬至 7 月中下旬。少数弱枝上的花芽到 9 月下旬才分化。油茶为两性花，一般 9 月中旬始花，10 月中旬至 11 月中旬进入盛花期，12 月进入末花期，少数可延至翌年 2～3 月。

油茶为虫媒花，自花授粉可孕性低或不孕，需要异花授粉。盛花期如天气温暖晴朗，有利于开花、昆虫传粉和花朵受精，坐果率高。油茶花授粉受精后，3 月中旬子房逐渐膨大形成幼果，3 月下旬至 8 月下旬为果实体积膨大期，其中 7 月份果实增长最快，8 月中旬以后，果实增长变慢，进入重量增长和油脂转化积累阶段。果实成熟时，果皮渐变黄褐色或黑褐色，茸毛脱尽，种子充实饱满。

（4）生命周期。油茶是亚热带常绿树种，从种子萌发出土到开花结实，需要 5～6 年，寿命长达 70～80 年。

（三）丰产栽培技术

1. 油茶对环境条件的要求

（1）光照。油茶要求年日照时数 1 800～2 200 小时，除在幼年阶段需要一定庇荫条件，随着树龄的增长，特别是进入生殖生长阶段，对光照的要求较为强烈。阳坡的油茶较矮、冠幅大，枝条充实，花芽多，花期早而整齐，果实早熟，产量和出油率都较高。阴坡上生长的油茶，枝条稀疏、纤细，花芽分化少，花期不整齐，果实成熟晚，产量低，出油率较低。

（2）温度。油茶喜温暖，要求年平均温度在 14～21℃，最冷月平均温度不低于 0℃，最热月的平均温度不超过 31℃，极端最低温度－14℃。花芽分化期日平均温度在 26～30℃，开花期日平均温度为 10～20℃。

（3）湿度。油茶喜湿润气候，要求空气相对湿度在 74％～85％，年平均降水量 1 000 毫米以上，且集中分布在 4～8 月。因此，油茶在农历 7～8 月对水分迫切，花期忌讳降雨。

（4）土壤。油茶对土壤要求不高，在我国南方的红壤、黄壤、pH 在 4.5～6.5 的瘠薄的丘陵岗地上均可正常生长发育。而丰产栽培，必须选择土壤 pH 在 5.0～6.0 的疏松、深厚、排水良好的壤土或沙质壤土。

（5）地势和坡向。在南坡海拔 800 米和北坡海拔 500 米以下的山地、丘陵地，油茶生长结实良好、含油率高。但在低纬度的云贵高原，海拔虽达 2 000 米仍能正常开花结实，不失栽培价值。山地阳坡油茶产量高于阴坡，通常以坡度不超过 25°为宜。

2. 苗木繁育技术

（1）实生苗培育。霜降前 3 天至后 7 天种子完全成熟后，从优良母树上采种，摊放在干燥、阴凉、通风的地方，厚度 10 厘米，每天翻动 1 次，3～5 天后茶果开裂。取出种子后阴干，经过粒选、筛选、风选等，去掉小粒、瘪粒、杂质等，及时贮藏。

①种子贮藏。

a. 沙藏。按种沙 1∶4 的比例，将种子与湿沙混合或分层在室内堆藏，亦可在室外沟藏。

b. 带果贮藏。把采回来的茶果连同果壳摊放在通风干燥的室内，不可日晒，不必翻动使其阴干，果皮开裂后也不取出种子，一直摊放到播种。

②播种。秋播宜在 11 月进行，春播宜在 2 月中旬至 3 月进行。春播前应对未经湿沙混合层积贮藏的种子进行催芽处理，用 25～30℃的温水浸 4～5 天，每天换一次清水，再与湿沙混放于竹笋内，四周和上面用稻草覆盖，然后放在温房内，温度保持在 25℃左右，每天洒水 1 次，保持沙子湿润，有半数种子破嘴时播种。

播种时，在苗床按株行距 10 厘米×20 厘米条状点播。沿畦面直向开沟，沟深 3～4 厘米左右，将种脐朝侧方放主根和幼茎才不会弯曲，覆土厚度 1.5～2.0 厘米，稍加镇压。

③播后管理。当苗高 10 厘米时施速效氮肥 1 次；长出 3～5 片叶时，用铁锹在地表下 10～15 厘米处呈 45°斜插切断主根，促进侧根生长，施复合肥 1 次。雨后松土除草，夏秋干旱时要及时灌溉保苗。幼苗期用半量式波尔多液防治叶枯病和立枯病；高温多雨季节用托布津 1000 倍液防治叶炭疽病。经过细心管理 1 年生苗高可达 30 厘米，地径粗 0.25～0.30 厘米。

（2）扦插苗培育。

①插穗处理。自 10 年生以上优良品种的树冠中上部外围选取粗壮、充实、腋芽饱满的当年生枝条作为插穗，插穗剪成一节一芽半叶，长 3.0 厘米左右，节上留 0.3 厘米长。将剪好的插穗 50～100 条捆成一扎，放入 100～200 毫克/千克萘乙酸溶液中随浸随插。

②扦插方法。夏插以 5 月底至 6 月为好，其次是 8～9 月秋插。扦插株距 5 厘米，行距 10～15 厘米。插穗可直插，也可斜插，入土深约 2/3，叶片和芽露出地面。

③遮阳喷水。

a. 常规扦插。常规扦插后经常喷水保持湿润环境，设置荫棚，棚上覆盖草帘、竹帘。棚内温度不超过 30℃，插后 1～2 个月左右开始愈合发根，成活率可达 90％。

b. 封闭式扦插。插后用塑料薄膜覆盖密封，既能保湿，也可提高二氧化碳浓度，控制温度在 30℃，对生根非常有利，成活率可达 95％。

c. 自动喷雾扦插。一般在夏秋高温干旱的地方使用，能自动调节湿度，满足插穗对水分的需求，一般生根速度比前两者快。

注意发根前必须进行人工遮阳，透光度达 30％左右，插穗生根后应逐步增加透光度。扦插约 1 个月插穗开始生根，用 5 000 倍液尿素加磷酸二氢钾喷洒，每 15～20 天一次；立秋后施适量磷肥。在高温条件下，可用半量式波尔多液及时防治炭疽病和软腐病。

（3）芽苗砧嫁接育苗。

①砧木培育。油茶有多种嫁接方法，其中以芽苗砧接在生产中应用较多。油茶砧木多用本砧，普通油茶以越南油茶或攸县油茶作为砧木也有较好的亲和性。芽苗砧嫁接时间以 3 月上旬、6 月中旬和 8 月下旬为好。一般在嫁接前 35 天左右对油茶大粒种子浸种后进行催芽，当胚芽长到 3 厘米左右时，即可作为砧木嫁接。

②嫁接步骤。春季选用上一年生健壮枝条作为接穗，夏季采用当年生半木质化或已木质化的枝条作为接穗。第一步，先用单面刀片在接芽下方两侧各削一个长约 1 厘米的斜面，使其成薄楔形，将接穗剪成 1 芽 1 叶；第二步再在芽苗砧子叶柄上方 2 厘米处平截，从截面中央纵切一刀，长约 1.2 厘米，然后插入接穗，使有芽的一边与苗砧一边沿对齐；第三步用牙膏皮固定或用地膜条绑扎紧。

③接后管理。将嫁接苗栽入架设荫棚的苗圃中，株行距为 5 厘米×15 厘米，及时浇透水，然后搭竹弓盖上薄膜密封保湿。嫁接后 25～30 天，当接穗与砧木愈合为一体即可撤除薄膜，逐渐增加光照，45 天后进行全光照。成活后 1 个月施稀薄人粪尿，或用 0.3％的磷酸二氢钾和 0.3％的尿素混合肥液进行土壤施肥

和根外追肥，在 9 月底前补施一次。

3. 园地规划与建设

（1）选地整地。油茶丰产园以土层深厚、疏松的低丘山地或海拔 800 米以下的向阳缓坡地为好。在我国南方红、黄壤形成的丘陵岗地上，凡长有马尾松、杉木、杜鹃、樟、盐肤木等植物的地方均可选为油茶的造林地。采用等高水平撩壕、带状整地、全垦或块状整地。

（2）植苗造林。适宜在雨季或雨季前夕进行为宜。冬暖湿润的广东、广西、福建等地宜冬季栽植。普通油茶栽植密度，每公顷栽 900～1 500 株，株行距 3.0 米×3.0 米或 3.0 米×3.5 米。小果油茶每公顷栽 1 500～2 400 株，株行距 2.0 米×2.5 米或 2.0 米×3.0 米。

（3）直播造林。以冬春为宜。冬播 11～12 月进行，春播 2～3 月进行。播前挖大穴施基肥，使之与穴内土壤混合均匀，上覆表层肥土，每穴播种子 3 粒，成品字形排列，覆土 3～4 厘米，播后加覆盖物。直播常在造林面积大、地形复杂、坡度较陡的地方采用。

（4）经营方式。主要有 4 种：油茶纯林、油茶与油桐混交、油茶与农作物混种、"四旁"种植等。如油茶与油桐混交，油茶为主栽树种，利用 3 年油桐前期生长快、衰败早的特点，初期对油茶幼树遮阳有利其生长发育，7～8 年后油茶大量结实而油桐衰败，可砍去油桐促进油茶生长结实。

4. 土肥水管理技术

（1）幼树期。幼年油茶，每年分别在 5～6 月与 8～9 月各除草一次。幼树期适宜间种黄豆、花生、豌豆、蚕豆、油菜等农作物；还有印度猪屎豆、苕子、乌豇豆、印尼绿豆等绿肥作物。追肥宜在 3 月上旬、5 月中下旬施，每株施硫酸铵、过磷酸钙、氯化钾各 30～50 克。

（2）成龄树。冬挖夏锄。冬季垦复宜深，一般挖 20～25 厘米深；夏季宜浅锄，深度 10～15 厘米左右。冬挖夏锄要做到二年一深挖，一年一浅锄。

采果后每年冬季施基肥，以厩肥、堆肥、饼肥等有机肥为主；春季以施氮肥为主；夏季在春梢停长后，施磷钾肥。每公顷施厩肥或土杂肥 4 500～7 500 千克、尿素 300 千克、磷肥 600～900 千克、钾肥 150～300 千克，施肥应结合垦复，在树冠投影外沿开环状沟施入。

5. 整形修剪技术

（1）幼树整形。油茶幼树整形修剪以 11 月至次年 2 月为好。常见油茶为自然圆头形，但是油茶丰产树形以多主枝自然开心形和多主枝波浪形为好。

栽植时的定干高度 30～50 厘米，以后选留合适方位的 3～5 个侧枝，将其培养成主枝。幼年阶段修剪宜轻，对不影响树形培养的枝条，应尽量保留，每年适当修剪下脚枝、过密枝，疏除竞争枝，回缩徒长枝。

（2）成龄树修剪。油茶成龄树修剪，应剪密留疏，去弱留强；弱树稍重剪，强树宜轻剪；冠下重剪，树冠中上部宜轻；当年结果多的树宜重，结果少的树宜轻。进入成年后，一次修剪强度不宜过大，应以疏删、轻剪为主，主要剪去枯枝、病虫枝、下脚枝、重叠枝、寄生枝、内膛细弱枝等。对主枝上的徒长枝，有空间时回缩培养成结果枝组，否则从基部疏除。修剪后做到枝条分布均匀、上下不重叠、左右不拥挤、疏密适度、通风透光、增大结果部位。

（3）放任树修剪。对于放任生长的成年树，一是通过减少大型主枝和疏除竞争枝的方法，将自然形成的圆头形树冠改造成开心形和波浪形。二是采取回缩修剪，将原来大树形改造成小树形、矮冠形，可增强树势、方便管理和采收。三是应用回缩与短截修剪，将大量的徒长枝改造成结果枝组，增加产量。因为油茶花芽多集中分布在枝条顶端，适宜疏删，不宜多短截。

6. 主要病虫害防治技术

（1）油茶炭疽病。受害果皮上出现黑色圆形病斑，后期病斑上出现轮生的小黑点；叶片病斑半圆形或不规则形，红褐色，中央灰白色，内轮生小黑点；枝干病斑呈梭形溃疡或不规则下陷，木质部黑色。防治方法如下：

①冬季搞好清园工作。剪除病枝梢，并清除地面落叶、病果，集中烧毁或制作堆肥。

②药剂防治。一般早春新梢生长后，喷射 1％ 的波尔多液进行保护，防治初次侵染。

③发病初期喷施 50％ 托布津可湿性粉剂 500～800 倍液或50％ 多菌灵可湿性粉剂 500 倍液。

④6～9 月是病果盛发期，每半月喷射 1％ 的波尔多液或 0.3波美度石硫合剂。

（2）油茶软腐病。初期叶片上出现圆形、半圆形水渍状病斑，阴雨天病斑扩大，叶肉腐烂只剩表皮，病叶在 2～3 天内脱落。受害果为土黄色或褐色圆斑，且有水渍。防治方法如下：

①搞好冬春季节搞好深挖垦复及清园工作。清除病叶、病果，减少越冬病菌。

②修剪。改造过密林分，适当整形修剪，使油茶林通风透光，减少发病。

③药剂防治。3 月下旬和 4 月中旬各喷一次 0.8％ 的波尔多液或 50％ 退菌特可湿性粉剂 600～800 倍液。

（3）油茶毒蛾。又称茶毒蛾、茶毛虫，主要以幼虫危害叶，严重时危害嫩梢、嫩树皮和幼果。防治方法：

①灭蛹。培土壅根，培土 7～10 厘米厚、打实，使土中蛹不能羽化，或集中烧毁地面枯枝落叶层中的蛹。

②摘除越冬卵块。因卵块产于叶背，以卵越冬，可在冬季结合修剪，摘除有卵块的叶片烧毁。

③药剂防治。各代 3 龄以前幼虫，喷施 50％ 的敌百虫乳剂

1 500～2 000 倍液或者 50％的马拉硫磷乳油 2 000 倍液。

④性诱剂防治成虫羽化盛期，灯光诱蛾于清晨 5 时，用未交尾的雌虫剪尾直接置于诱捕器内，诱捕雄虫。

（4）油茶尺蠖。又名量步虫、造桥虫，以幼虫危害叶片。防治方法如下：

①消灭越冬蛹。结合冬垦夏铲，杀灭虫蛹是防治的关键。在受害面积小、虫口密度大时，可人工挖蛹，捕捉成虫及幼虫，刮除卵块。

②生物防治。施用白僵菌、青虫菌、蜡螟杆菌。4～5 龄幼虫，施用 5 亿孢子/毫升蜡螟杆菌，效果可达 98.5％。

③药剂防治。幼虫 3 龄以前，喷施 90％的晶体敌百虫 1 000 倍液或 75％辛硫磷乳油 2 000 倍液，均有 90％以上的效果。

7. 放蜂授粉与采种　油茶花粉主要借助昆虫中的地蜂传播，也可在油茶花期人工放养蜜蜂传粉。由于油茶花蜜浓度大、皂素多，蜜蜂采蜜后易发腹胀、腹泻、烂仔、雄蜂增加、削弱蜂群的现象，所以给蜂群喂食"解毒灵"后放入油茶林，蜜蜂采蜜传粉的效果很好。据云南省广南油茶试验站试验，花期用 30 毫克/千克"九二〇"或 20 毫克/千克萘乙酸喷洒树冠，坐果率比对照区提高 2 倍多。

茶果成熟的标志：果皮上的茸毛自然脱落，变得有光泽；果基部毛硬而粗、色深；红色茶果嫣红鲜艳或红中带黄，青皮果变为青中带黄或淡黄，黄色茶果橙黄柔和或黄色变褐；少量茶果微裂，容易剥开，种子黑褐发亮。油茶采种应在种子已经充分成熟而果实尚未裂开之前进行。茶果采回后堆沤 6～7 天，脱出种子。用于榨油的种子，于晴天及时翻晒，晒干后收藏。

二、油桐丰产技术

（一）经济价值

油桐为大戟科油桐属木本工业油料树种。成熟的油桐鲜果出籽率在30％以上，干种仁含油率为60％～70％，桐油中桐酸含量达80％。桐油是良好的干性油，具有干燥快、光泽度高、附着力强、绝缘性能好、耐酸耐碱、防腐防锈等优良性能，在工农业、渔业、军事、医药等方面有广泛用途。油桐果皮含钾量达3％～5％，可作为提取桐碱和碳酸钾的原料；桐饼是肥效很高的有机肥料。油桐木材纹理通顺，材质较轻，可制作轻便家具。

（二）优良品种及生长发育特性

1. 品种群 油桐栽培历史久分布广，在长期的系统发育过程中，因人工选择和自然选择的共同作用，变异很多，形成了各种品种或类型。油桐的花、果序是重要的形态特征，这些特征特性在品种间的差异是显著和相对稳定的，并能集中地反映油桐的栽培经济性状。根据花序的大小、果实的着生方式，将油桐划分为三个大的品种群。

（1）少花单生果类。一个花序上的花在15朵以下，少有单生花，花轴分枝2级以下，果单生或少有丛生。其代表品种有四川、湖南的柴桐、柿饼桐；浙江的座桐、少花吊桐；云南的厚壳桐等。

（2）中花丛生果类。一个花序上的花一般不超过40朵，花轴分枝2～3级，果实丛生或少有单生。其中代表品种有四川大米桐、小米桐；湖南高脚米桐、葡萄桐；浙江吊桐；湖北九子桐；广西小蟠桐、对岁桐、老翁；云南矮子桐；贵州大瓣桐等。

（3）多花单生果类。一个花序上的花，一般是40朵以上，花轴分枝3级以上，雌花比例极低，长柄单生果，极少丛生果。其中代表品种有湖南、湖北公桐；浙江野桐等。

2. 优良品种 在我国各油桐产区均有各自的主栽优良品种，如浙江五爪桐、少花吊桐；四川小米桐、大米桐；河南股爪青、五爪桐；湖北九子桐、景阳桐；湖南葡萄桐等。当地主栽品种适于当地自然条件和生产特点，故发展油桐生产仍应以当地品种为主，引进外地品种为辅。

由于不同品种的生育特性不同，生产利用时应加以选择。对岁桐早果早衰，适用于杉桐、茶桐短期混交。浙江五爪桐、座桐，四川大米桐，广西老桐等品种适应性强，适于环境条件和经营条件较差的情况下使用。四川小米桐、浙江少花吊桐、河南股爪青等品种适于在立地条件好的情况下使用，且宜选择为长期桐农间作、较高管理水平的纯林或作为短期的桐茶、桐杉间种。

3. 生长发育特性　油桐属于浅根性树种，根系集中分布层在表土下5～40厘米。成年油桐的顶芽多为混合芽，萌发后形成花、花序、新梢；油桐侧芽为叶芽，通常为休眠芽。

油桐各产区的主要品种分别从6月下旬至7月中旬开始进行花芽分化，8月中下旬至11月中下旬完成花芽分化，通常4月上中旬开花。油桐为单性花，雌雄同株，也有强雌性化或强雄性化倾向的类型。雌花受精后6～8天幼果开始迅速生长，桐果生长期为165～180天。油桐果实生长发育明显分为果实膨大期和长油期两个阶段：果实膨大期侧重于果实体积的增长，6～7月份生长量最大；长油期侧重于脂肪转化、积累及胚发育，8月中旬至9月中旬是长油高峰期。

（三）丰产栽培技术

1. 油桐对外界环境条件的要求

（1）光照。油桐是喜光树种，要求光照充足的生长环境。

（2）温度。喜温暖湿润的气候，畏严寒。要求年平均气温13.1～21.2℃，1月份平均气温1.5～12.6℃，≥10℃积温3 269.7～7 500.0℃；无霜期207～340天；冬季较长时间的－10℃以下低温及其突发性较大幅度降温则遭冻害；花期要求最适温度在15℃以上，低于10℃影响正常授粉、受精。

（3）湿度。要求年降水量467.4～1 838.7毫米，适宜年降水量1 026.1～1 596.2毫米；年平均空气相对湿度63%～85%。花期多雨低温易造成产量锐减。

（4）土壤与地形。油桐根系入土较浅，适宜在土层深厚、土质疏松的中性偏酸土壤上生长。油桐丰产栽培要求土层厚度100～300 厘米，有机质含量 2%～8%，pH4.5～6.5，碳氮比12～15，土壤含盐量 0.05% 以下，要求土壤含有硼、镁、锰、钙、锌、铁等微量元素。我国油桐栽培区的多数丘陵、山地土壤，矿质营养含量均不能满足油桐生长所需，必须通过增加施肥才能丰产、优质。山地栽培油桐应选择在缓坡地段，一般坡度不宜超过 20°。

2. 苗木繁育技术

（1）实生苗培育。从优良品种的优树上采集种子。果实采回后，堆积于阴湿处，上盖稻草，沤去果皮，剥取种子即可冬播。春播的种子要在室内混沙贮藏，2～3 月播种。苗床按 25～30 厘米行距开沟，在沟内按 10～15 厘米株距点播。播后覆土 5～7 厘米，再铺放一层干草，播后约 1 个月幼苗出土。苗期要及时进行松土除草、灌水、施肥等常规管理。播种苗当年生苗高 80～100厘米即可出圃。

（2）嫁接苗培育。油桐嫁接育苗，春、夏、秋三季均可进行。春季在清明、谷雨进行嫁接，立夏之前完成，适用于切接、劈接、切腹接、嵌芽接或工字形芽接，使用的是经过贮藏的接穗。夏季在小满、芒种、夏至进行嫁接，立秋之前完成，适用于工字形芽接，使用当年生砧木及接穗。秋季在白露、秋分进行嫁接，南缘分布区可迟至寒露、霜降，北缘分布区可早至立秋、处暑，适用于工字形及 T 形等芽接法，接后不断砧。嫁接砧木粗度以 1.2～2.0 厘米为最好，接穗应采自优良母树中上部外围枝。接后要加强管理，及时检查与补接、剪砧、抹芽、定干、立防风柱等。嫁接苗粗度 1.2 厘米以上，高度 60 厘米以上出圃。

3. 园地规划与建设 油桐丰产栽培应积极推广优良无性系和优树嫁接苗造林。根据地貌特点、土地资源和社会经营条件的差异，形成不同的油桐经营模式：

（1）油桐纯林。油桐纯林是栽培较集中，收益期较长，经营水平较高，有利于获得高产稳产的林分。应选择海拔 800 米以下的山谷地段，或避风向阳的缓坡，在全面整地或带状整地的基础上，挖 1.0 米×1.0 米×0.8 米的大穴造林。栽植最适宜的时间为 2 月中下旬，在油桐分布区的北缘可延至 3 月上中旬，南缘可提早至 2 月初。

（2）桐农混种。桐农混种指油桐和农作物混合栽种。

（3）零星稀植。在房前屋后不规则栽植油桐，通常株行距大小不一。

（4）杉桐混交、茶桐混交。即油桐和杉木混交栽植以及油桐和茶树混交栽植。

4. 土肥水管理技术

（1）幼林期管理。

①中耕除草。栽植后头两年每年要进行 2 次中耕除草，第一次在 5～6 月，第二次在 8 月。在幼树干基 30 厘米周围只作浅耕，外围松土深度可达 15～20 厘米，除净杂草并铺放在幼树周围。第一年第一次中耕除草时，要注意扶苗培苗、补植。第二年第一次中耕除草后，要施肥。第三年在 6 月或 8 月抚育 1 次即可。

②合理间作。间作作物主要有玉米、马铃薯、大豆、豌虫、棉花、花生、紫云英、猪屎豆等。

③灌溉与排水。有条件的还要根据实际情况进行灌溉，雨季进行排水。

（2）成龄树管理。

①冬挖夏铲。冬挖夏铲是油桐栽培丰产的重要技术措施。冬挖每 2～3 年 1 次，时间 12 月至翌年 2 月份，深度要求 20～25 厘米，在土层深的缓坡或梯田可加深至 30 厘米。冬挖时将土壤大块深翻，让其在冬季自然风化，能起到加深土壤熟化和蓄水作用。夏季每年 7～8 月份进行一次浅锄，深度 10～15 厘米，及时消灭杂草。铲除的杂草开沟堆埋在树冠周围，能起到除草松土保

墙作用。注意冬挖夏铲要同时必须做好水土保持工作，才能收到预期效果。

②科学施肥。在秋冬两季结合土壤管理施基肥，于树冠周围开沟埋施，以有机肥为主。开花前追肥，以氮肥为主，氮、磷、钾（$N：P_2O_5：K_2O$）的配比为 4：2：1.2；落花后追肥，以氮、磷肥为主，配以适量钾肥。7～9 月是桐果油脂形成和积累的主要时期，花芽分化也在继续进行，需要很多养分，所以在 7 月初追肥以钾肥为主，氮、磷、钾（$N：P_2O_5：K_2O$）配比为 1：1：2.4，可减少落果，增加含油量。施肥要和灌水以及其他耕作措施配合，才能更好地发挥肥效作用。

5. 丰产树形培养与老林更新技术

（1）油桐丰产树形结构。中心主干有 3 轮分枝呈台灯形，树干高 1.0～1.2 米，第一层 4～5 个分枝；第二层 3～4 个分枝，轮间距 40～60 厘米；第三层 3～4 个分枝，轮间距 30～50 厘米，形成树高 4～5 米，冠幅 4.5～5.5 米。

（2）老林更新技术。

①截枝更新。树液停止流动时，将老树树干的 2～3 轮主枝全部去除。更新后的第二年即开始结果，3～5 年进入结果盛期，至 6～8 年又可进行第二次更新。第二次更新后的 2～3 年应在林下采用直播或植苗造林，以更替老林。

②截干更新。在 1～2 月将老树离地 0.7～1.3 米高以上的树干和枝全部伐除，只留下 1 个光秃秃的树桩子。第一年可能同时发出几个枝条，保留生长健壮、方位适当的 3～4 个枝条，其余枝条全部抹除。

③矮桩更新。从离地面 20 厘米截去主干。更新后第四年，可以进入盛果期。

6. 主要病虫害防治技术

（1）油桐枯萎病。受害的病树，枝梢基部和叶柄外部初呈赤褐色湿润条斑，然后变褐色，枝叶枯萎凋零，严重时整株枯死。

每年4～5月开始发病，6～7月发病最重，9～10月停止蔓延。防治方法如下：

①种植以千年桐为砧木，3年桐为接穗的嫁接桐，或营造3年桐与千年桐（或其他不易感病的树种）的混交林。

②避免在低洼积水及土壤贫瘠处种植，在低丘红壤土类种植油桐时必须用有机肥、石灰等改良土壤。抚育管理过程中，尽量不伤根系。

③用401抗菌剂800～1 000倍液，或50％乙基托布津可湿性粉剂400～800倍液淋根，可抑制枯萎病发展。

④已不可挽救的重病树，应及时挖除烧毁，并用石灰消毒树坑。

（2）油桐黑斑病。危害油桐叶片和果实，造成严重的落叶、落果，8～10月为病害盛发期，引起早期落叶落果。防治方法如下：

①加强抚育，提高抗病能力。幼龄林应每年进行1～2次抚育，成龄林每年应除草松土和埋青施肥。

②清除病原。冬春抚育桐林时，将病叶、病果埋入土内，减少病原的初次侵染来源。

③喷药保护嫩叶、幼果。在叶展开后每隔10～15天喷1％波尔多液一次，连续2～3次；幼果形成期用同样药剂和浓度喷洒，也可喷65％代森锌可湿性粉剂500～600倍液，或77％氢氧化铜可湿性粉剂600～800倍液，或70％甲基托布津可湿性粉剂600～800倍液，这样就可避免桐叶、果实被侵染危害。

（3）油桐炭疽病。主要危害千年桐的叶子、枝条和果实，引起落叶落果，影响油桐生长和结实。广西3月底开始发病，6月是发病第一次高峰，11月是第二次高峰。防治方法如下：

①选择土层深厚，适于油桐生长的地方营造桐林，并营造混交林，对原有的大面积千年桐重病纯林应有计划地加以改造成为混交林，并增施有机肥或磷、钾肥，增强树势，提高抗病能力。

②结合抚育管理，清除病落叶、落果，集中烧毁，以减少侵染来源。

③喷洒药剂保护叶片、果实，以免危害。3～4月喷洒1：1：125波尔多液，使叶片免受病菌侵染；在果实形成时，喷洒1：1：100波尔多液，也可喷洒70%甲基托布津可湿性粉剂600～800倍液，或65%代森锌可湿性粉剂500～600倍液，或77%氢氧化铜可湿性粉剂600～800倍液。

（4）油桐尺蛾。别名油桐尺蠖、量步虫。主要危害油桐，也危害油茶、乌桕、板栗、肉桂等树种。幼虫多食性，大发生时可将成片油桐林的叶子吃光。防治方法如下：

①结合冬季中耕除草，消灭越冬蛹；在树蔸周围培土稍加镇压，可阻止成虫羽化出土。

②利用黑光灯诱杀成虫，或者人工捕杀静伏于树干下部或主枝上的成虫。

③保护和利用黑卵蜂、姬蜂等重要天敌。

④雨后喷洒100亿孢子/克的白僵菌粉剂或2亿孢子/毫升的白僵菌液，也可喷洒2亿～4亿孢子/毫升的苏云金杆菌液，对1～4龄幼虫防治效果显著。

⑤在4龄幼虫以前，喷洒90%敌百虫晶体800～1 000倍液，或80%敌敌畏乳油800～1 000倍液，或20%克螨虫乳油1 000倍液等，效果均很好。

（5）油桐大绵蚧。别名巨绵蚧，若虫和成虫在叶片与枝条上吸取汁液，常诱发煤烟病发生，轻者影响油桐生长，结实减少，桐籽含油率下降；重者造成大片油桐树枯死。防治方法如下：

①以保护天敌为主。黑缘红瓢和细缘唇瓢虫是大绵蚧主要天敌。

②人工刮除成虫及卵囊，摘除虫叶；冬前剪除越冬虫枝。

③在成虫产卵和若虫孵化后半个月，是喷药的有效期，可喷洒50%马拉硫磷乳油1 000倍液。

（6）油桐丽盾蝽。别名丽盾蝽、苦楝蝽。若虫和成虫刺吸油桐果实、叶片和嫩梢的汁液，造成早期落果，降低果实含油率。防治方法如下：

①冬季捕捉树冠中越冬成虫。

②保护和利用天敌，蝽沟卵蜂和平腹小蜂为油桐丽盾蝽主要天敌。

③选用 90％敌百虫晶体 1 000 倍液，或 80％敌敌畏乳油 1 000倍液或 20％杀灭菊酯乳油 4 000～5 000 倍液喷杀若虫。

7. 果实采收 油桐果实通常在 10 月中旬至 11 月初成熟。当果皮由绿色变为黄绿色、紫红色或淡褐色，并逐渐开始自然脱落时，就可采收。桐果采收后，堆放在阴凉的室内，如果堆在室外的场地要适当遮盖，切勿暴晒。堆放 10～15 天，待果皮变软时可进行机械或人工剥取种子。榨油用的商品种子要晒干、风净后装袋，之后送入库房贮藏。库房要求通风、干燥、防鼠。种子贮藏时间不宜太长，最迟在翌年 2～3 月榨油完毕，以免影响出油率和油质。

三、乌桕丰产技术

（一）经济价值

乌桕是大戟科乌桕属落叶乔木，木本工业油料树种。广泛分布于秦岭、黄河一线以南各省区，以湖北省最多，浙江居第二位，安徽、福建、广西、江西、云南、广东次之。乌桕以生产桕脂（皮油）和桕油（青油）为主要栽培目的，一般每 100 千克种子可榨取桕脂 24～26 千克，桕油 16～17 千克，总出油率高达 41％以上，是目前木本油料树种中出油率较高的一种。桕脂和桕油均为重要的工业原料，广泛用于制皂、蜡纸、化妆品、金属涂擦剂、固体酒精和高级香料，也是制造硬脂酸的重要原料。桕脂还应用于食品工业，可制成巧克力酱体。桕饼可作燃料和饲料，种仁榨青油的饼是优质的有机肥料，籽壳、果壳可制糠醛；桕花是良好的蜜源；木材可制精美家具。

（二）优良品种及生长发育特性

1. 优良品种

（1）选柏 1 号。为浙江兰溪乌柏林场从实生树中选出的无性系品种。叶大，叶柄粗长，结果枝长、果穗长，结果后常下垂，一般 11 月上旬成熟。每果穗结果平均为 44.6 个。果实三角状球形，籽较大，蜡皮厚，产量高，大小年不明显。种子含蜡率43.12％。对肥水条件不苛刻，比较耐旱、耐瘠，适合山地种植。

（2）选柏 2 号。从农家品种"平阳大粒鸡爪柏"中选出的无性系品种。结果枝粗壮，果穗大，每穗 3～7 个果序，果实立冬后尚为绿色。果大、皱皮，籽大、蜡皮厚。在水肥条件良好、气候温暖的地方能优质高产，适宜在浙江南部及类似地区种植，往北引种，成熟期推迟。

（3）铜锤柏 11 号。分枝较稀疏，结果枝粗长，花序细硬直立似烛。果较大、扁球形、皮厚、色略发黄，一般 11 月下旬成熟。树体小，早实、丰产，适应性强，在浙江各地均可发展。引种到湖南、湖北、广西等地表现良好。

（4）分水葡萄柏 1 号。新梢顶部叶片紫红色，鲜艳似花朵。果序特别长，达 18～25 厘米，结果枝多而细弱，结果后多下垂，果实 11 月中旬成熟，三角形，籽小、具尾尖。大小年不明显，较耐寒并耐干燥、瘠薄。适宜浙江北部及类似的地区种植。

2. 生长发育特性

乌柏实生树需要 3～4 年开始结果，晚的7～8 年才开始结果；而嫁接树 2～4 年就开始结果。乌柏盛果期10～50 年，立地条件好的地方 70～80 年仍可大量结果。

乌柏春梢是当年的结果枝，又是翌年的结果母枝。春梢的基枝越粗壮，去年采种时留下的长度越短，单位基枝上抽发的春梢越少，则生长越旺盛。乌柏夏梢可扩大树冠，增加分枝级数，次年可成为结果母枝。乌柏秋梢数量少生长弱，无经济价值，应加以控制。

乌桕的两性花序都是雌雄异熟，属于雌先熟类型。葡萄桕的雌花与鸡爪桕雄花序上的雄花同时开放，鸡爪桕的雌花开放时正是葡萄桕雄花的盛花期，这样就为两者自然授粉创造了条件。因此，用嫁接苗造林时要注意葡萄桕与鸡爪桕的相互配置，以利于授粉。乌桕果实生长分为果实肥大生长期和种子发育时期。

（三）丰产栽培技术

1. 乌桕丰产栽培对外界环境条件的要求 乌桕喜温、好光、耐湿，对土壤的适应性较强。在年平均温 15℃ 以上，年降水量 750 毫米以上地区均可生长。主产区年平均温为 16～19℃，年降水量 1 000～1 500 毫米，能忍耐极端最低温度 −18℃。乌桕对土壤适应性强，土壤种类以山地红壤、黄壤、紫色土、石灰土、水稻土和冲积土等，在冲积土和石灰土以及富含钙质的紫色土上生长结果最好。乌桕生长要求有较高的土壤湿度且能耐短期积水，具有一定的抗盐性。

2. 苗木繁育技术

（1）播种砧木。葡萄桕和鸡爪桕均可作为乌桕的砧木。砧木种子采集于 15～40 年生的生长健壮、种粒大、种仁饱满、无病虫害的母树。贮藏 1 年以上的种子发芽率很低，不宜播种。育苗地应选向阳、肥沃、排水良好的地方。冬季或春季播种。冬播于 11～12 月采种后立即播种，一般以 2～3 月春播为好。按 25～30 厘米行距条播，发芽出土后加强肥水管理和除草，间苗 2～3 次，最后一次按株距 15 厘米左右定苗。苗木地径达 1 厘米以上，方可作为嫁接的砧木。

（2）嫁接方法。接穗选自优良品种或优良单株树冠中上部外围 1 年生枝，粗度以 0.75～1.00 厘米为好。接穗可随采随接，也可在冬季利用采下的果枝剪成 60～80 厘米长，放在室内层积沙藏，次年春嫁接。

①枝接方法。包括切接、腹接、切腹接，时间以树液开始流动但芽尚未萌动时为好。在广西一般 2 月初，浙江为 2 月中旬至

3月下旬。其中以切腹接法为好，可提高工效和成活率。嫁接苗高达 50 厘米以上，根径 1 厘米以上，即可出圃。乌桕主根发达，起苗时主根要保留 20 厘米长。

②芽接方法。包括 T 形芽接和环状芽接，春、夏、秋均可进行，以春、夏为好。浙江临海 2 月上旬将去蜡种子用湿沙催芽，3 月中旬播种，6 月上旬至 7 月上旬进行 T 形芽接或环状芽接。嫁接当年平均苗高达 1 米，平均粗在 1 厘米以上。

3. 园地规划与建设 乌桕山地造林应选择向阳背风的南坡，平地、丘陵、"四旁"造林选择土层深厚、疏松的地方。嫁接苗造林一般每公顷栽植 450～900 株，农林间作 75～150 株为宜。造林时间可在冬春进行，整地方式可采用穴状整地，施足底肥。造林时，还需要注意鸡爪桕和葡萄桕的相互配置，以利于提高结果率。

4. 土肥水管理技术

（1）间作套种。桕粮间作、套种，注意在新造桕林中不要种高秆作物。

（2）冬挖夏铲春施肥。春梢萌发前或在 4～5 月份施速效肥，促进春梢生长与花序形成发育。7 月为果实的肥大生长期，进行铲山、除草、松土，可减少地表蒸发及杂草灌木的蒸腾，降低土壤水分消耗，以保证果实对水分的需要。7 月份以后进入种子发育时期，应增施磷、钾肥。

5. 修剪要点 乌桕一般不进行专门修剪，而是在采摘时视树体长势强弱，将果穗连同结果枝不足 0.6 厘米粗的部分一起采摘下来代替修剪。同时，剪除重叠枝、下垂枝、枯衰枝、病虫枝，扩大受光面积。

6. 主要病虫害防治技术

（1）乌桕毒蛾。幼虫危害乌桕、油桐等树木叶子，也能啃食嫩枝皮层及果皮。防治方法如下：

①人工捕杀。利用幼虫群集越冬或夏季高温时下树隐蔽的习

性，及时消灭。摘除卵块及初孵幼虫。

②诱杀。灯光诱杀成虫，树干上束草诱集下树的幼虫。

③保护天敌。天敌有姬蜂及绒茧蜂等寄生幼虫；大腿蜂等寄生蛹，应加以保护利用。

④药剂防治。可用20％杀灭菊酯3 000倍液或2.5％溴氰菊酯4 000～5 000倍液喷杀幼虫。

（2）樗蚕。幼虫危害乌桕、冬青、含笑等树木叶子，常将树叶食尽，仅留叶柄，严重影响乌桕的生长。防治方法如下：

①人工采茧。冬季树叶凋落，茧明显可见时人工采捕。

②黑光灯诱杀成虫。成虫羽化期用灯诱杀，可以达到良好效果。

③药剂防治幼虫。可用90％敌百虫晶体1 000倍液，或80％敌敌畏乳油1 000倍液等，效果均较好。

（3）乌桕卷蛾。幼虫卷于嫩叶在其中取食，影响新芽生长。除危害乌桕外，还有茶树、油茶、柑橘、梨、荔枝等。防治方法如下：

①诱杀。在成虫羽化期用黑光灯诱杀。

②生物防治。白僵菌、苏云金杆菌、赤眼蜂均可利用。

③药物防治。应掌握在1～2龄幼虫的盛期喷洒杀虫剂，可用90％敌百虫晶体800～1 000倍液，或80％敌敌畏1 000倍液等。

（4）乌桕木蛾。幼虫危害乌桕树叶，大发生时能将树叶食尽，影响乌桕生长。此外，还危害板栗、麻栎等。防治方法如下：

①保护利用天敌。主要天敌有广大腿小蜂、山雀、青蛙、蚂蚁等。

②黑光灯诱杀成虫。

③人工采集树干上的卵块。

④药物防治。可用90％敌百虫晶体800～1 000倍液，或

80％敌敌畏 1 000 倍液等喷洒。

7. 果实采收 乌桕果实成熟的标志为果壳脱落，露出洁白种子。乌桕果壳脱落即为采收适期。大多数品种类型的果实在10 月下旬前后成熟。

采收方法：短截结果枝，即将果穗连同结果枝上部一起剪下，仅留果枝基部一段作为明年的结果母枝。采种时修剪留桩长度取决于结果枝的粗度。粗度大，留桩可长些；粗度小，留桩可短些，一般在 5～20 厘米。采果时截枝强度应根据树龄、树势、树冠部位、结果枝粗度不同，掌握弱枝强剪，幼壮树弱剪，老弱树强剪，树冠外围弱剪，下部及内部强剪的原则进行。初结果的幼树，因其仅在树冠内部、下部生长弱的春梢上结果，若春梢生长过于旺盛反而不结果，所以截枝强度不能太大。

第三章
药用类树种丰产技术

一、杜仲丰产技术

（一）经济价值

杜仲为我国特有的贵重药用树种，自然分布于秦岭、淮河以南至南岭以北，黄海以西，云贵高原以东；北自甘肃、陕西；南至云南、广西；东抵山东、浙江；西及四川；中经安徽、湖北、湖南、江西、河南、贵州等 13 个省（区）；垂直分布为海拔300～1 300 米，西部可达海拔 2 500 米，主要产区多在 500～1 100米。主产区在中、北亚热带，主要包括陕西、湖北、江西、安徽、湖南、四川、贵州诸省的山区。

杜仲树皮入药，补肝肾、强筋骨、安胎，具有明显降血压作用；杜仲胶有高度绝缘性、耐水性、耐潮湿性、高度黏着性、热塑性和抗酸碱性，为海底电缆必需的材料和电工绝缘材料。经过硫化的杜仲胶，是具有橡胶和塑料双重特性的天然高分子材料，广泛应用于工业、电子、通信、交通、航空、医疗和人民生活之中。杜仲油为高级保健型食用油和工业用油，种仁含油率达27%，叶可作为饲料。杜仲木材色白、具光泽，木质坚韧、不易翘裂、纹理细腻、不易遭虫蛀，是良好的家具、舟车和建筑用材。

（二）优良品种及生长发育特性

1. 优良品种　按杜仲主干开裂状况，可将杜仲划分为深纵裂型、浅纵裂型、龟裂型、光皮型 4 个类型，根据可供药用和提胶的内皮重量和厚度来看，光皮型较为优良。此外，在湖南慈利还发现有红叶杜仲；河南洛阳发现有小叶杜仲；洛阳林业科学研究所通过芽变选育出一种密叶杜仲（其节间长仅为普通杜仲的 1/3～1/2），树冠紧凑，产叶量高，适宜叶用型密植园栽培。

（1）果用杜仲优良品种。近年来选育出的果用杜仲优良品种有华仲 6 号、华仲 7 号、华仲 8 号和华仲 9 号，均由中国林业科学研究院经济林研究开发中心选育。

（2）高胶、高药型杜仲新品种。近年来选育出的高胶、高药型杜仲新品种有秦仲 1 号、秦仲 2 号、秦仲 3 号和秦仲 4 号，均由西北农林科技大学林学院选育。

2. 生长发育特性　杜仲为深根性树种，主根长度可达 1.35 米，侧根分布范围可达 9 米^2，根系主要分布在近土壤表层 5～30 厘米。杜仲萌芽力极强，一旦受伤后休眠芽即可萌发，抽生多数萌枝。杜仲是雌雄异株树种，风媒花，雄树占 15％即可保证雌株受粉。

（三）丰产栽培技术

1. 杜仲对环境条件的要求

（1）光照。杜仲为阳性树种，栽培在阳光充足的地方生长良好，在蔽荫环境中树势较弱甚至死亡。阳坡、半阳坡的杜仲树比阴坡的杜仲生长得好。

（2）温度。杜仲耐寒性较强，在年均温度 11.7～17.1℃、1 月绝对低温－4.1～－19.1℃、7 月份最高温 33.5～43.6℃的广大地区都能正常生长发育，我国长江、黄河、淮河及海河流域都能栽培。其中以年均温 15℃、1 月平均温度在 0～5℃，7 月平均温度 25℃左右，极端最高气温 40℃左右，极端最低温－5℃左右最为适宜。

（3）水分。杜仲有较强的耐旱能力，在年降水量 500～1 500 毫米的地区均有分布，年降水量 1 000 毫米左右最为适宜。杜仲产区的自然降雨一般能满足其需水量。生长季节若遇阴雨连绵，杜仲林内空气湿度较大，易导致病虫害发生。

（4）土壤。杜仲对土壤条件要求不严，中性、微酸性或微碱性的沙质壤土或黏壤土均可栽种。最适宜生长在土层深厚、疏松、肥沃、排水良好的壤土，pH5.0～7.5，一般生长在山脚或山腰及坡度不大的阳坡。

2. 苗木繁育技术

（1）播种育苗。将杜仲自然成熟的种子秋季直播于圃地，任其自然腐烂吸水，翌春可正常发芽出苗。如秋冬采种，春播前要进行种子处理，方法如下：

①热水浸烫。将种子放入 60℃ 的热水中浸烫，边浸烫边搅拌，当水温降至 20℃ 时，使其在 20℃ 下浸泡 2～3 天，浸泡期间每天早晚都要换一次温水，当种子膨胀、种皮软化后捞出，拌以草木灰或细干土，即可播种。

②湿沙层积。将种子用冷水浸泡 2～3 天，捞出稍晾干后、混拌 2～3 倍量湿沙，放入木箱等容器中，保持湿润，经 15～20 天，待大多数种子露白时，即可取出播种。

秦岭、黄河以北和高寒山区，适宜春播；长江以南，适宜冬播；两地之间，冬春均可播种。冬播在 11～12 月，即随采种随播种；春播在 2～3 月，当地温稳定在 10℃ 以上时播种。

选择疏松、肥沃湿润、排灌良好的微酸性至中性的土壤作为苗圃地。播种前施足底肥。播种方法多用条播，在床面按 20～25 厘米的行距开沟，沟深 3～4 厘米，播幅 6～10 厘米，播后覆盖细土 2 厘米，每 667 米^2 播种量 5～10 千克。播种后应浇透水，床面用稻草覆盖，以保持土壤湿润。出苗后逐渐撤去覆盖的稻草。

刚出土的幼苗怕烈日、干旱，仍需适当遮阳或及时灌溉。幼苗长出 3～5 片真叶时，进行间苗，保持株距 5～8 厘米，每 667 米^2 留苗 3 万～4 万株。幼苗进入生长期，除进行松土除草外，特别要注意立枯病的防治。为使幼苗生长迅速、健壮，苗期应追肥 3 次。第一次在苗高 6～7 厘米时进行，以后每月追肥 1 次。每次每 667 米² 施稀释的人、畜粪尿 2 500 千克，加过磷酸钙 5.0～7.5 千克，在秋季追肥应控制氮肥的用量，增加磷、钾肥用量，促进苗木充分木质化。

（2）扦插育苗。早春萌动前选用一年生粗壮枝条，将其剪成 10～15 厘米长，每个插条 3～5 个节，插条上部平截，下端剪成马耳斜面。然后，将插条插入床内，插入深度为插条长度的 2/3，株距 7～10 厘米，行距 20 厘米，插后保持土壤湿润。

3. 园地规划与建设 为了丰产栽培，杜仲造林地应选择在避风向阳的缓坡、山脚及山腹以下土层深厚、疏松、肥沃、排水良好的 pH5.0～7.5 的土壤上。土层深厚的石灰岩山地营造杜仲林，也能取得良好效果。除营造大面积成片林外，还应提倡充分利用四旁栽植。

温暖地区可在冬季或春季进行栽植，寒冷地区宜在春季栽植。种植穴为 80 厘米×80 厘米×30 厘米，每穴施入厩肥（或堆肥）适量，饼肥 0.1 千克作基肥，酸度过强的林地施入火烧土效果甚好。栽植的苗木要求是地径 0.8 厘米，苗高 0.8 米以上，根系完整的壮苗。栽植密度视作业方式而定。根据经营目的及造林立地条件，主要分为乔林、矮林两种作业方式。

（1）乔林作业。采用主干型栽培，即将杜仲林培育成高大的、发育健壮的大乔木，以获得含胶量多的树皮和种子。乔林作业采用株行距为 2 米×3 米或 3 米×3 米，要求林地土壤肥沃，密度较稀时雌株应占比例 90% 左右。林木达工艺成熟龄时，皆伐剥皮药用及利用木材。

（2）矮林作业。主要用于采叶型栽培，即利用杜仲有多干丛生和萌芽力强的特性，使其成灌木状，目的在于获得产量较多的叶片及枝皮。矮林作业株行距 1.5 米×2.0 米或 2 米×2 米，适用于林地土壤条件较差、气候较寒冷地区。具体方法：定植后第三年冬季，在离地 30～50 厘米处截干（平茬），截后要施肥培土。以后每隔 2～3 年在夏季截干伐枝一次，以收获枝皮和树叶，经多次截干伐枝后，萌芽能力衰退，可全部挖起，利用根皮。

4. 土肥水管理　造林后 2～3 年内，每年必须进行中耕除草 2 次，第一次在 4 月上旬，第二次在 5 月至 6 月上旬。同时进行追肥，每 667 米^2 施尿素 15～20 千克，若每株增施饼肥 0.2 千克肥效更好。在尚未郁闭的幼林行间进行间作，可以提高土地利用率。

5. 整形修剪要点　杜仲栽植后，要及早摘去基干下部的侧芽，只留顶端 1～2 个健壮饱满侧芽，使其旺盛生长。一般在春季发芽后的 3 个月内进行修剪，以保留 6～8 个侧枝为宜；或在冬剪时适当剪去树干下部的一些侧枝及根部的萌条，以使主干生长粗直而健壮。对树冠中的病弱枝、枯死枝等应加以疏除。

6. 适时间伐与采伐更新

（1）适时间伐。乔林作业在树龄 10 年左右进行第一次间伐，间伐对象主要是生长发育不良的雄株，间伐强度以保证郁闭度达到 0.6～0.7，雌株占总株数的 85% 左右。第二次间伐在树龄 15～20 年进行，间伐对象主要是雌株中生长不良结实稀少或干形发育不好的弯曲木，每公顷保留立木 1 200～1 500 株。间伐主要目的是改善树木光照条件，除去过多的雄株，间伐宜在春、夏季进行，以利剥皮和减少伐桩萌发新株的机会。

（2）采伐更新。乔木作业一般在 25 年生时进行主伐，以获取种子为目的的乔林也可推迟到 40～50 年生时主伐，主伐后利用伐桩萌芽更新。一般砍伐宜在冬季进行，有利于翌年春季萌发新株，1～2 代后改用播种育苗的有性更新。矮林作业每隔 3 年截干一次，截干 7～8 次以后应重新整地造林，一般夏季采伐，秋冬季整地，翌春造林。

7. 主要病虫害防治技术

（1）杜仲的主要病害。主要病害有猝倒病、根腐病、叶枯病等。

防治方法：选好圃地、高床育苗，发病前采用化学药剂预防。如用 65％代森锌可湿粉 500～600 倍液，每隔 10 天喷一次，连喷 2～3 次。根腐、猝倒发病后，用福尔马林 1 000 倍液浇灌。

（2）杜仲的主要虫害。主要虫害有地老虎、刺蛾、象鼻虫、蚜虫等，用常规药剂防除。

8. 皮叶采收技术

（1）树皮采收。定植 10～15 年的杜仲树，其皮可采收入药。

①砍伐剥皮法。每年 4～5 月树液开始流动时采收，先从树干基部约 20 厘米处沿树干环割一刀，再在其上每隔 80 厘米环割一刀，于两环割间笔直纵向割一刀，割后将树皮剥下，树干基部皮剥完后把树砍倒，继续剥树干上部及树枝上的皮，不合长度的可作为碎皮。

采伐后的树桩仍可发芽更新，选留 1 个萌条，生长 7～8 年后又能砍伐剥皮。

②剥皮再生技术。4～6 月，不砍伐树只剥取树上的部分树皮，让其继续生长新皮。采用环剥的杜仲树，宜选用树干挺直，生长旺盛的植株，剥皮前 3～5 天适当浇水，以增加树液易于剥取。操作时先在树干分枝处的下面和树干基部离地面 20 厘米处分别环割一刀，然后在两环割处之间纵向割一刀，并从纵向刀割处向两侧剥皮。

注意事项：最好选择阴天进行，避免在雨天剥皮，同时要避免烈日暴晒；环割及纵割时，注意入刀深度以不伤木质部为宜；剥皮时不能让剥皮工具、指甲等碰伤木质部表面的幼嫩部分，也不能用手触摸；剥皮后，再将原皮轻轻复原盖上，用线绳松松捆上，隔一段时间后再将原皮取下加工。剥后也可用塑料薄膜遮盖，防止水分过量蒸发或淋雨，24 小时内避免日光直射。一般在剥皮后 3～4 天表面出现淡黄绿色，表明已开始长新皮。

剥下的树皮用开水淋烫后摊开，两张内皮相对并压平，再层层重叠放于稻草垫底的平地上，上盖木板，加重物压实，四周用稻草围严，使其发"汗"1周后，当内皮呈紫褐色时，取出晒干，刮去粗皮即成商品。

（2）药用叶的采收。一般栽后第三年即可采叶，采叶适宜时期为霜降前后、树叶未黄前。采叶过迟，树叶发黄，不宜入药；过早则影响生长。采叶方法可由枝上摘取，尽量不伤侧枝及越冬休眠芽。

采收的杜仲叶应及时摊开，并铺于竹席或洁净的地面上，置通风处阴干，以保持绿色，不能发黄；有条件的可在烘房进行干燥处理，当达到气干状态，含水量不超过10%时，即可装袋置通风处贮藏备用。

二、山茱萸丰产技术

（一）经济价值

山茱萸别名山黄肉、枣皮、药枣，为山茱萸科山茱萸属落叶乔木或灌木，我国珍贵的药用经济树种。主要分布于我国长江以北，秦岭、伏牛山以南和浙江天目山的广大低山丘陵地区，主产河南与浙江，陕西、安徽、山东、山西、四川、甘肃、河北、江西等省也有栽培。

山茱萸以果肉入药，具有补益肝肾、涩精止汗的作用，可用于治疗眩晕耳鸣、腰膝酸痛、阳痿遗精、遗尿尿频、女子月经过多、体虚多汗等症。此外，还可加工成罐头、茱萸酒、保健饮料、果酱、果冻等。

（二）优良类型及生长发育特性

1. 优良类型

（1）石磙枣。树体高大，树冠阔卵形，主干低或丛生。枝条节间短而粗壮；花丛生，每果序有3～13个果。果实圆柱形，形似石磙。果皮红色，果肉黄红，味酸涩微甘，单果重0.94～1.10克，果面微有灰白色果霜，离核，果熟期9～10月。病虫害少，品质优，丰产。

（2）珍珠红。树高 5～8 米，无明显主干，<u>丛生状</u>。萌芽力和成枝力强，枝密，<u>花丛生</u>，每果序果数 4～14 个。果卵圆形，鲜红晶亮，无果霜，形似珍珠。果肉粉红，味酸涩微辣苦。单果重 0.9～1.0g，离核。虫害少，药质好，丰产。

另外，还有马牙枣、大米枣、八月红等几个类型。

2. 生长发育特性　山茱萸实生苗 7～10 年开始结果，前 20 年产量很低，25 年生左右进入盛果期，一般 70～100 年仍处于结果盛期。

（1）根系。山茱萸根系浅，侧根和须根发达。10 年生以上的树，根系在 15～25 厘米的土层中集中分布，可深达 30～50 厘米。山茱萸根颈部易产生根蘖，形成多枝丛生状。

（2）枝芽。山茱萸的叶芽萌发后抽生营养枝，营养枝每年只生长一次，到 6 月下旬停长。但少量生长旺盛的枝条，7 月中下旬继续生长形成秋梢，在一次枝上还能抽生二次枝，并可在二次枝上可形成花芽。

（3）开花结果。山茱萸花芽为混合芽，每个花芽内有 20～30 朵小花，最多可达 50 朵以上。花小、两性、黄色，呈伞形花序，先花后叶，能自花结实，但异花授粉结实率更高。以短果枝的顶花芽结果为主，但中长果枝除顶花芽外，其上部也能形成腋花芽开花结果。初花期在 3 月初，整个花期持续约 25 天。由于花期长，开花期若遇 5℃以下的低温或霜冻，花芽易受冻。

山茱萸为核果，长椭圆形，核骨质。果实生长从 4 月上旬至 10 月中下旬，历时 200 余天。山茱萸落花落果严重，4 月中下旬为落果高峰期。4 月下旬至 5 月底为果实迅速生长期，5 月下旬果核开始硬化，8 月中下旬果实开始部分着色，10 月上中旬大部分成熟采收，晚熟品种可延至 11 月上中旬。

（三）丰产栽培技术

1. 山茱萸对环境条件的要求

（1）光照。山茱萸既耐阴又喜光，多分布在阴坡、半阳坡、阳坡谷地及沟河两岸台地上，光照良好有利于坐果。

（2）温度。山茱萸喜温暖畏严寒，一般在年均温 8～16℃，3～6 月平均温度在 9℃以上，7～10 月平均温度在 25℃左右，1 月份平均温度在 2.5～7.0℃，≥10℃有效积温 4 500～5 000℃，全年无霜期在 190～280 天的地方，均能正常生长发育。

冬季短时的－10℃低温，有利于山茱萸正常休眠，但低温时间过长或突如其来的低温易使山茱萸受冻，特别是花期如遇低温、晚霜和雪冻，易造成大量减产，冬季低温不足也不利于山茱萸正常的生长发育。

（3）水分。山茱萸要求年降水量 600～1 500 毫米，年均空气相对湿度 70%～80%，若缺水严重，会影响山茱萸生长发育。夏季高温干旱，会造成大量落果。花期多雨会缩短花期，影响正常授粉受精。

（4）土壤。山茱萸喜疏松、深厚、湿润、肥沃、排水良好的微酸性和中性轻黏质土或沙壤土，土壤 pH＜4.5 则生长不良，土壤黏重又低洼积水或盐碱地不宜栽植。

2. 苗木繁育技术

（1）种子采集。选择生长健壮、丰产性好、抗逆性强的成年树作为采种母树。选择充分成熟、果个大、籽粒饱满、无病虫害的果实，晒 3～4 天，待果皮变软后剥去果肉取种。

（2）种子处理。山茱萸种皮坚硬，内含树脂类物质，妨碍透水透气。因此，在采种后必须尽快进行种子处理，否则需 2～3 年才能萌发。

①浸沤法。用 60～70℃的温水浸种 2 天，或用水、尿各半，浸泡 15～20 天挖坑闷沤。沤坑选向阳潮湿处，挖好后将沙土、粪（指牛马粪）混合均匀或纯牛马粪铺于坑底厚约 5 厘米，再放 3 厘米厚的种子，如此层层铺放，一般 5～6 层即可。最后盖一层 7 厘米厚的土粪，堆成馒头状。或用粪灰（80% 的牛马粪，20% 的草木灰）75 千克拌种 50 千克入坑闷沤，经常保持湿润，

防止积水。4 个月后开始检查，如发现粪有白毛、发热、种子破头应立即晾坑或提前育苗，若不萌动可继续沤制到 4 月份再播种。

②漂白粉腐蚀法。每千克种子用漂白粉 15 克，放入清水中搅匀，溶化后放入种子，根据种子多少加水，水面高出种子 12 厘米左右，每天搅拌 4～5 次，浸泡 3 天后捞出种子拌入草木灰，即可育苗或直播。

（3）播种与嫁接。播种时间一般在春分前后。一般采用条播，需嫁接的可采用宽窄行条播。每 667 米^2 播种量 40～50 千克，覆土厚度 3～4 厘米，苗期管理与其他树种基本相同。山茱萸枝接一般在 2～3 月进行，可采用切接法和腹接法。芽接可在 7～9 月进行 T 形芽接。在生长季节可采用嫩枝扦插，但由于生根时间长，管理要求严格，各地可根据实际情况灵活掌握。

3. 园地规划与建设 山茱萸的丰产园地，宜选择土层深厚、排水良好、背风向阳处，坡度不宜超过 30°，栽植前做好水土保持工作。栽植应在春季萌芽前进行，栽植密度依地势、土壤、品种类型及管理条件而不同，山地造林密度一般在 450～750 株/公顷。

4. 土肥水管理技术 栽植前修梯田、水平阶、撩壕、挖鱼鳞坑等，栽植后每年生长期进行几次中耕除草，秋冬季节进行培土增厚土层，防止根系裸露。

每年或隔年秋季采果前后，结合施基肥进行深翻，改善树体营养状况。基肥在采果前后施入，以有机肥为主，可株施优质农家肥 20～50 千克。每年生长季节追肥 2～4 次，萌芽前要追施一次速效氮肥；4 月下旬至 5 月上中旬正值新梢生长，幼果膨大和花芽分化的关键时期，应追施一次速效氮肥或复合肥；果实生长后期可追施一次磷、钾肥，促进果实正常发育和新梢成熟。

成年树应在萌芽前及开花坐果期及时灌水，夏秋两季若天气干旱也应及时灌水保持土壤湿润。多雨季节应及时排除过多水分，以免长期积水，引起涝害。进入结果期后，应该增施肥水，满足大量结果所需营养，防止大小年。

5. 整形修剪技术　山茱萸丰产树形，可采用疏散分层形、自然开心形或丛状形。幼树期以整形为主，尽快培养树体骨架，促进分枝，提高分枝级次，为提早结果打下基础；利用夏剪措施促进花芽形成，如拉枝开角、多留枝、多甩放、夏季环割等。盛果期应该通过修剪技术、疏花疏果，调节营养生长与生殖生长的矛盾；对衰弱的结果枝组及时更新复壮，保留足够的营养枝，同时利用徒长枝培养新的结果枝组。

6. 主要病虫害防治技术

（1）山茱萸炭疽病。主要危害叶片和果实。防治方法如下：

①加强管理。病期少施氮肥多施磷、钾肥，以增强树势，提高树体抗病力。

②清除病落叶、病僵果。深埋或烧毁，减少侵染病源。

③树体萌芽前，喷一次 5 波美度石硫合剂，对消灭越冬病菌有良好效果。

④发病初期，用 1∶2∶200 波尔多液，或 50％多菌灵可湿性粉剂 800 倍液，或 50％退菌特 500 倍液喷洒。防治叶炭疽第一次喷药在 4 月下旬，防治果炭疽第一次喷药应在 5 月中旬，10 天左右喷一次，共喷 3～4 次。

（2）山茱萸角斑病。危害叶片和果实，造成叶片病斑累累，导致早枯脱落，影响树体生长发育。果实发病，仅侵害果皮，使果顶部分成锈褐色。防治方法如下：

①清除病叶，减少侵染病源。

②增施磷、钾肥和农家肥，增强树势。

③5 月份树冠喷洒 1∶2∶200 波尔多液，每隔 10～15 天喷一次，连喷 3 次，或喷 50％退菌特 500 倍液，或初病期喷 75％百菌清可湿性粉剂 500～800 倍液，10 天左右喷一次，共喷 2～3 次。

（3）灰色膏药病。为害成年枝干，病斑贴在枝干上形成不规则厚膜，像膏药一样。此病通常以介壳虫为传播媒介。防治方法如下：

①用刀刮去菌丝膜，病枝上涂以 5 波美度石硫合剂或 20％的石灰乳剂。

②发病初期喷 1：1：100 的波尔多液，每隔 10～15 天喷一次，连喷 2～3 次。

（4）绿尾大蚕蛾。以幼虫取食叶片，造成半透明斑点、孔洞和缺刻，严重时可把全叶吃光。防治方法如下：

①在成虫发生期，使用黑光灯诱杀。

②1～2 代幼虫期可用 10％氯氰菊酯 2 000 倍液或 90％晶体敌百虫 800 倍液，或 20％速灭杀丁 5 000 倍液于傍晚喷雾防治；第三代幼虫期因接近药材采收期，改用微生物农药 HD－1 或苏云金杆菌乳剂 500～700 倍液喷雾。

③在盛卵期人工摘卵或幼虫盛发期人工捕捉。

（5）山茱萸蛀果蛾。以幼虫蛀食果肉为害，其危害随果实成熟而加重。防治方法如下：

①及时清除早期落果，减少越冬虫口基数。

②用 2.5％敌百虫粉剂处理树干周围土壤，以杀死蛹和入土幼虫。

③在化蛹、羽化集中发生的 8 月中旬，在树冠内喷洒 20％杀灭菊酯 3 000 倍液或 2.5％溴氰菊酯 4 000～5 000 倍液，每 7～10 天喷一次，连喷 2 次，以压低虫口，消灭虫源。

7. 花果管理与果实采收 山茱萸花期长，要做好花期防冻工作。如早春灌水、树冠喷水、树干涂白等推迟物候期；霜冻来临前熏烟防霜等，均可有效防止冻害的发生。注意加强大年的疏花疏果工作，一般每隔 7～10 厘米留一花序，多余的应及早疏除，以维持健壮树势。

当果实外表呈鲜红色，树体稍晃动，果实即可自然脱落，证明果实已充分成熟即可采收。采摘时应尽量避免损伤花芽，切忌折枝采果，以免影响来年产量。若采摘过早，则出肉率低，果内色暗不鲜，而且不易捏皮，影响产量和质量；若采摘过晚，易遭鸟啄、鼠害、落果减产，因此，要做到适时采收。

三、银杏丰产技术

（一）经济价值

银杏为我国特有珍稀药用树种，俗称白果、公孙树，分布北自沈阳，南达广州，东起舟山，西抵西藏昌都，跨越中温带、暖温带、北亚热带、中亚热带、南亚热带 5 个气候带及红壤、棕壤、栗钙土等多种土区。在江苏、安徽南部，浙江、江西北部，山东与江苏交界处，河南、湖北、湖南、广西等省（自治区）有成片种植。

银杏具有很高经济价值，其种子可食，有润肺止咳、补肾健脑之功效，但多食易中毒。银杏叶也具有药用保健价值，尤其防治心脑血管疾病效果较好，其根皮味甘、性温平、无毒，有益气补虚的功效。木材淡黄色、致密、富有弹性、不翘不裂、不易变形、容易加工，且抗蛀、耐腐，是工艺雕刻、高级柜箱、高级文具、图板、加工模具、高档家具、室内装饰的优质用材。银杏树体挺拔、高大，寿命极长，叶形奇特，冠型优美，秋叶金黄，可作为园林绿化的理想树种。

（二）优良品种及生长发育特性

1. 主要优良品种

（1）大圆铃。大圆铃主要分布山东郯城、江苏邳县等地，对肥水条件要求较高。在肥水条件良好的环境中，生长快、结种早、高产稳产；较抗病虫害；出核率 25% 左右，单核重 3.0～3.7 克。

（2）大金坠。大金坠主要产于山东郯城县。种子、种核个大且较均匀；出核率 27%；速生丰产。立体结种性能强，2 年生基枝即有结种的。耐旱、耐涝、耐瘠薄，但不抗风。种核洁白、糯性强，深受国内外客商的欢迎。

（3）大佛指（大佛手）。大佛指主要产于江苏泰兴、泰县，浙江长兴等地，是苏南、浙北一带经过嫁接的优良品种（品系）。丰产性能强，大小年结种现象不明显，味甜，个头大，种核洁白。出核率高，每 3.0～3.5 千克种子出 1 千克种核，抗涝、抗风性能差。

（4）洞庭皇（洞庭王）。洞庭皇产于江苏吴县洞庭山，是国内有名的大型果之一，但出核率低。

（5）海洋皇（海洋王）。海洋皇产于广西灵川县海洋乡。核大丰满，色白味甜，种子椭圆形，外种皮薄，出核率 25％。成熟晚，树姿开张，树干粗壮，生长势强，高产、稳产，是全国很有发展前途的优良品种（品系）之一。

（6）大白果。大白果产于湖北孝感市大悟乡。种仁饱满、味美，种核色白，个头大且匀，当地俗称"大白果"。

（7）家佛手。家佛手是近年选出的新品种（品系）。江苏泰兴、邳县，广西灵川、兴安县均有栽培。丰产、稳产，种核大、色洁白，商品价值高，为深受群众欢迎的优良品种（品系）。

（8）黄皮果。黄皮果是广西兴安县栽培较为普遍的品种（品系）。种核个头属于中下等，丰产、稳产，种仁营养成分亦较丰富。

（9）大梅核。江苏、广西、浙江等银杏产区均有栽培。多为实生或分株树，适应性强，抗旱、耐涝，个头大，浙江诸暨市所产更为优良。据广西林业科学研究所资料，出核率、出仁率、种仁含淀粉、糖分、脂肪都较高。糯性强，但种仁苦，为嫁接用之优良砧木。

（10）潮田大白果。潮田大白果系广西植物研究所近年发现的优良品种（品系）。出核率 23.9％，核大丰满。该种适宜山区栽培，耐瘠薄，是很有发展前途的优良品种（品系）。

（11）鸭尾银杏。鸭尾银杏又名鸭屁股圆珠。种仁浅绿，熟仁乳白、饱满、嫩脆、有香味。胚乳味甘微苦，为食用上品。

（12）随州1号。随州1号产于湖北随州市，当地俗称"龙眼"。种子近圆形，色微黄，种核呈椭圆形。种仁乳白色，无苦味，出仁率为84%。较丰产，与一般同类树相比产量高50%。不足之处是大小年明显。

（13）恩银1号。恩银1号是从佛手类银杏变种中经单株选择并人工授粉育成的早熟品种，种仁甜糯而香，种实椭圆形、平均10.9克，种核平均3.13克，出仁率高，抗茎腐病。

（14）金带。金带是对斑叶银杏进行枝条和植株优选，通过嫁接繁殖试验，选育获得的斑叶银杏新品种。叶片为扇形，中裂较浅，叶缘浅波状，有长柄；叶片有黄绿相间的条纹，斑纹叶片底色绿色，其上间有黄色竖条纹，斑纹叶占全树全部叶片的40%～80%，雌株，种子核果状，近球形，10～11月果熟，熟时淡黄或橙黄色，有臭味。叶片春、夏、秋三季均能保持特色，可广泛应用于行道、公园、庭院、广场等。

（15）聚宝。聚宝的树冠呈紧密狭长卵形，所有枝条均以树干为中心弯曲斜上生长，冠幅最宽处仅为40厘米左右；叶片为扇形，小而密集，侧枝的长枝为28～30厘米，着生叶片61～82枚，雌株的雌球花有长梗，梗端有1～2盘状珠座，每座生1胚珠，发育成种子；种子核果状，近球形，外种皮肉质，有白粉；10～11月果熟，熟时淡黄或橙黄色，有臭味；中种皮骨质，白色；内种皮膜质。本品种与普通银杏对气候、土壤立地环境的要求基本相同。

2. 生长发育特性 银杏实生雌株一般在20年后才开始结果。目前2～3年生幼树采用嫁接的方法，可在嫁接后第三年结果。银杏盛果期年龄一般在30～150年。

（1）根系。银杏实生树为主根发达的直根系，嫁接树为少主根的须根系。银杏根系生长期为4月初至11月底，5月下旬至7

月中旬为银杏大树根系第一次生长高峰期，10 月中下旬为第二次生长高峰期，第二高峰期比第一高峰期生长量小。在土壤条件较好条件下，银杏成年树主根可入土 4～6 米深，水平根系在 20～70 厘米的土层中分布最多。

（2）枝条。银杏的长枝生长迅速，一年只生长一次，无春梢、秋梢之分，主要用于扩展树冠。长枝的长度可达 0.5～1.0 米，最长可达 2 米。短枝由长枝中下部的腋芽发育而成，只有 1 个顶芽，外被鳞片，呈覆瓦状排列；短枝主要是发育枝，也可形成花枝、果枝，3～16 年生的短枝，成花、着果力极强。银杏幼树的新梢在良好的土壤水肥条件下，可出现二次生长。发生二次生长的新梢，由于秋梢木质化程度差，顶部形成的芽不饱满，冬季有时遭受冻害。

（3）花果。银杏雌雄异株，有雄球花和雌球花之分，花期各地不一，最早在 3 月底，最晚在 4 月 25 日左右。银杏开花授粉期较短，如该时间内遇到大风、雨雾及低温天气，都会严重影响到授粉效果，进而影响到当年种实的产量和品质。在银杏雌株树势强时，雌花不经授粉、受精也可形成种实，但内部只有不完整的胚乳而无胚，不能用来播种育苗。

（三）丰产栽培技术

1. 银杏对环境条件的要求

（1）光照。银杏喜光，若光照不足，严重影响种实产量和品质。银杏 1 年生幼苗在前期怕强光，光照强易造成幼苗茎基部灼伤，故银杏播种育苗需遮阳。

（2）温度。银杏在年均温 8～20℃地区都能生长，其中以年均温 14～18℃条件下生长较好。银杏能短时间忍耐 40℃的高温，但在低纬度年均温 20℃以上的亚热带南部地区生长不良。

（3）水分。银杏喜水怕涝，较耐干旱。在春夏开花结实期间，如果土壤缺水会明显影响当年的生长量和结实量。银杏树很怕涝，不宜栽植在排水不畅的涝洼地。

（4）土壤。银杏丰产栽培要求深厚肥沃的土壤，以壤土和沙壤土为宜，土壤厚度不宜小于 1.2 米。银杏对土壤酸碱度要求不严格，pH5.5～8 均可，石灰岩山区也能正常生长，但以中性偏酸为宜。银杏较耐瘠薄，对土壤盐分反应敏感。

2. 苗木繁育技术

（1）培育砧木。银杏种子通过层积催芽处理，亚热带地区 3 月播种，温带地区在 3 下旬至 4 月上旬为宜，株行距 8 厘米×30 厘米，播种量每 667 米^2 60～70 千克。

①开沟点播。沟深 2～3 厘米，种子平放，胚根弯度向下，覆土厚度 2～3 厘米。适当切断 0.1～0.2 厘米长的一段胚根，可促发侧根。

②幼苗适当庇荫。1 年生苗庇荫度以 40％（透光度 60％）最佳。年追肥 3～4 次，分别于 5 月中旬、6 月上旬、7 月下旬开沟施入，每 667 米^2 每次可施尿素 10～15 千克；最后一次在 8 月中下旬施含磷、钾复合肥，每 667 米^2 施 30～40 千克。

（2）嫁接育苗。

①枝接。包括劈接、切接、腹接、舌接、插皮舌接等，春、夏、秋三季都可进行。

②芽接。主要包括嵌芽接、T 形芽接和方块状芽接等常用方法。

③嫁接时间。

a. 春季嫁接。砧木离皮之前可采用劈接、切接、腹接、舌接、带木质部芽接等多种方法。砧木离皮后还可用插皮接、T 形芽接法。

b. 夏季绿枝嫁接。常采用劈接、切接和芽接，一般从 6 月中旬至 8 月底进行，但以 6 月中旬至 7 月中旬成活率最高。

c. 秋季嫁接。从 9 月中旬至 10 月上旬进行，仅仅用于江南冬暖地区。

④接后管理。

a. 松绑。嫁接后 3～4 个月之后考虑松绑，夏季绿枝嫁接的应在次年春天发芽前松绑。

b. 除萌蘖。嫁接高度在砧木 1 米以下时，可在接芽抽生的新梢达 10 厘米以上时清除砧木上全部枝叶。

c. 剪砧。春季腹接的苗，接后立即剪砧；夏季腹接和芽接的苗，可在次年春季接芽萌动前进行剪砧。剪砧部位在接芽以上 0.50 厘米处。

d. 绑梢。新梢生长到一定高度，为防止被风折断，可设立支柱，用绳以 8 字扣缚梢。

3. 园地规划与建设

（1）选址。丰产栽培的银杏园，宜选择在向阳、土层深厚肥沃、坡度在 15°以下相对平缓的地方。在年降水量不足 800 毫米的地方建园，最好有灌溉条件。

（2）集约化栽培。应大力推广银杏集约化栽培，栽植前深翻改土，施足底肥，采用 6～8 米的株行距；林粮间作、单行栽植株距 4～6 米，行距 30～50 米不等；叶用银杏园可采用带状栽植，两行为一带，带间距 1 米，带内距 0.6～0.8 米，株距0.4～0.6 米。

（3）授粉树配置。银杏为雌雄异株植物，建园时应配置 5%～10% 的雄株作授粉树，授粉树应配置在银杏花期主风向的上风方向。缺少授粉树的银杏园，可高接授粉枝条，即在雌树顶部嫁接 1～2 根雄枝，三五年后能正常开花，起到人工授粉作用。

4. 土肥水管理技术

（1）土壤管理。春、夏季深翻可结合间种农作物进行。冬季农闲，根系处于休眠状态，也是深翻的好时期。深度要因地制宜，一般为 30～60 厘米。山区深翻，要拣出砾石块，填充表层熟土和有机肥，以加深土层厚度，改良土壤。栽植当年，翻耕树穴与树盘同样大小，以后结合施肥逐步扩大。每隔 2～3 年按树冠大小逐年向外扩大树盘。深翻时尽量少伤根系，并将表土与底土分开放。山丘地银杏园的深翻，应结合整修梯田等水土保持工程进行，以利保土、保肥、保水。

（2）中耕除草。凡杂草较多的银杏园，可结合深翻、压青进行。中耕深度一般5～10厘米。干旱、湿涝严重的地方或季节，中耕深度应加深至10～15厘米。但雨季要适量中耕除草，特别是山坡地不宜进行多次中耕除草，以防止水土流失。草荒严重时可刈割压入树盘内。

（3）合理施肥。

①施肥量。盛种期银杏，春、冬两季要各施入400～500千克有机肥，夏、秋两季各施入5～10千克复合肥，即能确保高产、稳产。

②施肥时期。春季施肥在发芽前的3月上旬（南方）至3月下旬（北方）。此时以氮肥为主，适当配合磷、钾肥，以促进营养生长和提高坐种率。夏季施肥在花后，4月下旬（南方）至5月上旬（北方），追肥以含氮、磷、钾三元素的复合肥为主。秋季施肥是在种子硬核期的7月份（南方在上旬，北方在中下旬），追施氮、磷、钾及其他微肥。冬季施肥以有机肥为主，可提高树体内的贮藏养分，促进翌年树体前期生长。银杏园除尽量多施农家肥外，还可种绿肥压青。

③施肥方法。常用的施肥方法有以下几种：

a. 环状施肥法。在树冠边缘的下垂处挖一深、宽各30～50厘米的环状沟，然后将肥料施入沟中。基肥、追肥均可。

b. 放射状施肥法。以树干为中心，向外挖沟4～10条，沟深20～40厘米，宽30～40厘米。深度与宽度随沟的外移而扩大、加深。将肥料施入后盖土或与土拌匀后一起下沟。该方法主要用于成龄银杏园，以基肥为主。

c. 撒施法。把肥料撒入银杏园地面，然后结合中耕、深翻，翻肥入土，深度不可浅于20厘米。这种方法主要用于根系满园的成龄银杏树或密植型园。基肥、追肥都适用。

d. 沟施法。在树的行间与株间开 1～2 条宽 50～100 厘米、深 40～50 厘米的沟，然后施肥覆土。这种方法主要用于长方形栽植形式的成龄园。可机械化操作，施基肥较合适。

e. 穴施法。在树冠外围下垂处挖数个深 20～40 厘米的洞穴，在洞穴内施肥。适用于干旱地区的银杏园。

f. 根外追肥。主要用尿素和磷酸二氢钾等速效性肥料和微量元素，对肥水条件较差或山地银杏园采用此法效果更好。

（4）灌水和排水。银杏虽较耐旱，但若缺水，就会直接影响树体的生长和发育，枝叶生长缓慢，落花、落种严重及种子发育不良等现象。根据各地的生产实践，为速生、丰产，每年至少要浇 4 次关键性的水，即发芽水、花后水、种子膨大水、越冬水。

银杏是喜湿怕涝的树种。因此，银杏园必须做好排水工作，尤其在多雨季节或地下水位 1.5 米以内的园地。汛期雨过天晴，要及时中耕除草，晒垡晾墒，以加快土壤水分的散发，改善根部的通气条件。

5. 整形修剪技术

（1）修剪时期。分冬剪和夏剪两种。冬剪又称休眠期修剪，落叶后至翌春发芽前均可进行。银杏的主要修剪内容及工作量在冬季。北方冬季寒冷，春季干旱，应在严寒到来前完成。夏剪又称生长期修剪，指自春天发芽至秋季落叶前的修剪，修剪内容有摘心、环割、环剥、抹芽等作业。

（2）丰产树形。

①高干疏层形。适合种材兼用及林粮间作和农田林网栽植的银杏。全树有主枝 7～9 个，分层排列在主干上，均匀地向四周伸展，内膛光照、通风条件好，树冠紧凑，较易丰产，适用于大多数品种。后期要特别控制上层枝条，防止上强下弱。

②主干开心形。该树形多由截干嫁接后形成，干高 1～2 米，由嫁接的 3～4 个接芽成活后，在主干上分生 3～4 个主枝，每个主枝上着生 1～2 个侧枝。优点是通风透光好、丰产、骨架牢固，

适于"四旁"零植及间作园栽植。

③多主枝自然形。干高 1.5～2.0 米,有明显的中心干;主枝自然分层,层间距一般在 1.0～1.2 米,上下互不重叠;各主枝上再分生 2～3 个侧枝,最终形成圆头形树冠,适宜密植丰产园的小冠树。

④无层形。树体高大,主枝少而粗壮,干高 2～3 米不等。全树共 6～8 个主枝,主枝间距 1 米左右,以 50°～60°开张角着生于中干之上,不分层次。每一主枝分生 2～3 个侧枝。结种基枝分布在主、侧枝的两侧或背部,形成一个庞大的扇形结种面。优点是主枝稀疏交错排列,透光性好,产量较高。在银杏各主要产区可以看到自然生长的无层形大树。

(3)幼树整形修剪。定干高度一般有 0.7～1.5 米、1.5～2.0 米、2.0～2.5 米三种类型。

幼树定干后二三年内重点培养第一层的主、侧枝,选留 3～4 个方向好、角度适宜的枝条作为第一层主枝。采取多短截和摘心的方法尽量扩大树冠,安排好各个侧枝,缓放的枝条则很快形成短枝而结种。再过二三年培养第二层主枝。一般回缩、不疏枝,尽量留一些枝条,以利增加叶面积,加速养分积累,促其加粗生长。如此经过五六年时间,便可形成紧凑而丰满的树冠,适龄进入结种期。

(4)成龄树修剪。盛种期的树修剪要掌握疏截结合、强弱有别,以疏为主,疏密留稀,疏弱留强的原则。修剪程度应掌握以轻为主,重剪者则适得其反。衰老树的修剪,主要是疏除部分结种枝,适当加重短截程度,注意保留壮枝、壮芽等。这样连续几年后,树势就可以逐渐恢复。

(5)密植园的修剪。对于每 667 米^2 栽百株以上的密植园,幼树期要采取轻剪、多留、开张角度、局部控制等修剪措施,缓和长势促其尽早结种,限制树冠扩大过快。在大量结种、树势稳定之后,采取适当疏枝、调整结种量等措施,加强通风透光,实现早期丰产、稳产。直至影响生长结种时，采取隔株、隔行逐年移植的方法，使其长期丰产、稳产。

（6）放任生长树的改造。按照因树定枝、随枝修剪的原则，有计划地慎重疏除部分骨干枝，有时甚至要隔一层疏一层枝，以解决光照问题。也可将所留主枝的角度拉开到 60°，引光入膛。若中心干或主枝过高、过长时，应回缩落头，缩至下面分枝处或有生命力的隐芽处。对过密枝、病虫枝、重叠枝、并生枝、轮生枝、细弱枝及干枯枝予以疏除。如遇枝条稀少的银杏，通过修剪刺激萌生新枝条充实树冠，逐步提高产量。

6. 主要病虫害防治技术

（1）干枯病。干枯病主要危害枝干，病菌侵入后，在光滑的树皮上产生光滑的病斑，圆形或不规则形。随着病斑的扩大，患病部位逐渐肿大，树皮出现纵向开裂，内部腐烂，有酒糟味。一般 4～5 月开始出现症状，并随气温的升高而加速扩展，直到 10～11 月停止，病菌越冬后还可继续蔓延。防治方法如下：

①加强管理，使树势健壮，增强抗病力，防止枝皮部位受伤，减少病菌入侵机会。

②对于已经成为局部危害的病斑，应当及时刮除，并用 0.1％的升汞水涂刷伤口，以杀灭病菌并防止病菌扩散。

③对于感染严重的病株、病枝，应立即清除，并烧毁，防止病菌传播。

④在发病初期，可用 25％多菌灵可湿粉 500～600 倍液或 70％甲基托布津可湿粉 800～1 000 倍液喷雾防治。

（2）立枯病。立枯病又称茎腐病，是银杏苗圃的主要病害。在夏季，地表温度过高，灼伤幼苗根基部后，病菌趁机入侵，使银杏茎部和根部腐烂。幼苗染病后，茎部表皮呈褐色、皱缩，内皮组织腐烂呈海绵状或粉末状，灰白色。病菌可扩展到根部，内皮层可成片状脱落。叶片下垂，正常绿色消失。防治方法如下：

①在播种期提早播种，加强管理，使苗木在发病高峰期到来

之前木质化，增强抵抗病菌侵染的能力；适当加大密度，避免高温灼伤苗茎；松土除草时，注意不要碰伤苗茎，及时对苗圃地排涝。

②在苗木被侵染初期，可用70%甲基托布津800～1 000倍液，或25%多菌灵500～600倍液，或1%硫酸亚铁溶液喷洒，一般在5月中下旬至6月中下旬连续喷洒3次。

③在发病期，将20%的退菌特乳剂，稀释成1 000倍的水溶液，每10天喷洒一次，连续3～4次，防治效果较好。

（3）银杏大蚕蛾。银杏大蚕蛾又称白果虫、毛白虫，属鳞翅目大蚕蛾科。由于幼虫食叶量大，大发生时可将整株银杏的叶片全部吃光，常使白果减产，甚至颗粒无收，导致植株死亡。防治方法如下：

①黑光灯诱杀。成虫有趋光性，8月份产卵前用黑光灯诱杀，效果很好。

②人工消灭。老龄幼虫中午有下树习惯，可在其下树时捕捉。6～9月的蛹期阶段，虫茧个大可摘除。冬季结合修剪击碎卵块，可防止来年虫害大发生。

③幼虫在3龄前抗药力弱，喷洒90%敌百虫1 000倍液或80%敌敌畏1 000倍液，杀灭效果可达95%以上。老龄幼虫抗药力增强，应适当加大药液浓度。

（4）大袋蛾。大袋蛾又称避债蛾、蓑蛾和皮虫等，属鳞翅目蓑蛾科。防治方法如下：

①人工摘除越冬虫囊。秋、冬季树木落叶后，容易寻找，将摘除的虫囊集中烧毁。

②生物防治。幼虫孵出后，用每毫升1亿孢子浓度的苏云金杆菌液喷洒树木，或在幼虫和蛹期利用鸟类和寄生蜂等捕食性和寄生性天敌，控制其为害，效果理想。

③药剂防治。在幼虫孵化不久，用80%敌敌畏乳油800倍液喷雾防治。

（5）光肩星天牛。

①人工杀灭。锤击杀灭卵粒及尚未蛀入木质部的幼虫刻槽，或用铁丝做成小铲，逐株检查，将幼虫从韧皮部下挖出消灭。成虫在 6～7 月雨后晴天出现较多，具群栖性最易捕灭。

②树干涂白防止产卵。涂料的配方为：生石灰 10 份，硫黄 1 份，水 400 份，再加少许食盐。在成虫产卵之前（约 6 月中旬），将树干和主枝涂白。

③堵孔药杀。秋季幼虫已钻入木质部危害，可将磷化铝熏蒸片切成 0.15 克的小粒，投入蛀孔，用泥土堵住，杀虫效果可达 100%。此药有剧毒，使用时务须注意安全。另外，用 1∶50 倍敌敌畏药棉堵塞虫孔，效果亦佳。

④保护天敌。花绒坚甲、啄木鸟等是其重要天敌，可挂巢招引。

7. 产品采收

（1）叶子采收。

①采收时间。秋季黄叶双黄酮的含量为春季绿叶的 3.6 倍；为夏季绿叶的 4.3 倍。因脱落的黄叶较未脱落的黄叶药用价值稍低，所以应在秋季落叶前即 10 月中下旬采叶为宜。

②采摘方法。在生长期内也可采叶，但应分期分批进行，不可一次逐枝或逐株采完。一般采摘树冠下部和枝条下部的老叶，且每次只可采摘短枝上 1/3 的叶片数。在 10 月中下旬叶片即将变黄时，可全部采收。

③叶子处理。采叶时天气晴朗，将采收的含水率较高的叶子，立即摊在水泥场地上晾晒，经常翻动，清除杂草、树枝、霉烂叶片，3～5 天后即可达到气干状态，然后打成捆放在干燥室内贮存或运至加工厂贮存。采叶时如遇雨天，可用土炕烘干。

（2）果实采收。

①采收时间。银杏果实 8 月下旬至 10 月上旬成熟，当外种皮由青色转变为橙黄色，表面覆盖极薄的白粉，手捏之松软，中

种皮完全木质化时即可采收。若采收过早，果实稍微存放就有果皮发黑、僵缩、胚乳腐烂现象。

②采收方法。果实自然脱落后，人工从地面拾取；也可用竹竿或木棍击落地上拾取；还可用带有铁钩的竹竿，伸入树冠内部，由内向外轻轻摇动树枝，震落或擦落于地上拾取。

③果实处理。将银杏果实集中堆放于地上，厚度以 30 厘米为宜，上覆稻草，每天在草面上适量喷水保湿，经 3～5 天后果肉即会腐烂软化，与中种皮脱落；或用手捏烂，或用脚踩烂，使果肉剥离。然后把果实放入筐中，用水冲洗种子，除去果实上附着的果肉汁液和泥土等异物。冲洗干净后，把种子放在室外通风处晾干，摊放厚度 20 厘米左右，每天翻动 1 次，防止发黄、发霉染杂斑，使白果外观（中种皮）保持洁白无污染。

第四章
香料类树种丰产技术

一、八角丰产技术

(一)经济价值

八角为木兰科八角属常绿乔木,是我国南方热带、南亚热带的重要调料树种。分布于广西、云南、广东、福建、贵州、湖南、江西南部。八角主产区为广西,其次是云南和广东。

八角用途广泛,果皮、种子、叶片都含有芳香油,称茴油或八角油,广泛用于食品、啤酒、制药、化妆以及日用品工业中。八角果实入药,有祛寒湿、理气止痛和胃调中等功效;八角果实还是人们喜爱的调味香料,八角树皮与树叶可制五香粉,种子可以榨油,制造肥皂。木材结构细密,纹理直细美观,材质轻,有香气能避虫,可做家具、农具柄等。

(二)优良品种及生长发育特性

1. 优良品种

(1)普通红花八角。花红色,果柄长 2.2~3.2 厘米。侧枝平展或上举,与主枝夹角 50°~90°,小枝粗短,与侧枝夹角 35°~50°,叶长椭圆形或披针形,叶脉呈规则的波浪状凸起。

(2)柔枝红花八角。花红色,果肥大形正,柄长 3.0~4.8 厘米,大小年不明显。树冠形状近圆柱形或长圆锥形,主干明显、冠幅窄,分枝角度小,小枝细长且密生,呈柳枝状柔软下垂,叶长椭圆形。

(3)普通淡红花八角。花瓣淡红色或边缘呈白色,中心呈红色，果柄长短不一；枝干夹角 40°～90°，小枝夹角 30°～50°，小枝粗短，侧枝平展或上举。嫩叶暗红色，成龄叶绿至浓绿色，叶缘波状，多为长椭圆形。

（4）柔枝淡红花八角。花淡红色，枝条着生性状与柔枝红花八角相似，其他性状与普通淡红花八角相同。

（5）普通白花八角。花白色，枝干夹角 45°～90°，小枝夹角 30°～45°，叶集生枝顶，为长椭圆形，嫩叶红色，成龄叶深绿色、有光泽。

（6）柔枝白花八角。花白色，枝条特征与柔枝红花八角相似，其他特征与白花八角相同。

2. 生长发育特性

（1）根系。八角是浅根性树种，主根不发达，侧根较浅。

（2）枝条。八角树枝条纤细脆弱，材质较松软，每年抽梢2～3次。春梢于2月中旬至3月上旬抽发，夏梢4月下旬抽发，秋梢8月上旬抽发，一般侧枝及长果枝每年只在3月上旬抽梢一次。

（3）开花结实。八角的花着生于去年枝条的叶腋。每一个叶腋都有萌生花芽或叶芽的可能，其中花芽数量最多约占 90%，而叶芽不过 10%可萌发形成新的枝条。枝条上的花芽并不是都能开放，一部分花芽由于水分、养分以及光照等不足而潜伏起来，延迟到第二年以后才陆续开花。强风对八角生长开花结果不利。

实践表明，八角3～4月成熟的春果是来自于上一年8月中旬以前的初花，9～10月成熟的秋果是上一年8月中旬以后的花受精发育而成的。

（三）丰产栽培技术

1. 八角对环境条件要求

（1）光照。八角是耐阴树种，但不同生长发育时期对光需求也不一样，幼年期需良好的蔽荫条件，结果成年树要有充足的光照。

（2）温度。八角喜冬暖夏凉的山地气候，有一定耐寒能力，以年平均温度在 16～23℃为好。冬季气温下降至－3℃时幼树受冻害，气温下降至－6℃大树枝条受冻，部分植株死亡。

（3）水分。八角喜潮湿气候，一般年降水量要求 1 000～2 800毫米，以 1 800～2 300 毫米最为适宜，要求空气相对湿度78％以上。

（4）地形和土壤。八角以海拔 500～1 000 米的地带为好，应选择阴坡或半阳坡，中下坡利于八角生长。要求土层深厚、腐殖质含量高、土质疏松湿润、结构良好的酸性土，适宜的 pH 4.0～5.5。在山顶、山坡、山坳常受强风吹袭的地方，特别是受台风严重影响的范围内不宜八角的生长。

2. 苗木繁育技术

（1）实生苗培育。

①圃地选择。苗圃地要选在靠近水源、土层深厚肥沃，有疏林遮阳的缓坡地，平地则要搭棚遮阳。

②采种。选择生长旺盛、结果多的优良品种中壮年（20～40年）树为采种母树或在已划定的母树林内采种。霜降前后果实由绿色转变为黄褐色、未开裂前采集。果实采回后放在室内摊开晾干，让其自行裂开，种子脱落。八角种皮薄，油质易挥发而丧失发芽能力，所以宜随采随播。

③层积沙藏。在冬季有霜害的地区，应在室内用湿沙层积沙藏种子，保存至翌年春天再播。

④条状点播。播种一般要用条状点播。每隔 15～20 厘米开一条播种沟，沟深 3～4 厘米，每隔 3～4 厘米播种一粒，每 667 米^2 用种 6～8 千克。

⑤苗期管理。主要是松土、除草和施肥。1 年生苗高 38 厘米以上，地径 0.45 厘米以上即可出圃定植。

（2）嫁接苗培育。

①接穗采集。从适于当地生长的优良品种或采穗圃中选择柔枝窄冠型、生长健壮、产量高、无病虫害的壮年母树树冠的中上

部向阳部位采集接穗。穗条要求生长粗壮、芽眼饱满，夏接采集半木质化或基本木质化的春梢，春接则用充分成熟的 1 年生结果枝。

②砧木选择。选择适于本地生长、根系发达、抗性强的 1 年半生或 2 年生、离地 15～20 厘米处径粗 0.7 厘米以上的八角实生苗。

③嫁接时期与方法。春季 2～3 月进行枝接，夏季 5～6 月进行芽接。也有在夏季用新梢进行绿枝接或在秋季（8～9 月）进行剥皮芽接。嫁接必须在平均气温 15℃ 以上的晴天（或阴天）上午或午后，切忌中午或雨天进行。常用的嫁接方法有切接、顶芽合接、拉皮枝接、T 形芽接等。

④接后管理。嫁接后要加强管理，一般成活后在苗圃培育 1 年左右便可出圃造林。

3. 园地规划与建设

（1）栽植季节与规格。八角定植时间以初春最好，在初春干旱无雨的地区，可在春末或秋季定植。定植穴的规格一般为 50 厘米×50 厘米×40 厘米。

（2）经营方式与栽植密度。

①乔林作业。以生产果实为目的。乔林作业株行距可用 5 米×5 米、4.5 米×6.0 米或 4 米×5 米，每公顷 390～495 株。

②矮林作业。以生产枝叶用以蒸油为目的。矮林作业株行距可用 1.33 米×1.33 米或 1.0 米×1.5 米，每公顷种植 4 447～5 625株。

③中林作业。以生产果实和生产枝叶用以蒸油为目的。中林作业的密度与矮林作业相同，只是按一定的株行距每公顷保留 345～400 株作为结果母树，其余的在 1.3 米高处截顶成叶用林。

4. 土肥水管理技术

（1）幼林林地覆盖。

①自然覆盖。利用林地上自然生长的杂草、灌丛等天然植被

覆盖的八角幼林地,一般每年割草和铲草压青各 1 次。每年夏初割除定植穴周围和定植带上的草,均匀地盖在定植穴的周围。秋天结合松土拔草,将灌木全部连根铲除,然后埋在八角定植穴的周围。

②人工覆盖。在八角行间人工种植绿肥或低秆农作物的八角幼林比不间种的树开花结果提早 1~2 年。

(2)幼林土肥管理。施肥一般和松土同时进行。施肥时,沿树冠投影开深 15~20 厘米、宽 20 厘米的施肥沟进行环状沟施肥。果用林在幼年期每公顷施用量为氮 200 千克、磷 100 千克、钾 100 千克,其中 50 千克的磷肥用作基肥,其余的分 3 次施完。造林的同年 8 月(若是秋季造林为翌年的 3 月)和第三年的 3 月每公顷各施氮 50 千克、钾 25 千克,第五年每公顷施氮 100 千克、磷 50 千克、钾 50 千克。

叶用林的幼林以氮为主,辅以少量的磷、钾肥,每公顷施氮 200 千克、磷 50 千克、钾 50 千克,其中磷全部为基肥,造林同年 8 月与第三年 3 月各施氮肥 100 千克和钾肥 25 千克。

(3)成林土肥管理。

①除草垦复。八角成林每年 3 月和 8 月各进行一次全面铲草或化学除草。林地应每 3 年进行一次全面垦复或带状垦复及块状垦复。坡度在 15°以下时,可进行全垦;大于 25°的地方,则应采用带垦或块垦。叶用林和中林作业的八角林,每年都要进行垦复抚育,结合施肥压青。

②合理施肥。施肥宜采用开沟施放,即在上坡沿树冠投影线开一深 16.7~20.0 厘米、长 1 米左右的弧形沟,施放肥料后覆土。要求每年施肥 3 次,1~2 月在八角抽梢发叶前施一次以氮、钾肥为主的催梢肥;4~5 月在开花前施一次以磷、钾肥为主的催花肥;7~8 月施一次包括氮、磷、钾和少量微量元素如钼、硼的壮果肥,以提高果实品质并为下年丰产打下基础。

5. 整形修剪技术

（1）幼树整形。对生长过旺、扰乱树形的徒长枝、交义枝，以及骨干枝上直立生长的枝条，过密枝、纤弱枝、病虫枝、枯枝从基部剪除。叶用林一般在树高生长到 1.3 米左右，摘掉顶芽，促进侧枝生长，以获得更多的枝叶。

（2）壮龄树修剪。进入大量结果或大量采收枝叶期后，及时疏除病虫枝、枯枝和纤弱枝，调节枝条的密度和分布。过密挂果少枝条的适当重剪，稀疏的轻剪或不剪；树冠下部内膛枝适当重剪，树冠中上部和外围枝轻剪；生长发育不正常，病虫枝、干树枝多的重剪，发育健全的轻剪。

（3）老龄树更新修剪。清理病虫枝、干枯枝、细弱枝和无用的徒长枝，对再生能力较强的骨干枝进行强度短截更新。

6. 主要病虫害防治技术

（1）八角炭疽病。苗期受害器官是茎基和叶，茎基部染病最初出现水渍状的褐色小斑，后扩大成黑腐斑，幼苗很快枯死。叶发病多在叶缘、叶尖或叶片中部，初期出现暗褐色小斑，逐渐扩大成不规则的褐色大斑，后期病斑中部变为灰褐色，出现小黑点。大树受害器官是叶、嫩枝、花梗、果梗和果实。病果表面呈现不规则的褐色大斑，边缘明显，果实干燥后，病斑随之做不规则的皱缩，表面生有黑色小点。

①幼苗期防治方法。选择排水良好、空气流通并远离大树的地方做苗圃地。播种前要进行种子灭菌，可用 50% 托布津可湿性粉剂或退菌特可湿性粉剂 200 倍液浸泡种子 20 分钟，再用清水洗净，晾 24 小时再播种。发病期喷 1：1：100 倍波尔多液或 25% 多菌灵可湿性粉剂 500～600 倍液，初春可喷药预防。

②成林期防治方法。伐除过密的植株，清除有病的枝、叶、果及林内的杂灌木，以增强林分的通透性，降低林内的空气相对湿度，减少病原，控制病菌的蔓延。林地进行垦复施肥，肥料以磷、钾肥为主，忌单施氮肥，使树体生长健壮，提高自身的抗病

能力。发病期用 1∶1∶100 倍波尔多液，或 50％多菌灵可湿性粉剂 800～1 000 倍液，或 75％百菌清可湿性粉剂 600 倍液等喷洒治病。

（2）八角煤烟病。该病因诱病害虫（蚧虫）引起，主要发生在成林，受害叶片两面均有煤污状物，以正面为多，菌丝体绒毛状，似绞织成的薄膜，可剥离寄主，剥离寄主后叶面无任何斑痕，病菌也危害枝条和嫩梢。防治方法如下：

①造林前要对苗木进行检查，严防用带虫（蚧虫）的苗上山。

②冬季或初春进行修剪，除掉虫枝、叶，以消灭虫源。

③药剂防治。在若虫孵化盛期，可喷洒 50％的敌敌畏乳油 500～1 000 倍液。煤烟病发生后，在夏季可用 0.3 波美度，冬季用 3 波美度，春秋两季用 1 波美度的石硫合剂喷洒，有一定的疗效。

（3）八角叶甲（八角金花虫）。幼虫和成虫取食八角叶片和嫩梢幼芽，轻者影响枝条生长、果实歉收，重者全株枯死。防治方法如下：

①利用成虫的假死性，人工振落捕杀成虫。

②利用金花虫卵期长，而且多产于枝桠、叶腋间的特点，人工摘除卵块。

③在化蛹期（一般 5 月份）结合八角抚育，铲草、松土挖除虫蛹。

④雨后湿度较大时，喷洒白僵菌粉，使幼虫、成虫患病致死。

⑤喷洒 80％敌敌畏乳油 400～500 倍液，或 90％敌百虫晶体 500～800 倍液，或 10％氯氰菊酯乳油 2 000～2 500 倍液等，防治成虫和幼虫。

（4）八角尺蠖（八角尺蛾）。幼虫取食八角叶片，大发生时吃光树叶，还啃食嫩枝、花蕾和幼果，使八角产量大减，若连续被害造成全株枯死。防治方法如下：

①人工捕杀幼虫。在树冠下地面上铺薄膜，然后人爬上树，由树冠的上部至下部顺序逐枝摇动，使受惊的幼虫震落到地面，然后收集地面幼虫，将之杀灭。

②人工挖蛹减少虫源；或结合除草松土，在根基周围培土 4 厘米高并稍压实，阻止成虫羽化出土。

③成虫羽化盛期，使用黑光灯诱杀。

④营造带状或块状混交林，改善林分环境，创造鸟类、蛙类、寄生虫等天敌适生的环境，从而控制八角尺蠖大发生。

⑤进行生物防治。3～4 月施用白僵菌粉，7～8 月用 1 亿～2 亿孢子/毫升的苏云金杆菌液喷杀幼虫。

⑥药物防治。可选用 90％敌百虫晶体或 80％敌敌畏乳油 500～1 000 倍液，或 10％氯氰菊酯乳油 2 500～3 000 倍液等喷杀幼虫。

7. 果实采收与加工

（1）果实采收。八角春果 4 月成熟，产量少，成品色泽差，在商业上称"角花"或"四季果"，春果采收最佳时间为清明前后，春果产量低，一般是八角老熟落地后，再通过人工捡收。

秋果 8～9 月成熟，产量高、质量好，成品色泽红，因而称"大红八角"。秋果采收时间在霜降前后 10～20 天内最佳。秋果采收时严禁用竹竿敲打、摇动树枝或把果枝弄断，必须坚持人工上树采摘。

（2）果实加工。

①杀青干燥。先将鲜八角放入沸水中，用长棒搅拌 5～10 分钟，待八角果颜色由绿转变为淡黄色时捞出，然后摊在晒场或草席上，在太阳光下晒 4～5 天干燥即为成品。

②直接干燥。将鲜八角直接摊在晒场或草席上，在太阳光下晒 4～5 天干燥后即为成品。

二、肉桂丰产技术

(一) 经济价值

肉桂别名玉桂、筒桂，为樟科樟属常绿乔木，原产广西、广东，是我国特有调料和药用经济树种。海南、福建、台湾、江西、湖南南部均有栽培。广西为栽培中心，产品大部分用于出口。

肉桂的树皮、枝叶、花、果实可提取桂油。桂油是珍贵香料和多种有机香料的合成原料，还被广泛用作饮料和食品增香剂，在轻化工业上大量用于香水、香皂和化妆品中。肉桂树皮、枝叶、花果、树根等均可制成很多种产品，统称"桂品"，均可入药，有散寒、止痛、活血、化瘀、健胃、强壮等功能。桂皮也是人们生活中常用的烹饪调料。

(二) 优良品种及生长发育特性

1. 优良品种

(1) 白芽肉桂。白芽肉桂又名黑油桂，新芽和嫩枝均呈淡绿色；叶片较小、下垂，叶柄水平伸展，老叶主脉两边的叶面向上翘起；花序总柄较短，结实较多；韧皮部油层呈现黑色，与非油层界线明显，桂皮品质较优。该品种除幼苗期外，需要较多的光照，较耐旱。

(2) 清化肉桂。肉桂良种，我国广西、广东及云南于 20 世纪 60 年代中期从越南引进，生长良好，结实正常。清化肉桂与国产品种的形态相似，唯叶较大，嫩叶色较红，对温度的适应性较强，是耐寒力较强的肉桂品种。

(3) 锡兰肉桂。我国海南从 20 世纪 60 年代初期从斯里兰卡引入试种，以后福建、云南、广西等地先后引种成功。锡兰肉桂叶背灰色无毛，花序有绢状短毛。树皮厚而粗，内皮较薄、棕红色。我国热带、亚热带地区都是引种锡兰肉桂的适生环境。

(4) 红芽肉桂。红芽肉桂又名黄油桂，新芽和嫩叶均为红色；叶片较大，叶柄向上弯翘。花序总柄较长，小花较疏。结实量较少，果实也小。切皮部油层呈现黄色，桂皮和桂油品质较差。该品种生长较快，不耐旱。

2. 生长发育特性

（1）根系。肉桂幼苗主根发达，侧根疏生。

（2）枝条。肉桂幼年阶段生长较慢，2～3年后生长逐渐加快，至近成龄期逐渐减慢。幼龄肉桂每年抽梢4次：4月上旬至5月上旬抽春梢，5月下旬至6月下旬抽夏梢，7月下旬至8月下旬抽秋梢，9月下旬至10月下旬抽冬梢。幼树春梢生长量较大，可达20～50厘米，10年以上的成龄树，因开花结实消耗一定的养分，每年只能抽梢2次，4～5月抽春梢，9～10月抽冬梢。

（3）开花结果。肉桂于5～6月开花，昆虫传粉，正常年份坐果率为25%～30%，果实于翌年2～3月成熟。肉桂实生树10～11年开始开花结实，一般树龄100～120年植株开始衰退。萌蘖植株初期生长迅速，到70～80年开始衰退；如在开花结实前进行采伐实行矮林作业，能维持萌蘖更新多次，若环境条件好可更新10多次，树龄可延续100年以上。

（三）丰产栽培技术

1. 肉桂对外界环境条件的要求

（1）光照。肉桂耐阴，对光的需要量随树龄的增长而改变，幼龄期最不耐强光照射，需要适当蔽荫。成年后需充足的光照，否则，开花结果少，树皮薄，含油量少，品质差。

（2）温度。肉桂喜温暖气候，适生于亚热带地区。产区年平均温度为19.0～22.5℃，月平均温度7～16℃，绝对最低温度－4.19℃。如遇5天以上的霜冻，小树整株冻死，大树则树皮冻裂，枝叶凋萎。

（3）水分。肉桂喜湿润，不耐干旱，在年降水量1 200～2 000毫米地区，4～8月雨量较多，空气相对湿度大于80%的地区，生长旺盛。但在排水不良的低洼地易患根腐病，不宜种植。

（4）土壤。肉桂适生于花岗岩、砾岩、砂岩风化的酸性红壤、红褐壤和山地黄红壤上。在土层深厚，质地疏松，排水良好，磷、钾含量多，pH4.5～5.5 的土壤上生长良好，形成油分较早，油分含量较高，品质较优。若土层瘠薄则生长不良，萌芽力降低，寿命缩短，仅能更新 2～3 代。

2. 苗木繁育技术

（1）实生苗培育。

①采种。选择皮厚油多、无病虫害，树龄为 15～40 年的白芽肉桂或清化肉桂优良母树留种。当果皮呈紫黑色时分批选收，及时搓洗去果肉、洗净，将种子摊放阴凉处晾干表面水分，除去黄色未熟的种子，即可播种。如不能随采随播，在短期内用湿沙贮藏，贮期不超过 20 天，播种期最迟不能超过 5 月上旬。

②圃地选择。圃地要求土层深厚、排水良好、肥沃疏松的沙质壤土，坡向宜朝东南方。整地要精细，施足基肥，畦面平整，畦宽 1～1.2 米，畦高 15～20 厘米。

③播种方法。采用条播，行距 20～24 厘米，株距 5～7 厘米，每 667 米^2 播种量 12～16 千克，覆土厚度 1.0～1.5 厘米，播后盖草淋水。播后 3～4 周，当 1/3 的种子发芽出土后，立即揭草并搭遮阳棚，透光度以不超过 30%～40% 为宜。

④苗期管理。主要进行除草、松土和施肥。当幼苗发 3～5 片真叶时，开始追施稀薄的人粪尿或尿素液肥，以后每隔 1～2 月追肥一次；8～9 月最后一次追肥，施草木灰或草皮泥等。霜冻过后，逐步拆除遮阳棚。1 年生苗高 24～30 厘米，地径 0.5 厘米以上，即可出圃定植。

（2）扦插苗培育。肉桂宜在 3 月下旬至 4 月上旬采取插条扦插。从优树上选取嫩枝和半嫩枝作为插条，剪成长 15～17 厘米（4～5 个节）的插穗，顶端留叶 3～4 片，并将每片叶剪去 4/5，半嫩枝不带叶，清化肉桂插穗可用 1500 毫克/千克萘乙酸溶液浸泡 10 分钟后，直插入沙床中。插后注意遮阳与保湿 30～50 天，生根率为 45%～60%。

此外还可用高压育苗、萌蘖繁殖或嫁接繁殖。

3. 园地规划与建设

（1）林地规划。肉桂造林地应选阳光充足，无寒风侵害的东南坡地，坡度 15°～40°，土层深厚肥沃疏松，排水良好又无冲刷的山中部地带，根据坡度大小在秋冬全垦或带垦。造林密度与作业方法有关，矮林作业株行距为（1.0～1.2）米×（1.2～1.5）米，乔林作业为（4～5）米×（5～6）米，定植穴规格一般为 50 厘米×50 厘米×40 厘米。

（2）造林时间。早春新芽萌发前进行栽植。为了提高成活率，起苗前先把下部侧枝和叶片剪除，上部叶片剪去 2/3；起苗后适当修剪过长的根系，并及时浆根定植。苗木定植后要及时覆盖遮阳，1～2 月内要定期灌水，保持土壤湿润，保证幼苗成活。

4. 土肥水管理技术

（1）间作。幼龄肉桂，需要阴凉湿润的环境条件，栽后 2～3 年内可进行间种。在缺乏蔽荫条件的林地宜间种一些高秆作物，如木薯、玉米等。林下具有阴湿的环境，可间种益智、砂仁等喜阴药用植物，有利于肉桂生长。

（2）除草。肉桂不论幼林或成林，每年要在夏季和秋季各进行一次中耕、铲草，并将杂草铺在林地上，以增加土壤肥力和保持水分；每隔 4～5 年，于秋季全垦一次，以改良土壤。

（3）施肥。每年施 3 次肥。第一次在 2～3 月植株抽芽现蕾前，以氮肥为主，如施稀薄人、畜粪水等，可促芽催蕾；第二次在 7～8 月，以施氮、磷肥为主，如施草皮灰、过磷酸钙、人粪尿或用 100 千克厩肥加入 1 千克过磷酸钙沤制后，每株施 10 千克；第三次在入冬后，施有机肥及磷、钾肥，用 100 千克厩肥添加 3～5 千克磷矿粉沤一个月后，每株施 10～15 千克。追施稀薄人、畜粪水及速效化肥，应松土后开浅沟施入；施有机肥，宜在树冠外缘开 15 厘米深的环状沟施入。

5. 修剪要点 为使肉桂树体长得通直粗壮，每年要进行 2 次修枝，把近于地面的侧枝及多余的萌蘖剪除。采果后，成龄树的病虫枝、弱枝、密枝要剪除，以利于通风透光。

6. 主要病虫害防治技术

（1）肉桂双瓣卷蛾。以幼虫钻蛀嫩梢、嫩叶的叶柄和主脉，受害后的嫩梢梢头萎蔫枯死，严重影响肉桂的生长，形成"小老头"树。防治方法如下：

①加强抚育管理和施肥，促使抽梢期与幼虫危害高峰期错开。

②剪除被害冬梢并烧毁，减少虫口密度。砍除附近樟树减少虫源。

③4 月上中旬用 20％氯氰菊酯乳油 4 000 倍液加 75％杀虫双水剂 400 倍液，或 20％氰戊菊酯乳油 3 000～4 000 倍液喷洒嫩叶正反面。

（2）肉桂泡盾盲蝽。以成虫和若虫在肉桂枝梢和树干上吸取汁液，在危害过程中，分泌一种多酚氧化酶，导致皮层组织变黑坏死。同时，危害造成的伤口容易被肉桂枝枯病菌浸入，引起枝梢枯萎死亡。防治方法如下：

①加强抚育管理，增施磷、钾肥，增强植株抗虫能力。

②合理修枝，使林分通风透光。

③砍除距肉桂林 100 米以内的各种野生寄主（如盐肤木、山苍子、樟树等），减少害虫发生危害。

④当肉桂抽梢率达 50％时做好虫情监测，若调查发现虫口密度达到防治指标时，可用 50％马拉硫磷乳油 1 000 倍液，或 40％虫必克可湿性粉 2 000～3 000 倍液，或 20％氰戊菊酯乳油 3 000～4 000 倍液喷杀。

（3）肉桂炭疽病。苗期病害，初发病时在叶缘或叶尖出现病斑，随后逐渐扩展呈不规则的大斑，初时深褐色，后变灰白色，表面密生黑色小粒点，严重时整株落叶，甚至死亡。以 2～4 月发病迅速，连续阴雨、光照不足、土壤黏重积水以及管理不善等最容易发病。防治方法如下：

①加强管理，使植株生长健壮，提高抗病能力。发病后，清除病叶并烧毁，以减少病原。

②发病初期用 50％退菌特可湿粉 1 000 倍液或 65％代森锌可湿性粉剂 500 倍液喷洒，每隔 10 天喷一次，连喷 2～3 次。

（4）肉桂枝枯病。主要危害肉桂上部枝干。初期在上部主干分叉处出现圆形水渍状、灰褐色病斑；以后逐渐沿枝条上、下扩展成梭形斑和段斑，环绕枝条；后期病斑凹陷、缢缩、开裂，表面散生或聚生小黑粒，病部以上枝叶逐渐黄化、干枯。病斑附近的皮孔增粗，坏死，轻度纵裂，组织肿胀。防治方法如下：

①严格检疫制度，避免到病区引种。

②严格种子消毒，可用 1％硫酸铜或 1％高锰酸钾溶液浸种 10 分钟消毒。

③上山定植的苗木，提前 1 周修剪枝叶，喷洒 50％苯菌灵可湿性粉剂 1 000 倍液，防止苗木带病上山。

④肉桂林郁闭后，每年秋季进行合理修枝，改善林分环境条件，控制泡盾盲蝽的虫口密度，减少传播媒介，并及时清除病株残体集中烧毁。

⑤定植施基肥时，加适量硼砂，能预防枝枯病发生，施肥过程中要控制氮肥，增施复合肥和草木灰肥。

⑥在发病初期及时剪除病枝后，可用 50％林病威 500 倍液喷洒，隔 10 天喷一次，连续 2～3 次。同时，要及时用药防治肉桂泡盾盲蝽，切断病害传播媒介。

7. 桂皮采收与加工

（1）桂皮采收。

①采收时间。矮林桂皮采剥时间以 3 月下旬为宜，这时树皮

易剥离，并发根萌芽快。乔林作业目的是培养桂皮和种子，造林后 15～20 年采伐剥桂皮。2～3 月采收的称春桂，品质差；7～8 月采收的称秋桂，品质好。一般 7～8 月剥皮不易剥脱，可于 6 月下旬，在树基部先剥去一圈树皮，既可增加韧皮部油分积累，又利于 7～8 月剥皮。

②剥皮的方法。边桂、板桂均按 40 厘米长，桂通则按 30 厘米长，用利刀在砍倒的树干上环割一圈，深达木质部。再分别按边桂 10 厘米、板桂 15 厘米、桂通 9 厘米的宽度，用刀在两割圈间纵割，将刀口或薄竹皮片插入纵割处，轻轻把每块树皮剥下。

（2）桂皮加工。

桂皮加工规格有 3 种。

①边桂。剥取 10～15 年生的桂皮，两端削齐，夹在木制的凹凸板内，晒干。

②板桂。剥取 20 年以上的桂皮，将其夹在桂夹内，晒至八九成干，取出纵横堆叠加压，30 天后即完全干燥，即成板桂。在加工过程中余下的边条，削去外栓皮，即成"桂心"，块片即为"桂碎"。

③官桂（桂通）。剥取 5～6 年生幼树干皮和粗枝皮，晾晒 1～2 天，卷成筒状阴干即可。

三、花椒丰产技术

（一）经济价值

花椒为芸香科花椒属重要的调料、香料和油料树种，在医药方面也有较高应用价值，我国栽培和分布的花椒极其广泛，除东北、内蒙古等少数地区外，其他各地均有栽培。主产区为山东、山西、河北、河南、陕西、甘肃、四川、云南等省。

花椒果皮味麻香，是重要的调味佳品；果皮中各种挥发性芳香物质的含量高达 4%～9%，是提炼食用香精的好原料；种子含油量高达 25%～30%，可食用或工业用；果实、种子、根、茎、叶均可入药；嫩梢、幼叶清爽可口，可腌食或炒食。花椒的干、枝布满棘刺，是良好的树篱树种。此外，花椒根系发达，抗旱、耐瘠薄，是重要的水土保持树种。

（二）优良品种及生长发育特性

1. 优良品种

（1）大红袍。大约袍又名狮子头，属晚熟品种。树势健壮，树体高3～5米，树姿半开张，分枝角度小，皮刺稀少而宽扁。果粒大，直径5.0～5.6毫米，皮浓红色，干后不变色，腺点粗大疣状，8月中旬至9月上旬成熟，果实不易开裂，采收期长，品质上等。喜肥水，抗旱性和抗寒性稍差，在陕西、甘肃、山东、山西、河南等地广泛栽培，是大力发展的优良品种。

（2）小红袍。小红袍又名米椒，属中熟品种。树体较矮小，树姿开张，分枝角度大。果粒小，直径4.0～4.5毫米，果皮紫红，密生疣状腺点，8月上中旬成熟，晒制后椒皮颜色鲜艳，香味浓。成熟后椒果易开裂，需及时采摘，出皮率高，品质上等。该品种适应性强，耐干旱、瘠薄。主产山西、河北、河南，山东和陕西也有栽培。

（3）大花椒。大花椒又名油椒，属中熟品种。树姿较开张，分枝角度大，树高2.5～5.0米。果粒中等大，直径4.5～5.0毫米。8月中下旬成熟，成熟时鲜红色，表面有粗大疣状腺点。晒干后椒皮酱红色，果皮厚、香味浓、质量好、产量高。该品种丰产性强，抗逆性也强。

（4）白沙椒。白沙椒又名白里椒，属中熟品种。树姿开张，分枝角度大，树高2.5～5.0米；皮刺大而稀，多年生皮刺一般从基部脱落。果粒中等大，8月中下旬成熟，熟时外果皮淡红色，晒后变褐红色，内果皮白色。椒皮品质中上，产量稳定，耐贮存，但色泽较差。抗逆性强，主产山西，在河北、河南、山东也普遍栽培。

（5）琉锦山椒。树姿较直立，枝条密集，呈抱头状生长，枝干光滑无刺。果实椭圆形，较大，脐部有一小突起，果皮鲜红色，果实着色较晚，一般 9 月中旬开始着色，9 月下旬至 10 月上旬成熟。抗流胶病，易感穗枯病。幼树抗寒性较差，注意越冬防寒。

（6）林州红。树形大多为多主枝圆头形或开心形，盛果期树高 2～3 米，树姿半开张，树势强健、紧凑、分枝角度小。树枝褐色，皮刺大而稀，基部宽厚。随着枝龄的增大，刺端逐渐脱落成瘤。奇数羽状复叶，小叶 5～11 片、卵圆形、深绿色、有光泽、蜡质较厚，叶缘锯齿状。果实为深红色，果实表面疣状腺点粗大，晒干的椒皮紫红色，果梗短，香气浓郁，麻辣持久，含籽率 25.8%，不易开裂，采果期长。

2. 生长发育特性

（1）根系。花椒属浅根性树种，须根发达，主根只有 20～40 厘米长，由 3～5 条比较粗大而呈水平延伸的一级侧根及各级小侧根构成根系的基本骨架。水平根的分布范围，是树冠投影的 2～3 倍。当春季土温达 3～5℃ 以上时，根系开始生长，比地上部分萌动期早 15～20 天。花椒根系一年中有 3 次生长高峰：3 月中旬至 4 月上旬为第一次生长高峰；5 月上旬至 6 月中旬为第二次生长高峰，生长量大且延续时间长，是全年发根最多的时期；果实采收以后 9 月下旬至 10 月下旬为第三次生长高峰，此时因土温逐渐降低新根生长量小。

（2）枝芽。花椒的叶芽萌发后抽生营养枝；花芽为混合芽，芽体近圆形、饱满肥大，着生于一年生枝顶部的 2～4 节上，春季萌发后先抽出一段新梢，在新梢顶端着生花序开花结果。

花椒的中长营养枝一年有 2 次生长高峰：第一次生长高峰出现在 4 月中旬至 5 月中下旬，第二次生长高峰出现在 6 月下旬至 8 月上旬，9 月上旬停长。短枝一年只有 1 次生长高峰，而且生长期短，从 4 月上旬开始，到 5 月上旬止。

花椒的结果母枝分为短结果母枝（2 厘米以下）、中结果母枝（2～5 厘米），长结果母枝（5 厘米以上），其上的顶芽和大部分腋芽均为混合芽，翌年可抽生 1～4 个结果枝。结果枝由结果母枝上的混合花芽萌发抽生而来，健壮的结果枝着生 3 个以上复叶，才能保证果穗的发育，并形成良好的混合花芽。

（3）花芽分化和果实生长。花椒花芽分化的集中期，在枝条的两次生长高峰之间，北方约在 6 月中旬。

花椒果实生长发育过程可分为 4 个时期：

①速生期。一般从柱头枯萎脱落开始，历时 14～18 天。

②缓慢生长期。果实体积变化不大，但重量继续增长，主要是增厚果皮，充实种仁。

③着色期。从 7 月中旬开始，果皮由绿变黄进而变为浅红色，同时种壳变为坚硬的黑褐色，种仁由半透明糊状变为白色的种仁。

④成熟期。外果皮呈红色或紫红色，疣状突起明显，有光泽，少数果皮开裂，果实完全成熟。

（三）丰产栽培技术

1. 花椒对环境条件的要求

（1）光照。花椒喜光，光照充足，树体生长健壮，椒皮产量高，品质也好。它要求全年日照时数不少于 1 800 小时，生长期日照时数不少于 1 200 小时。

（2）温度。花椒属喜温树种，不耐严寒，年均温 8～16℃的地方都有栽培，但以年均温 10～14℃的地方栽培较多。低于10℃的地方冬季常遭冻害。花期适宜的气温为 16～18℃，果实生长发育期为 20～25℃。

（3）水分。花椒抗旱性较强，年降水量 500 毫米以上且分布均匀能正常生长，但不耐严重的干旱缺水。花椒根系浅不耐涝，短期积水或洪水冲淤即能使花椒死亡，不宜在低洼和排水不良的地方栽植。

（4）土壤。花椒对土壤要求不严，喜排水良好，土层深厚肥沃的土壤，其中以砂壤土和壤土最适宜，在沙土和黏重土壤上则生长不良。花椒喜钙，在山地钙质土壤上生长最好，但在中性和微酸性土壤上也能生长。

2. 育苗方法

（1）播种苗培育。

①采种。当椒果充分成熟时，选择生长健壮、品质优良、8～15 年生盛果期椒树作为采种母树。采回的果实放在通风、干燥的室内阴干，切忌暴晒，以免降低种子发芽力。待果皮裂口后，除去果皮，取得种子。

②种子处理。播种前要进行脱脂处理。秋播可将种子放在 2.5% 的碱水中浸泡 2 天，加水量以淹没种子为度，除去空秕粒，搓洗去除种皮表面油脂，捞出清水冲净即可播种。

春播种子的处理主要方法有：层积沙藏，将种子和沙按 1：2 的比例混合进行沙藏。牛粪拌种，用鲜牛粪 6 份，种子 1 份，混合均匀；埋入深 30 厘米的坑内，种子距地面约 15 厘米，上面盖一层草，盖土 10 厘米，踏实后覆草。翌年春播种前取出，打碎后即可播种。

③播种。秋播在土壤封冻前，春播一般春分前后。每公顷播种量 120～150 千克，行距 20 厘米。春播开沟深 5 厘米，覆土 1 厘米；秋播覆土 5～7 厘米，开春后，及时刮去覆土，保留 2～3 厘米，经一周后再刮去部分覆土，保留 1 厘米厚覆土。

④播后管理。播种后 1 个月左右开始出苗。当苗高 4～5 厘米时间苗；苗高 10～12 厘米时定苗，株距保留在 10～15 厘米。间苗后要注意灌水，苗木生长期及时追肥，以保证苗木生长健壮。

（2）扦插育苗。

花椒一般采用条插，从 5 年生以下已结果的花椒树上，选择 1～2 年生枝条作插穗。插穗可用 500 毫克/千克的萘乙酸溶液浸泡 2 小时，或用 50 毫克/千克的生根粉（ABT1 号、ABT2 号）

溶液浸泡 0.5～2.0 小时，也可采用温床催根的方法，以提高插穗生根成苗率。

3. 园地规划与建设

（1）选址。花椒建园栽植地点，应选在背风向阳、温暖湿润、土层深厚、排水良好的地方；山地丘陵区在阳坡、半阳坡的中下部建园。花椒抗风力差，山顶、山梁、风口及过于瘠薄阴寒的陡坡，不宜建花椒园。

（2）整地。栽植前细致整地，山地建园可修筑反坡梯田、水平阶或鱼鳞坑，以防止水土流失；平原地区或坡度较小的山前平地可进行全面整地；零星栽植可进行块状整地。

（3）栽植时期与密度。栽植时期在春、夏、秋三季均可，但以春季为好，北方干旱区可进行雨季造林。栽植密度根据栽植方式而定。纯花椒园可采用 2 米×3 米、3 米×4 米的株行距；栽植于台地或梯田的埂边，株距 3 米即可；椒林间作，株距可采取 3 米，行距宜大，依情况而定；营造树篱时，株行距应小，可栽植 2～3 行，株距 20 厘米，行距 30～40 厘米，呈三角形配置。

（4）平埋压苗栽植法。在干旱地区梯田上建园，可采用压苗栽植技术，即在整好地的梯田上挖长 40～50 厘米、深 30 厘米、宽 15～20 厘米的栽植坑，将苗木顺坑长方向平埋在坑底，苗木梢部沿坑壁垂直露出地面，苗木在土中部分占苗高的 3/4 左右。此法成活率高，苗木根系发达，幼苗生长快，结果早，春季、秋季及雨季均可栽植。压苗栽植要求的苗木质量标准：根系良好，苗高 80 厘米以上，地径 0.7 厘米。

4. 土肥水管理技术

（1）水土保持。山地丘陵区建立花椒园，要加强水土保持工作，防止水土流失。

（2）树干基部培土防寒。每年秋季应就近挖取比较肥沃的山间草皮土培在树干基部周围，翌春再扒开均匀撒在园地。在土层薄、水土流失严重的地方可每年压土 5～10 厘米，以增厚土层。

这是因为花椒根颈部是进入休眠最晚而结束休眠最早的部位，抗寒力较低，容易受冻害。

（3）中耕除草。在花椒生长季，每年可进行 3～4 次中耕除草工作，以达到除草、疏松土壤、抗旱保墒的作用。

（4）施肥。基肥一般在秋季果实采收后施入。追施每年可施 2～3 次，一般在萌芽前追施氮肥，可促进新梢生长，提高坐果率；花后追施一次以氮为主的复合肥，花后追肥正值根系速生期和果实膨大期，对花椒产量影响很大；果实采收后，可结合施基肥追施磷、钾肥，以促进枝梢成熟和提高树体营养贮备。

（5）水分管理。为了实现丰产栽培，在有条件的地方，每年可根据降雨分布情况，在萌芽前、开花后、采果后及土壤封冻前进行适时灌水。花椒不耐涝，雨季应做好排水工作。

5. 整形修剪技术

（1）丰产树形。

①自然开心形。干高 30～40 厘米，在主干顶端错落着生 3 个主枝，每个主枝上培养 2～3 个侧枝，分别在主侧枝上培养大、中、小各类枝组，主枝开张角度 30°～45°，侧枝 60°～70°。

②自然圆头形。适用于干性较强的品种。有明显的中心干，在中心干上每隔一定距离选留一主枝，主枝不分层，在每个主枝上选留 2～3 个侧枝，在主、侧枝上培养结果枝组，整个树形呈圆头形。

③丛状形。从地表以上培养出长势一致，角度适量的 3～4 个主枝，每主枝再留 2～3 个侧枝。这种树形成形快、早丰产，但因主枝多、枝条拥挤、光照条件差、产量低。适于在瘠薄山地应用。

（2）自然开心形幼树整形。定植后，在 40～50 厘米处定干，要求剪口下 10～20 厘米整形带内有 6～8 个饱满芽。萌芽后选 3～5 个壮枝作为主枝培养对象，其余枝拉平甩放控制生长。

第一年冬剪时选留 3～4 个壮枝作为主枝，开张角度 30°～

45°，留 40～50 厘米短截，其余枝作为辅养枝拉平甩放，过旺的直立枝可适当疏除。

以后每年对主、侧枝短截，主枝留 40～50 厘米短截，侧枝留 35～40 厘米短截。每主枝上选留 2～3 个侧枝，第一侧枝距主干 30～50 厘米，第二侧枝距第一侧枝 20～40 厘米，第三侧枝距第二侧枝 40～60 厘米。其余辅养枝少疏多留、拉平甩放。适当疏除过密枝、竞争枝、病虫枝、交叉重叠枝。

（3）结果树修剪技术。初果期应继续培养骨干枝，调整改造辅养枝和培养结果枝组，使树体尽快进入盛果期。盛果期主要的修剪任务是维持树体结构，修剪和复壮结果枝组，改善树冠内的光照条件，调节生长与结果平衡，延长盛果期年限。

花椒以强壮枝和中短枝结果为主。一般强壮枝顶端 3～4 个芽质量高，细弱枝顶芽质量好。由于质量好的混合花芽都集中在枝条顶部，因此大树修剪以疏、缩为主，尽量少短截。对空间大、生长势强的枝条，宜采用先截后放再回缩的方法，培养成大中型枝组；中庸枝和细弱枝，可采用先放后缩法培养成中小型枝组；对空间小的旺枝，可先拉平甩放，结果后再回缩。

进入盛果期后，要及时对衰弱的枝组更新复壮，可采用回缩与疏枝相结合的方法，改善枝组内的光照条件，集中养分复壮留下的枝条。

6. 主要病虫害防治技术

（1）花椒叶斑病。主要危害叶片、叶柄和果实，有时也侵染当年嫩枝。被害叶片表面出现点状失绿斑点，以后病斑逐渐扩大，颜色也由灰白色变为褐色或黑褐色，后期病斑上出现黑点状的病菌分生孢小堆。防治方法如下：

①秋末冬初在发病椒园中，清除落叶并集中深埋或烧毁，冬季修剪时，剪除树上的病、枯枝。

②发病椒园早春进行土壤翻耕，将残留的病叶翻压土中。

③加强管理，增强树势。

④发病初期，喷洒 70％甲基托布津可湿粉 800～1 000 倍液，或 25％三唑酮可湿粉 600～800 倍液，或 65％代森锌可湿性粉剂 300～500 倍液，每 7～10 天喷一次，连喷 2～3 次。

（2）花椒锈病。主要危害花椒叶片。发病初期，叶片正面出现水渍状退绿斑，叶背面出现圆点状淡黄色或锈红色病斑，即夏孢子堆。继而病斑增多，严重时扩展到全叶，使叶片枯黄脱落。秋季在病叶背面出现橙红色或黑褐色凸起的冬孢子堆。防治方法如下：

①加强栽培管理，增强树势。

②秋末冬初及时剪除病、枯枝，清除园内落叶及杂草，并集中烧毁，减少越冬病菌源。

③初春树体发芽前，喷一次 3～5 波美度石硫合剂，杀灭越冬病源。

④发病初期，喷施 200 倍石灰过量式波尔多液或 0.3～0.5 波美度石硫合剂。

⑤发病盛期，喷 65％代森锌可湿性粉剂 400～500 倍液。

（3）绵蚜。危害叶片、花、幼果及嫩梢，被害叶片向背面卷曲或皱缩成团，引起落花、落果。同时，其排泄物污染叶片，影响叶片的光合功能和正常代谢。防治方法如下：

①5 月上旬向椒树投放七星瓢虫，进行生物防治。

②花椒发芽前，全株喷洒 3～5 波美度石硫合剂，杀死越冬虫卵。

③危害期，可选择 50％灭蚜净乳剂 4 000 倍，或 2.5％的溴氰菊酯 1 000～2 000 倍液喷洒。

（4）花椒桔潜跳甲。以幼虫蛀食叶肉，成虫食嫩叶为害。防治方法如下：

①4 月中旬用溴氰菊酯 2 000 倍液，喷洒地面和树冠，杀死越冬成虫。

②5 月中下旬，向树冠喷洒 80％敌敌畏乳剂 800 倍液杀灭

幼虫。

③8 月下旬利用成虫多在嫩梢上危害特点，可人工振落捕杀。

7. 果实采收　当花椒果皮变红且有油光时，即可及时人工采摘，采摘时间应选晴天早晨，注意轻采轻放，摊薄晾晒，忌挤压和堆积，以免油泡破裂而使椒皮品质下降。

第五章
蔬菜类树种丰产技术

一、笋用竹丰产技术

（一）经济价值

竹子生长快、产量高、效益好，是我国许多农村开展多种经营的一项重要内容。竹类作为经济林栽培，用途十分广泛，尤其是近年来以竹笋作为木本蔬菜来食用，市场经济效益十分显著。

竹类植物起源于热带地区，具有广泛的适应性，我国福建、湖南、浙江、江西、广西、广东等12个省（自治区）均有分布。目前竹产品种类繁多，形成了七大系列10多个品种，如竹浆造纸、竹质人造板、竹建筑装饰材料、竹编工艺品、竹日用品、竹类食品和药材产品，应用领域和范围涉及建筑、运输、纺织、包装、轻工、家具、造纸和食品等行业。

（二）优良品种及生长发育特性

1. 优良品种

（1）绿竹。绿竹属，合轴丛生，分布福建、广东、广西、海南、浙江、台湾等省（自治区）。笋期5月下旬至10月上旬，笋味甘美，为著名笋用竹种。

（2）麻竹。麻竹又称六月麻、八月麻，牡竹属，合轴丛生，分布福建、广东、广西、贵州、云南、台湾等省（自治区）。笋期5～10月，笋质好，产量高，为优良笋用竹种。

（3）黄甜竹。黄甜竹又称黄间竹，酸竹属，单轴散生，分布于江西、浙江、福建等省。笋味鲜美，为优良笋用竹种。

（4）雷竹。刚竹属，单轴散生型，分布于浙江、江苏、安徽及福建等省。3月初出笋，经人工覆盖保温、灌水保湿，可以提早至春节前20天出笋。笋鲜甜可口，为优质笋用竹种。

（5）甜笋竹。甜笋竹原产于江苏、浙江等省。笋期4月中旬，笋极鲜美，是优良的笋用竹种。秆可作材或用于编织或用于制作竹器。

（6）霞早绿竹。一般4月开始发笋，比普通绿竹提早1个多月。6～7月份进入产笋高峰期，9月上旬（白露）后逐渐减少，到10月（霜降）基本结束。霞早绿竹发笋早、产量高、笋质优等优良性状相对稳定，成为变异新品种。

（7）吊丝单竹。吊丝单竹为我国特产的丛生竹种，主要分布两广，湖南省道县以南地区均有栽培，长沙有引种。夏秋出笋，笋期长（5～9月），笋味鲜美可食。

（8）毛竹。毛竹又称楠竹，刚竹属，地下茎单轴型，除海南岛外全国大部分地区均有分布，宜作笋材两用林经营。秋冬季节竹笋在土中生长，不出土面，称为冬笋；4月初竹笋长出土面为春笋；7～8月还有鞭笋。

此外，哺鸡竹、石竹、淡竹、桂竹、毛金竹、大头典竹等都是优质笋用竹。

2. 生长发育特性

（1）散生竹的竹笋生长。

①竹笋的地下生长。指从竹鞭上的芽到出土，为竹笋的形成阶段。竹笋在地下阶段生长慢，有的前后跨越两年，如毛竹夏末秋初竹鞭上侧芽萌发为笋芽，第二年清明左右才能出土，前后需6～9个月时间。

竹笋的形成过程：先是鞭上侧芽顶端分生组织细胞分裂增殖并逐渐膨大，笋尖弯曲向上，到了初冬，笋体肥大，笋箨褐黄色被有绒毛，称冬笋；翌年冬笋继续生长出土，称为春笋。笋箨紫褐色，有黑色斑纹，满生粗毛。竹笋出土要求旬平均温10℃，并需要充足水分，出笋的持续时间为 15～30 天。

②竹笋及幼竹生长。从竹笋出土到高生长停止、枝叶展开，为竹笋幼竹生长阶段。按生长的速度可分为初期、上升期、盛期和末期 4 个时期。毛竹大约需要 2 个月。

（2）丛生竹的竹笋生长。

①地下茎的生长。丛生竹无竹鞭，其地下茎包括秆基和秆柄两部分。秆基每节着生 1 芽，萌发后成笋。丛生竹出笋可分为初期、盛期、末期 3 个阶段。

②竹笋及幼竹生长。丛生竹的竹笋幼竹生长阶段生长规律与散生竹类似。其竹笋幼竹生长随温度、湿度的升降而加速或缓慢，湿度影响尤为显著。丛生竹由于没有竹鞭，竹丛密集，子竹生长全靠母竹供应养分，一株母竹能萌发 5～6 个竹笋，而成竹一般只有 1～2 个。

（三）丰产栽培技术

1. 笋用竹对环境条件的要求

（1）气候。竹子喜季风影响明显的气候，在热带、亚热带的竹子种类和数量最多。我国竹子自然分布区内，年平均温度为 12～22℃，极端最低温度 −20～2℃，1 月平均温度为 −4～10℃；年降水量变化幅度为 500～2 400 毫米，年平均相对湿度为 65%～82%。

（2）土壤。竹子对土壤要求较高，适于竹子生长的土壤条件是：土层深厚、土壤质地疏松、养分丰富、水分充足，pH 在 4.5～7.0。若土壤贫瘠、干燥，竹子生长不良，不可能获得较高的笋、竹产量。

（3）地形。各种竹子的海拔高度不同，但以丘陵、低山的竹子种类最多，生长最好。大部分竹种忌大风，所以在山凹及坡下地段对竹子生长最为有利。丛生竹一般垂直分布较低，在山凹、山麓、平地或溪河岸冲积地生长最好。

2. 竹苗繁育技术　竹子分为散生竹和丛生竹两大类。散生竹主要采取播种育苗、埋鞭育苗、压条育苗；丛生竹常用埋秆育苗、埋节育苗、竹枝育苗、播种育苗等。

（1）散生竹育苗方法。

①播种育苗。竹类种子不耐贮藏，一年后几乎全部丧失发芽能力。因此，采下的种子应及时点播，株行距为 20 厘米×25 厘米，播后要加强管理。

②埋鞭育苗。在成龄的散生竹林中，挖掘 3～4 年生健壮的竹鞭，截成 40～50 厘米长一段；也可挖掘 2～3 年生实生苗，或者用实生苗造林的 3～4 年生幼林里的小竹鞭，按约 20 厘米长截段，在苗床上每隔 30 厘米开一条沟，沟深宽各 20 厘米，施入基肥，将竹鞭舒展放于沟中，盖土 10 厘米左右，然后盖草、淋水，经 1～2 年就可造林。

（2）丛生竹埋秆育苗。丛生竹在发芽前 1 个月左右选择 2 年生无病虫害、无开花征兆的健壮竹秆，连蔸挖起或不带蔸砍断，竹秆每节上保留 1 个枝节剪断，去掉梢头，每隔 1～2 节，在节间中央开一切口，切口向上时，竹节上的芽位于切口两侧，将竹秆浸入干净水中，用黏土封住切口。在床上开水平沟，平放竹秆，覆土 5～10 厘米踏实，保持苗床湿润。半年至 1 年后，可挖起竹秆，截成单丛竹苗用于造林。

3. 园地规划与建设

（1）园地选择。根据竹子的生态习性，选择土层深厚、土壤质地疏松、土壤呈酸性反应，pH4.5～7.0；土壤养分丰富，水分充足的地段作为造林地。

（2）整地挖穴。栽植前 1 年的秋冬季进行整地，按一定的造林密度挖好定植穴。散生竹定植穴的规格与竹种和造林方式有关。如毛竹移竹造林，规格是长 150～170 厘米，宽 80～100 厘米，深 50 厘米；移鞭造林，长 150～170 厘米，宽 50～70 厘米，深 30～50 厘米；中小型散生竹移竹造林，穴规格是长 100～120 厘米，宽 50～60 厘米，深 30～40 厘米；移鞭或截秆移鞭造林，长 60～100 厘米，宽 40～50 厘米，深 40 厘米左右。丛生竹定植穴的规格一般为 50～70 厘米见方，深 30 厘米左右。

（3）造林季节与方法。造林时间通常在冬季和春季。造林方法有移竹造林、移鞭造林、实生苗造林等，其中以移竹造林最普遍。丛生竹一般在 3～4 月长叶，5～10 月出笋，移竹造林最好在 1～3 月竹子"休眠"期间进行。如用竹苗造林，一年四季均可进行，最好在雨季。

（4）散生竹林的营造。造林方法主要有移鞭造林和移竹造林。

①移鞭造林。选生长健壮的 2～5 年生竹鞭，带土坨挖起，切取 1.0～1.3 米长，要求根系完整，侧芽饱满。栽时将竹鞭平放于长方形定植穴中（每穴可以放 2 条竹鞭），覆土踏实后再撒一些松土，最后盖草浇水。

②移竹造林。选择生长健壮，粗度、高度适中，无病虫害的 1～2 年生的竹子作为母竹。挖掘母竹时，先在距竹子 30～50 厘米处用小锄轻轻挖开土层，找到竹鞭，再沿母竹的来鞭和去鞭两侧逐渐深挖，尽量不碰伤竹鞭和鞭芽，保留鞭根，在竹鞭两端按一定长度截断，留来鞭 20～30 厘米，去鞭 40～50 厘米。然后将母竹挖出，要求多留宿土，留枝 4～5 盘，砍去顶端。栽植时竹蔸要种深，竹鞭要浅埋，覆土要压实，盖上一层松土。

（5）丛生竹林的营造。造林方法主要有竹苗造林、移竹造林。

①竹苗造林。包括用埋秆育苗造林、竹枝育苗造林、实生苗造林。

②移竹造林。选择生长健壮、枝叶繁茂、无病虫害、秆基芽眼肥大充实须根发达的 1～2 年生的竹秆作为母竹，粗度 2～5 厘米。挖掘母竹时，先在离母竹 25～30 厘米的外围轻轻扒开泥土，尽量保留竹的支根、须根。在靠近老竹的一侧，找出母竹秆柄与老竹秆基的连接点，然后切断母竹的秆柄，连蔸带土挖起，注意

保护笋芽。母竹挖起后，留 3～4 盘枝，在竹秆上部节间斜行切断，以减少母竹蒸发水分，便于搬运和栽植。栽植时母竹斜放穴中，马耳形切口向上，分层填土，使根系与土壤紧密接触，压实，灌水，最后覆土。

4. 散生竹林管理技术

（1）除草松土。每年 6～9 月进行 1～2 次除草，深度 6～10 厘米。要求除尽草根，不伤竹鞭和笋芽。松土在冬季结合挖冬笋进行较好，深度以 15～20 厘米为宜。

（2）合理间作。造林 1～3 年内，林地间种农作物、药材或绿肥。如大豆、绿豆、猪屎豆等。不要选择芝麻等消耗地力大的作物或玉米、高粱等高秆农作物。

（3）施肥培土。笋用林每年 667 米² 施有机肥料 30～50 担，或塘泥 50～100 担为宜。有机肥料结合冬季松土和挖笋时施用效果较好，将肥料直接填入每个已挖出冬笋的穴内，上覆一层土，或松土后开沟施肥。夏秋挖鞭笋后，可施用人粪尿。追施化肥最好按氮、磷、钾 5∶1∶2 的比例配施，在春季出笋前施 1～2 次催芽肥，秋季笋芽分化时施 1～2 次排芽肥。培土是笋用竹的栽培特点，培土可结合施肥进行，先施肥，后培土。

（4）留母更新。留养母竹的目的是调整竹林结构，使林内光、水、温、肥更充分地得到利用，达到稳产高产。毛竹的合理立竹度为每 667 米² 150～200 株，竹龄组成为 1～2 年生占 33％，3～4 年生占 30％，5～6 年生占 20％，7～8 年生占 15％，9～10 年生占 2％；雷竹、刚竹、淡竹等，每年保持每 667 米² 650～850 株的立竹密度，竹龄组成为 1 年生竹占 35％，2 年生竹占 30％，3 年生竹占 30％，4 年生竹 5％。每年按合理立竹度和竹龄组成比例，留养一定数量的新母竹，同时在冬季砍伐老母竹。

5. 丛生竹林管理技术

（1）松土除草。每年夏秋季，结合割笋，在竹丛四周进行松土除草，并割除生长不良、细矮的小竹。

（2）扒土施肥。扒土的目的是让笋苑上的笋目充分暴露在阳光下，利于光热刺激笋芽的萌动，促进提早发笋，同时便于施肥。扒土在 2 月底或 3 月初进行，通常在竹丛四周，用锄头自外向内把土扒开，并清理、割除缠绕在笋芽上的须根，使笋目露出土外，但不能弄伤笋目。

每年要进行 2～3 次施肥。第一次在扒土后 10～15 天施春肥，促进笋目萌发，一般每丛可施入腐熟人粪尿、牛粪 25～50 千克，或腐熟饼肥 7～10 千克，或塘泥 100～180 千克。第二、三次施肥，在 6～8 月出笋的初期和盛期进行，以腐熟的人粪尿或速效性化肥为主，每丛需尿素、硫酸铵等化肥 0.5～1.0 千克，或按照 5：1：2 比例的氮、磷、钾混合肥料 1.0～1.5 千克。夏季施肥，最好与灌溉或自然降雨相结合。

（3）培育竹笋。未出土的竹笋箨黄褐色，笋幼嫩味鲜。采取培笋措施，就是让笋芽在黑暗的土壤中生长，以培养风味好纤维嫩的竹笋。对于入土较深的竹笋，在竹笋将出土时，覆盖 12～16 厘米厚的潮土即可；入土较浅的竹笋极易露头，在笋头上盖 30 厘米左右的潮土。有条件的应在 3～5 月雨季到来前，每周或隔周灌水 1 次，促进早发笋。

（4）留母更新。以麻竹为例，新造的一株麻竹，第一年最好留 2 个壮笋养竹，第二、三年各再留 2 个壮笋养竹，其余割去，每丛共有 6 株新母，每公顷约 2 700 株，抚育管理得当，第四年可出现竹笋高产，每年每丛养新竹 2 株。第一年留养的母竹已衰老，秆基芽眼已无发笋能力，必须伐去。这样每丛可保留 6 株母竹。每年伐去 4 年生老竹 2 株。伐竹时应将老竹苑挖起。绿竹则是进入正常生产时每年每丛留养新竹 6 株，每年每丛伐去 3 年生老母竹 6 株。

6. 主要病虫害防治技术

（1）竹笋象。危害竹笋的象甲主要有 4 种：竹横锥大象、竹直锥大象、一字竹象、竹小象。危害毛竹、青皮竹、吊丝竹、刚竹、淡竹、甜竹等。幼虫蛀食竹笋及嫩竹，造成大量退笋，成竹节间生长变细变短，竹材弯曲变形，易被风折。防治方法如下：

①秋冬松土培土，破坏越冬土室，堵塞出土通道，消灭越冬成虫。

②成虫出土期，利用其假死性，振落捕杀。

③及时挖除被害笋，消灭幼虫。

④出笋后用80％敌敌畏乳油1 000倍液，或90％敌百虫晶体1 000倍液，或20％杀灭菊酯乳油1 000～1 500倍液，隔7天喷洒一次，连续2～3次。

（2）笋夜蛾。危害毛竹、刚竹、慈竹等。幼虫蛀入笋中取食，重者竹笋枯死；轻者虽能成竹，但断头折梢，虫孔也累累，心腐材脆，利用价值大大下降；竹秆上留下的虫孔，常被竹后刺长蠹钻入产卵，若虫在内危害，致竹子枯黄而死。防治方法如下：

①加强竹林抚育。8月份以后应铲除林内杂草，以消灭杂草上的越冬卵；次年3月份应再清除萌发嫩草1次，以杀死杂草中幼虫。

②及时挖除虫退笋，减少虫口密度。

③成虫羽化盛期可用灯光诱杀。

④药剂杀虫护笋：在出笋前后，可选喷80％敌敌畏乳油1 000倍液，或50％马拉硫磷乳油500～1 000倍液，或20％灭幼脲胶悬剂2 000～3 000倍液。每隔7天喷一次，连续2～3次。

（3）竹蝗类。主要危害毛竹、水竹、淡竹、刚竹等。跳蝻及成虫取食竹叶及嫩梢，大发生时，常将竹叶吃光，受害竹林形似火烧，使大面积竹林枯死。防治方法如下：

①人工挖卵捕打跳蝻（若虫）。

②尿草诱杀。在50千克人尿液中，加50～100克50％敌百虫晶体，将切成15厘米左右长的稻草泡入浸透8小时，于清晨在竹林内每667米²放数堆诱杀，效果较好。

③保护天敌。蛹期和成虫期主要有鸟类捕食和微生物的感染，卵期有寄生蜂、寄生蝇等，应加以保护和利用。

（4）竹织叶野螟。危害青皮竹、撑篙竹、甜竹、毛竹、金竹等。幼虫吐丝卷叶成苞，潜居苞中取食，重者竹叶被食尽，竹腔积水，新竹枯死，次年出笋减少。防治方法如下：

①结合竹林抚育，冬季劈山松土，可直接杀死大量虫茧，还可恶化其越冬环境，间接造成茧内幼虫大量死亡。

②用黑光灯诱杀成虫。

③生物防治。幼虫期可以喷撒 100 亿孢子/克的白僵菌粉，卵期可释放赤眼蜂。

④幼虫期用药物防治，可喷洒 90％敌百虫晶体 1 000 倍液，或 80％敌敌畏乳油 1 000～1 500 倍液等。喷药时间宜在早晨露水未干前进行，要把虫苞喷湿。

⑤在 6 月份成虫发生期，及时向竹林附近的蜜源植物上喷洒药剂或施放烟剂，围歼群集成虫。药剂可选用 2.5％敌百虫粉，或 50％敌敌畏乳油 800～1 000 倍液，或 5％～10％敌敌畏烟剂，每 677 米^2 0.5～1.5 千克。

（5）竹枯梢病。危害当年新竹的嫩枝和侧枝，影响出笋，甚至成片竹林趋于毁灭。病竹最终呈现 3 种症状类型：枝枯型、梢枯型、株枯型。防治方法如下：

①加强抚育管理，冬季或春季出笋前，彻底清除林内病枝梢和枯株，以减少传染来源，这是防治该病的一项基本措施。

②加强检疫，严禁从疫区和疫情发生区引进带病竹苗、母竹移植新区。

③在 5 月下旬至 6 月中旬幼竹展枝放叶期，可选喷 50％多菌灵可湿性粉剂 1 000 倍液，或 50％托布津可湿性粉剂 500～1 000倍液，隔 10 天喷一次，连续 3 次。

7. 割笋采收技术

雷竹、淡竹等中小型散生竹竹笋采收的标志为：笋箨箨叶开始开裂，笋尖出土 10～20 厘米即可采收。丛生竹的竹笋出土后，应及时割笋，否则笋老化。一般出笋初期和末期每隔 5～7 天采割一次；出笋盛期 3～5 天采割一次。割笋最好在早上进行。采割竹笋时，注意不伤鞭、不伤笋，割笋后要用土覆盖好已割的笋蔸。

二、香椿丰产技术

（一）经济价值

香椿属于楝科多年生落叶乔木，为稀有木本蔬菜经济林树种，其嫩芽和新叶又称香椿头或椿芽，具有独特浓郁的芳香气味，风味鲜美，香脆可口，质细无渣，含有丰富的营养物质，被视为蔬菜之上品。香椿嫩芽、嫩叶可鲜食、熟食，也可腌制贮存四季食用，腌香椿和脱水香椿便于携带，开水冲泡即可食用，为旅行佳品。香椿的各种加工品是畅销港澳地区和东南亚的美味佳肴。

香椿在我国分布较广，从辽南、内蒙古至广东、广西、云南，从甘肃、四川到沿海各地均有栽培。但集中分布于黄河流域和长江流域之间，其中以河南、河北、山东、安徽、湖南、云南等省栽培最多。

（二）优良品种及生长发育特性

1. 优良品种

（1）黑油椿。初出芽苞与嫩叶紫红色，光泽油亮，后由下至上逐渐转为墨绿色，尖端暗紫红色，椿苞和叶轴紫红色，背面绿色，粗壮肥嫩香味浓，无渣，品质上等，8～13 天长成商品芽，嫩芽长 6～10 厘米，每芽有 7～8 片叶，叶间距小，单芽重 25 克左右，10 年生树一次可产芽 10 千克。叶展开后表面黄绿色，背面微红色，叶面皱缩，上有许多浅红色斑点。喜肥水生长强，枝条粗壮，树冠开张，适合于平原地区及肥沃的梯田边栽植，也可作农作物或蔬菜的间作树种。

（2）红油椿。初出芽苔与嫩叶鲜红色油亮，5～7 天后颜色加深为鲜紫色，8～12 天可长成商品芽，外观艳丽，嫩芽粗壮，长 7～12 厘米，单芽重 25 克左右，10 年生树一次可产芽 15 千克。叶轴粗壮肥嫩、微红，嫩叶肥厚有皱纹，无渣、香味浓，略带苦涩，鲜食可用开水烫 1～3 秒钟，以除苦味，品质略次于黑油椿。

（3）青油椿。幼芽紫红色，后渐变为青绿色，尖端微红，椿芽肥嫩有光泽，长 7～14 厘米，香味较淡，无苦味，腌制后肉质最佳。

（4）红叶椿。嫩芽深棕红色，展叶后仅前端 5～7 片小叶边缘淡棕红色，背面淡红褐色，较长时间不退色，光滑无毛，有光泽，基部的小叶表面为绿色，有茸毛。香味较淡，无苦涩味，易木质化，可作优良芽材兼用品种。

（5）苔椿。初出芽苔与嫩叶红褐色，有白色茸毛，叶展开后表面黄绿色，背面微红色，叶面皱缩，有许多浅红色斑点，芽苔和叶轴特别粗壮且长，质嫩如菜苔，故名苔椿。8～13 天长成商品芽，质脆嫩、香味浓、品质好、产量高、上市时间长，也是保护地栽培的优良品种。

（6）褐油椿。初生芽和嫩叶褐红色、鲜亮，芽粗短。小叶叶片较短而阔、肥厚，叶面皱缩，微披白色茸毛。5～12 天长成商品芽，新芽脆嫩，多汁无渣，香味极浓，略有苦涩味。不耐瘠薄，耐寒性较差。主干矮而粗壮，枝条开张，有的植株树形可以自然矮化，2 年生树高仅 40 厘米，适合温室栽培。

（7）红芽绿香椿。初生芽和嫩叶为浅棕红色、鲜亮，5～7 天后除尖端为淡红色外，其余部分均变为黄绿色。长成的商品芽整体为绿色。叶形与褐香椿相似，但基部圆，皱缩极浅。嫩芽粗壮、鲜嫩、味甜、多汁、渣少、香味较淡。可作温室早熟品种栽培。

2. 生长发育特性

（1）根系。实生播种繁殖的香椿主根发达、粗壮，向地下垂直生长深达数米，在山区天然林中，香椿根系可穿透石缝向下延伸，形成根幅达 10 米以上的强大根群。当土壤浅薄或紧实度大时会出现浅根性生态变异，主要吸收根在 30 厘米土层内。香椿3 月上中旬根系开始活动，6 月上旬至 7 月上旬为生长高峰，11 月上中旬结束。

（2）枝条。香椿萌芽后枝条上发出嫩芽，抽生出一个密生叶子的枝条，当其不超过 20 厘米时，称为椿芽，可采收作为商品出售。香椿顶芽最先萌发，当其长到 3～5 厘米时，下部的 3～5 个侧芽方开始萌发。若顶芽不被摘除，侧芽一般长 3～15 厘米就会自行封顶，不再继续生长；若摘除顶芽，下部的 2～4 个侧芽即萌发抽枝。

（3）花果。香椿 7～8 年生开花，10 月种子成熟。因为花序着生在一年生枝条顶端，所以凡春季采收过椿芽的枝条，当年不会开花结果。结果树果实由绿变黄为种子成熟的标志。

（三）丰产栽培技术

1. 香椿对环境条件的要求

（1）光照。香椿为我国温带及亚热带喜光树种。在光照充足、日照时间较长、降水量较小、昼夜和季节温差较大的地区，香椿芽的香味尤为浓郁，所以北方的香椿明显好于南方香椿。在日光温室里加大昼夜温差，可使椿芽生长苗壮香味浓郁。同时香椿也较耐弱光，特别在日光温室里，芽的萌发主要是利用树体贮存养分，所以耐弱光的能力就更强，适合于高密度栽植。

（2）温度。香椿中心分布区域在长江流域和黄河流域之间。在年平均气温 13～20℃、年降水量 630～1 500 毫米地区生长良好；在年平均气温 12～14℃区域生长最为适宜。在年平均气温10～13℃，绝对最低气温－18℃地区幼树常遭冻害，应加强保护，随树龄增大，抗寒能力逐渐增强，可忍耐－25℃以下短期低温。

（3）水分。香椿较耐湿也较耐旱，当土壤水分饱和或短期积水时也能继续生长。土壤较干旱时虽能正常生长，但产量较低。肥水充足时树体生长快，椿芽产量高而且肥嫩。香椿抗污染和有害气体能力弱，在氯气和氯化物污染的环境下生长不良，除顶端嫩枝外，叶片全部受害，所以不要在污染严重的地方建园，要用无污染的清洁水灌溉。

（4）土壤。香椿对土壤要求不严，适应性较强，在壤土、沙土、黏土、酸性或微碱性、中性等多种土壤上均能生长。其中以土层深厚、肥沃湿润、疏松、通气排水良好、富含有机质和磷钙质的中性冲积沙壤土上生长最快；在石灰质山地棕壤上生长良好；但在砂姜黑土或红胶泥土、低洼积水地、重盐碱地（pH8.5）或特别干旱、瘠薄山地与沙地生长不良。香椿喜光、喜肥水，所以多栽培在"四旁"，尤以溪旁、宅旁最多。

2. 苗木培育技术　香椿育苗方法主要有种子播种、扦插，也可分株繁育。

（1）播种育苗。

①采种。采种母株要求生长健壮发育良好、无病虫害，树龄以 15～40 年生为好。北方地区一般在 10 月中下旬至 11 月份采种，当果实由绿变黄褐色或棕褐色时，及时采收成熟的果穗，采收后的果穗不能暴晒，以免丧失活力。香椿种子寿命仅有半年，要将种子风干后放在麻袋里，吊挂在通风干燥处，但不能用塑料袋包装。种子千粒重一般 9 克左右，饱满种子可达 16 克，发芽率 60% 左右，经过筛选的洁净种子发芽率可达 87% 以上。

②催芽处理。常用方法是混沙催芽，播种前 7～10 天用 45℃ 的温水浸种 24 小时后，将种子洗净捞出与 3 倍沙量混合均匀，种子少时放入盆中，多时放入坑里，温度控制在 20～25℃，当种子有 1/3 裂口露白时即可播种。第二种方法是生豆芽法催芽，浸种时间和方法同混沙催芽法，种子捞出后放在湿润的毛巾或麻袋上，上面再盖上湿润物，温度同上，每天将种子冲洗一遍，1/3 种子露白时播种。

③播种。春播在 2 月底至 4 月初，每 667 米^2 播种量为 0.25～0.40 千克。盖地膜条播可于 2 月底至 3 月初进行，分为开沟条播和灌水条播。开沟条播的行距 30～40 厘米，沟宽 10 厘米左右，沟深 3 厘米左右，若土壤湿度较差开沟后要在沟内灌水，水浸透后将催好芽的种子均匀地撒入沟内；若土壤湿润或播前 5～7 天畦内已浇水一次，开沟后直接播种，覆土 0.5～1.0 厘米厚，畦上盖地膜，待苗出齐后逐渐揭膜。灌水条播是指土壤干时在畦内小水漫灌，待水渗下后按行距划线，在划好的线上条播，覆土 0.5～1.0 厘米厚，然后覆盖地膜。干旱地区无灌水条件，可于初冬直接播干种子。

④苗期管理。香椿幼苗怕日灼，应遮阳或喷水。苗高 5～10 厘米时分两次间苗，定苗株距 10～12 厘米。以后做好松土除草、追肥灌水、防治病虫害等工作，雨季注意排水。

（2）根插育苗。香椿扦插主要用根插，要求用直径 0.5～1.0 厘米的根段作为插穗。北方地区在 3 月采集插穗，剪截成 15～20 厘米长的根段，大头朝上剪成平面，小头朝下剪成斜面，呈 30°倾斜插入苗床，上端与畦面相平或略高于床面 1～2 厘米，覆土封严，上面盖细沙或地膜保墒。

插后一般不浇水，过分干旱时可在行间开沟浇水。注意随采、随剪、随插。为了提高根插育苗效果，可对插穗进行催芽处理，即先挖 0.6 米深、1.0 米宽的坑，坑底垫 10 厘米厚树叶，上铺 20 厘米厚干净湿沙，将剪截好的根条每 30～50 条扎成捆，下面对齐，在 500 毫克/千克萘乙酸溶液中浸蘸一下，然后竖排放在坑中，上面盖沙与坑口平，再覆盖地膜，增温保湿，寒冷时夜间盖草帘保持日均温 18℃以上，白天揭开草帘接受日光照射，当插穗切口形成愈伤组织或长出新芽时移至苗床扦插。

3. 园地规划与建设

（1）园地选择。香椿栽培大致分零星栽植和成片栽植两种类型，最好选择海拔 700 米左右的低山区向阳坡地土层深厚的地方栽植，或在平原地区光照、排水良好的地方栽植，河流沿岸、沟谷冲积土、房前屋后、村边渠旁、路边沟边、田埂地头均可栽植。

（2）栽植方式和密度。

①大冠稀植栽培。行距 6.0～8.0 米，株距 0.8～1.0 米；在平原农田边或山区梯田堰边可单行栽植，株距 1.0～2.0 米。

②矮化密植栽培。一般行距 1.5～2.0 米，株距 0.5～1.0 米；高密度栽植行距 1.0 米，株距 0.2～0.3 米。

③丛状栽植。行距 2.5～3.0 米，丛距 2 米，每丛 3 株，丛内株距 0.3～0.5 米，呈三角形配置；或行距 1.0 米，株距 0.5 米，每穴栽 2 株；山坡地行距 2.0 米，株距 1.0 米，每穴栽 3～5 株，增加群体抗逆性。

（3）栽植时期与方法。春季在土壤解冻后至发芽前，秋季在落叶后进行。栽植深度以超过苗木原土痕 2～3 厘米为宜，切忌窝根。栽前要挖坑或开沟，施足底肥；栽后浇水保墒。北方寒冷地区秋栽后要培土堆防寒，翌年春天萌芽长出后扒去土堆。

4. 土肥水管理技术

（1）行间间作。行间空间较大时，可以合理间作其他作物，进行立体经营。

（2）春季管理。早春萌芽前结合灌水追施化肥或人粪尿，幼树每株施用尿素 0.1～0.2 千克，大树每株 0.5～1.0 千克；新梢长达 3 厘米左右时叶面喷 0.25％尿素溶液，结合地面追肥浇水一次促进新芽迅速生长。

（3）夏秋季管理。5～6 月及 7 月分别追肥一次，天旱时酌情灌水。8 月控制氮肥，以防枝条贪青徒长；9 月结合中耕施用过磷酸钙，促使枝条木质化，雨季注意排水。每次浇水或雨后及时中耕除草、松土保墒，既提高土壤通气性，又可减少杂草。

（4）秋冬管理。秋季落叶后结合土壤耕翻施用腐熟农家肥作为基肥，越冬前进行冬灌。

（5）集约化栽培管理。对春、夏、秋三季采收椿芽的树以及高密度栽培的香椿园，从萌芽到秋季要每月追施 1 次氮、磷、钾完全肥料，每 667 米² 施 10～20 千克。早春 2 月下旬进行地膜覆盖具有增温保墒作用，可提早发芽 10～15 天，能较好地提高产量，但夏季应及时揭膜防止地温过高影响根系生长。

5. 整形修剪技术

（1）幼树整形。香椿丰产树形有分层形、纺锤形、灌木形、丛状形、独干形等。

①分层形。苗高 2 米时摘除顶梢，促进侧芽萌发形成三层骨干枝，第一层距地面 30～40 厘米，第二层距第一层约 60 厘米，第三层距第二层约 40 厘米，此形树干较高，产量稳定，木质化程度高，抗寒抗旱能力均强。

②纺锤形。苗高 1 米左右时摘心，促发新枝，新枝长 25 厘米左右时再次摘心，之后发出的枝条任其自然生长，只疏去细弱枝和生长部位不当枝，此形树干较矮分枝较多，酷似扫把，又称扫把形。

③丛状形。每年在近地面处平茬或摘心，同时早春距根颈 20～30 厘米处深刨土壤 20～30 厘米，促发萌蘖 3～5 个，经 3～4 年处理可培养成每株有 15 个以上大枝的丛状树形；对 3 株一穴丛状栽植的树，可在栽后第二年连续采摘顶芽 2～3 次，并在壮枝基部 5～10 厘米处环割，促发 3～5 个新枝，年底可培养成每株有 15 个以上椿头的丛状树形，7～8 年后疏除部分弱株，更新复壮，此形多用于梯田边、沟渠旁及风沙较大的地区，集生态效益和经济效益与一体。

（2）修剪要点。每年冬剪疏去 1 年生过密枝、过弱枝、病虫枝、枯死枝，当萌芽部位外移到树冠外层时，在大枝基部留 20～30 厘米回缩，也可适当疏掉部分多年生老枝，进行更新复壮。矮化密植园 3～5 年后要进行疏伐或重新栽植。

6. 主要病虫害防治技术

（1）香椿白粉病。春季叶背产生白粉状物，秋季病斑产生黄褐色至黑色小颗粒，引起枯叶或早期落叶。防治方法如下：

①秋后清除病叶和落叶，烧毁或深埋；合理灌水，注意氮、磷、钾配合施用。

②发病初期喷 15％三唑酮 600～800 倍液，半月喷一次，共喷 2～3 次；或喷 50％退菌特可湿性粉剂 800～1 000 倍液，也可喷 0.2～0.3 波美度石硫合剂或 1：1：200 倍波尔多液。

（2）香椿干枯病。多发生于幼树主干，树皮出现水渍状湿腐病斑，逐渐扩大呈不规则形，病斑中部树皮裂开并溢出树胶，严重时全株树皮干缩，有时病斑环绕主干一周，使上部树梢枯死。防治方法如下：

①选择无病母株采种或调进无病种子。

②对苗木或幼树控制氮肥增施磷、钾肥。

③树干涂白防日灼防冻裂。

④在病斑部打孔深达木质部，涂用 1：10～12 倍的碱水液。

⑤发病时喷 70％托布津可湿性粉 1 000 倍液，剥除患处树皮并涂抹 10％碱水或氯化锌甘油合剂。

（3）云斑天牛。幼虫在皮层及木质部钻蛀隧道，入孔处有大量粪屑排出，严重时被害树木大部枯死，为毁灭性害虫。防治方法如下：

①7 月份在产卵期和孵化初期，人工杀除卵粒或用铁丝钩杀洞中幼虫。

②用 50％敌敌畏乳剂 100 倍液注入排粪孔内，再用黄泥封口毒杀初孵幼虫。

③也可用磷化铝片或磷化锌毒签塞入虫孔毒杀。

（4）黄刺蛾。以老熟幼虫在树上结茧越冬，成虫产卵于叶背，幼虫起初群居仅食叶肉，后分散可将叶片吃光。防治方法如下：

①冬季摘除越冬虫茧。

②成虫羽化时用黑光灯诱杀成虫，保护姬蜂、赤眼蜂、上海

青蜂等天敌。

③幼虫期喷90％晶体敌百虫1 000倍液，或20％杀灭菊酯乳油3 000倍液。

7. 椿芽采收技术

（1）采收时期。香椿栽植第二年即可采收，一天中的具体采收时间，以早晚为宜。一般第二、三年春季顶芽萌发的嫩叶长到20厘米左右尚未木质化之前只采收1次，同时应保留1～2个侧枝不采，以养护树体。3年后每年可采收2～3次，顶芽侧芽均可采收。华北地区第一次在4月中下旬（谷雨前后）嫩芽长10～13厘米采收最好，可将整个顶芽采下；20天左右侧芽萌发长约10厘米以上时第二次采收，注意每个枝上要留1～2个嫩芽以辅养树体；有的地方二茬香椿不收嫩梢，只采摘嫩梢上有足够长度的1～2片复叶，留下小叶，过1～2天再收，陆续采收到麦前结束。矮化密植香椿园每年采收3～4次，采收要勤要轻，一般椿芽10～15厘米长时采收，每次采收要在适量的健壮枝基部留2～3片复叶，保证必要的光合作用，可促进下茬侧芽较快萌发。

（2）采收方法。最好用剪刀、镰刀、高枝剪等剪截，忌用手生拉硬掰损伤树体，避免采摘过度损伤辅养叶。剪口距保留的第一片复叶1厘米左右，并要错开方向，留外向芽，促其继续发芽。

（3）产品包装。早晨日出前采的椿芽沾有露水，鲜嫩明亮，可捆成每把0.5千克，下端对齐立于清水中2～4小时后装入食品袋出售；也可平放筐内上盖塑料薄膜保湿，或者放入纸箱，箱底铺一层薄膜，箱两端打2～4个直径1厘米的通风孔，以防霉烂。

傍晚采收的椿芽可平放在洒有水的清洁地面上，厚度不超过10厘米，然后喷水保湿，第二天出售，切忌堆放过夜，防止发热变质或叶片脱落。若数量较大时可将椿芽捆好后竖立在苇席上，盖薄膜以减少水分蒸发。若采后不立刻上市，可在0～10℃

的室内或菜窖内支设木架,上面分层摆放椿芽可存放 10 天左右。

8. 大棚温室设施栽培技术 设施栽培主要有小型塑料拱棚、保温塑料大棚、塑料薄膜日光温室等,冬春增温保温,以利椿芽提早萌发,提前上市。

(1)整地施肥。大棚温室栽培香椿,需要精细整地施足底肥,深翻 25 厘米左右,一般每 667 米^2 施优质腐熟农家肥 5 000 千克以上,过磷酸钙 100 千克以上。黄淮海地区 10 月下旬至 11 月初起苗。

(2)选用优质苗木。1 年生苗高 60~100 厘米,干粗 1 厘米以上,2 年生苗高 100~150 厘米,干粗 1.5 厘米以上,组织充实,顶芽饱满,根系发达无病虫害,侧根长 20 厘米以上。

(3)栽植技术。香椿落叶后需要经过 17 天左右的自然休眠期,才能保证萌芽鲜嫩、纤维少、香味浓、品质好。所以起苗后应挖沟假植,根部埋土浇水,苗上稍盖草苫保温预防冻害,经过 15~20 天 10℃以下自然低温使其完成自然休眠,再栽入棚内。也有先栽入棚内但不盖薄膜,待完成自然休眠后再扣膜保温。如山东 10 月下旬至 11 月上旬起苗假植,11 月下旬定植在日光温室中;河北保定 11 月 15 日起苗栽植,小雪前后盖膜,最晚在 11 月底盖膜。栽植时南北行向,行距 10~20 厘米,株距 4~5 厘米,每隔 1.5 米左右留一个宽行作为土埂,以利浇水和行走方便。当年生苗每平方米栽 100~150 株,多年生苗每平方米栽 80~120 株。温室前坡下面栽矮苗,后坡下面栽高苗,中部栽中等高度的苗木。

(4)栽后管理。扣膜后 10~15 天是缓苗期,应提高地温促进根系活动,白天气温保持在 15~25℃,夜间 10℃左右(最低温 5℃以上),地温 8℃以上,11 月下旬至 12 月初要注意夜间盖草帘保温;经过 40~50 天开始萌芽,椿芽着色的气温在 22℃以上,现绛红色的芽,外观美品质好,室温超过 28~30℃时,晴天中午扒开膜缝通风 2~3 小时;采收期保持白天气温 18~25℃

最好，夜温 13～15℃，以促进椿芽生长。若室温低于 4～5℃时应生火加温，并于室内支小拱棚或在室外加盖双层膜及盖双层草帘保温。

栽植后的室内空气相对湿度保持在 85％以上，萌芽后以70％左右为宜。空气相对湿度的调节措施有浇水喷水、放风排湿等。栽植时应浇水，每次采收前 3～5 天，应选择晴暖天的中午给苗木喷水，喷到叶面滴水为止。每采收一次应每平方米追施尿素 250 克并浇小水，或叶面喷 1％尿素增加营养。盖帘保温期间，每天上午 9 时前后卷起草帘以利光照，下午 4 时前后盖上草帘保温，注意随时清除塑料膜上的灰尘及水珠，以免影响光照。立春后光照过强时，中午可临时间隔盖草帘遮光，通过调节光照使香椿芽薹及复叶呈现红褐色，外观美品质好。

（5）精细采收。温室香椿比较娇嫩，每次采收时必须用剪子剪或用刀片削下芽头，不要用手掰，以免伤及枝芽影响隐芽萌发而降低产量。

（6）揭膜平茬。谷雨前后采收结束时，树体内的养分几乎耗尽，可逐渐揭开薄膜通风降温，炼苗 3～4 天后起苗平茬栽到露地。当年苗留茬高 10 厘米，多年生苗留茬高 15～25 厘米，萌芽后选留 1 个壮芽培育苗干，其余萌芽抹除，搞好肥水管理、中耕除草和病虫害防治，为下年温室生产培育优质壮苗。其他管理要求与露地栽培相同。

三、龙芽楤木丰产技术

（一）经济价值

龙牙楤木又称刺嫩芽、刺老芽、刺龙芽、刺嫩芽、东北野香椿、鹊不踏，以芽苞供食用。龙芽楤木是五加科楤木属的落叶小乔木或灌木，为著名的山野菜，也是主要的野菜出口品种。其味道清香、风味独特，富含多种氨基酸和钙、镁、锌等矿质元素，并以其无污染、高营养而深受国内、外人士的喜爱。龙牙楤木不仅可以作为保健珍品食用，其根、皮还可以入药，具有补气、活血、祛风、利尿、止痛等功能。

龙芽楤木的新鲜嫩芽具有一种特殊的香气，素有"山菜之王"的美称。嫩芽质地脆嫩，被誉为"保健食品""绿色食品"，备受欢迎，市场销售量日益剧增。经分析测定，每 100 克鲜品中含白质 0.56 克，脂肪 0.34 克，还原糖 1.44 克，有机酸 0.68克，此外还富含多种维生素、矿物质，其各种氨基酸含量远比蔬菜和其他谷物高。过去仅限于暂短的采收季节鲜食或进行盐渍加工。为进一步开发利用，调剂旺淡季需求矛盾，现在还研制出了罐藏制品。

（二）优良品种及生物学特性

1. 优良品种　目前龙芽楤木的优良品种仅有沈农草本龙芽 1个品种。沈农草本龙芽具有分蘖习性，植株生长速度较快、生长势强，单株产菜量高，种株产种量大，抗病性强，每年一般采收4 茬以上。该品种由沈阳农业大学选育，适宜东北、华北及西北地区种植。

2. 生物学特性

（1）形态特征。龙芽楤木树高一般 1.5～6.0 米，最高可达15 米。老皮灰褐色，小枝淡黄色，其上密生或疏生皮刺，皮刺尖、硬，基部膨大。叶为二回至三回羽状复叶，羽片有小叶 7～11 片，小叶卵形、阔叶形或椭圆状卵形，先端渐尖，基部圆形、近圆形至微心形，边缘稍生锯齿，有时为粗大牙齿状。

（2）生态习性。龙芽楤木多生长在灌丛、林缘及林间空地上。我国南北各省均有分布，西南尤盛，东北地区分布较广，优良野生资源较多。龙芽楤木在秦岭山脉分布于海拔 900～2 100米，年降水量在 750 毫米以上的林缘河谷湿润地带。秦岭山脉楤木生长规律一般为 4 月份萌芽，4 月下旬至 5 月上旬采收嫩叶芽，7 月下旬至 8 月上旬开花，9 月下旬至 10 月上旬果实成熟，11 月份叶片枯黄落下，进入休眠越冬期。楤木在滇西南地区广泛分布于海拔1 500～3 000米山沟溪水边、湿润阴坡及林缘，多为野生状态，每年春季3～5月茎干顶端萌发枝芽。

（三）丰产栽培技术

1. 龙牙楤木对环境条件的要求　龙牙楤木为耐阴树种，喜湿润肥沃而略偏酸性的土壤。常生于沟谷、阴坡、半阴坡海拔250～1 000米的杂树林、阔叶林中、林下、林缘，亦见于红松林下，针阔叶混交林下或者次生林中，单株或少数成片生长。

龙牙楤木耐寒，但在阳光充足、温暖湿润的环境生长更好，空气湿度在30%～60%。龙牙楤木对土壤要求不严，能适应城市环境；由于其大型羽叶张开如伞，花序大而显著，宜植于园林绿地观赏，欧美庭院中常常栽培。

2. 苗木繁殖技术

（1）种子繁殖。龙牙楤木种子在9月中下旬成熟后要抓紧采种，因等到果落时，在地面搜寻十分困难。在收集种子时，要注意区别五加科树木的种子，不可将刺楸、刺五加等种子混进。通常龙牙楤木球果为五棱形，直径4毫米，果形较小，这是识别真伪的关键。龙牙楤木种子有后熟特点，采收后要人为创造适宜的温、湿条件，使种胚继续发育，再经变温处理，才可得到80%以上的出苗率。据报道，将龙牙楤木种子用40℃温水浸泡24小时后捞出，拌入沙子，放在8℃左右的地方，经30天后，再上升到13℃左右。在处理过程中，经常保持种沙湿润，每隔7天左右翻动一次，当裂口率达到1/3时即可播种。

采种以后通常将种子与浆果分离，用1∶5种沙混拌均匀，入冬前在室外埋藏处理。为了防止杂菌感染，种沙可喷洒300倍液多菌灵或其他杀菌剂。翌春播种前10天左右将种子取出，放在背风向阳的地方（地面清扫干净后消毒），经常翻动，保持种沙湿度50%～55%，有少量发芽种子时即可播种。播种方法一般以条播为宜。

播种前于4月下旬或5月上旬做床，床面宽1米，高10～

15 厘米，长 20 米，步道宽 50 厘米，要求打碎土块，床内无杂物。播种时间一般在 5 月上中旬，每 667 米² 播种量 0.75 千克左右，播后镇压一次，达到种子与土壤密切接触，覆土厚度 0.8～1.0 厘米，要求均匀一致，最后再镇压一次。播种结束后用苇帘或稻草覆盖，浇水，经常观察，种沙保持湿润不干，经 7～15 天幼苗出土时即撤除覆盖物。

幼苗期需适当遮阳，经常保持床土湿润。苗出齐后，要以 5 厘米×（8～10）厘米株行距间苗，每平方米保苗 100～110 株为宜，每公顷产苗 75 万～90 万株。龙牙楤木幼苗抗病虫害能力很强，但也有个别植株感染叶斑病。在 6 月上旬喷一次代森锌 300 倍液即可防治。

（2）分株繁殖。龙牙楤木的根水平生长，肉质发达。地上植株被破坏时，其根有很强的萌蘖能力。利用这一特性，在春季萌芽前，将植株周围的根切断，就会自然萌发形成一些新植株。

（3）埋根繁殖。如龙牙楤木种源短缺，可采取埋根法繁育苗木。龙牙楤木根系浅、水平伸展、肉质，含水量高且分蘖能力强。以 0.3～0.5 厘米粗的根为最佳，一般截成 20 厘米长的根段（有 1 个以上芽眼），用 0.2％的生根粉水浸泡 4 小时后栽植。按行距 40 厘米开 7～8 厘米深的沟，将根段按 30°坡度斜插于沟内，大头向上、小头向下，斜向一致，根段露出地平面 1 厘米，覆土厚度 5 厘米压实，整平地面，及时灌水，之后覆盖地膜，以利增温、保墒。一般根段埋土后 40～50 天发芽。

（4）枝条扦插。楤木枝条扦插是人工栽培扩大繁殖的重要方法。扦插地要有灌溉条件，土壤疏松，有机质含量高。扦插前每 667 米² 施土粪 3 000～5 000 千克、三元复合肥 25 千克作为底肥，耕深 20 厘米左右，打碎土块，整平做成 1.5 米宽的畦。扦插枝条，一是在野生资源中剪取，二是在大田、大棚平茬时剪取，对剪下的枝条要及时沙藏贮存待用。扦插时要求插条长 20 厘米，并用 0.2％生根粉水浸泡 4 小时。在畦内按 40 厘米行距开沟，沟深 7～8 厘米，株距 20 厘米。将枝条大头向下，刺尖向上 30°斜插，枝条露出地平面 2 厘米，及时覆土，整平畦面，进行灌水。为了增温保墒，地面覆盖农膜。扦插时间以 3 月份为好，插后 30～40 天发芽。田间管理，主要是除草、灌水，在 7 月份追一次肥，每 667 米^2 施三元复合肥 25 千克。

（5）苗期管理。苗期管理的关键是控制杂草和防止干旱和涝害，除草方法是人工和化学药剂，目前常用的是精喹禾灵，因龙牙楤木幼苗较纤细，使用浓度要按说明书严格掌握。化学药剂杀不死的杂草要及时人工拔除，达到床面无杂草。龙芽楤木苗木根茎粗 1 厘米，苗高 30 厘米即可上山栽植。未达此标准的，可在苗圃再育 1 年。

3. 露地栽培技术

（1）林地选择。龙牙楤木人工造林应选择半阳坡、阴坡中下腹的适宜地块，不要选在阳向陡坡干旱地块。可广泛应用于退耕还林、疏林地改造及农业种植结构调整的地块。最好选择日照充足、排水良好的地方，深翻做成 1.8～2.0 米宽的畦，并施足底肥（氮、磷、钾各 100 千克/公顷）。龙牙楤木喜土壤疏松、湿润、光照较充足的条件。进行人工栽培，必须有灌溉条件或年降水量在 750 毫米以上的湿润气候和土壤条件。宜选择沙壤土，土壤有机质含量在 1%以上，忌黏重土和盐碱土。龙牙楤木根部肉质，喜富含腐殖质的松软土层，以棕色森林土最宜；龙牙楤木又属半阳性树种，坡向以西朝阳最佳，群众称半阳半背。造林地不宜选择风口或易遭晚霜危害的地块，否则霜害会带来较严重的经济损失。

栽植前应先深翻土地，清除树根和石块，做成 1.0～1.2 米宽，高 20～40 厘米的畦，两畦之间留宽 1 米左右的作业道。山地要人工整修鱼鳞坑，以直径 100 厘米的坑盘为宜，将上沿土向下扒填，形成"外噘嘴、里流水"的小地形，以促进栽后保墒。每 667 米^2 施有机肥 3 000～5 000 千克、三元复合肥 20～25 千克，深耕 20～25 厘米，打碎土块，整平后做成 1.5 米宽的畦备用。

（2）移植造林。据黑龙江省林副特产研究所介绍，龙牙楤木造林方式有带状造林、裸地造林、混交造林等 3 种。

①栽植时期。龙牙楤木幼苗移栽定植的时间可在春季萌芽前或秋季落叶后，生育期短的地区以春栽为好。秋栽，在叶片全部落完后的 11 月上旬至 12 月上旬；春栽，在萌芽前、土壤解冻后的 3 月份。株距 0.7～0.9 米，每公顷栽苗 6 000～7 000 株。定植穴深约 30 厘米，穴距约 1 米。为了促进生长，每穴施入硝酸铵 15～20 克，磷酸二铵 10～15 克，硫酸钾 5～10 克，与土混匀，上盖一层土，以防肥料直接与苗根接触，影响成活。栽植深度 15～30 厘米。

②移栽方法。首先按苗木的大小、粗细进行分类。栽植密度为：株距 0.7～0.9 米，每公顷栽苗 6 000～7 000 株。定植穴深约 30 厘米，穴距约 1 米。为了促进生长，每穴施入硝酸铵 15～20 克，磷酸二铵 10～15 克，硫酸钾 5～10 克，与土混匀，上盖一层土，以防肥料直接与苗根接触，影响成活。栽植前将植株平茬到 50 厘米高（剪下的枝条可贮藏，留作扦插繁殖），用 0.2% 的生根粉水浸泡根系 4 小时。据试验，平茬定植的较不平茬的成活率提高 21%；用生根粉处理较不处理的成活率高出 11.9%。栽植深度为 15～20 厘米，不宜太深。栽后覆土、压实、扶正、及时灌水。

（3）栽后抚育管理。在栽植的当年，由于苗较小，要注意控制杂草和干旱，保持坑盘内无杂草。每年 6 月、8 月要进行坑内松土；一般不施肥，特别不能施化肥，如硝酸铵、硫酸铵、碳酸氢铵等最易烧伤根系，因为龙牙楤木根肉质，经受不起化肥的刺激。

①保温保湿。在移栽后、发芽前始终保持土壤湿润，以保成活，但不能渍水。大棚栽培可在 11 月份扣棚。当外界气温降到

0℃以下时，注意棚上加盖草帘或保温被保温。

②控制杂草。定植当年要特别注意控制杂草，否则，杂草会抑制根蘖苗的发生和正常生长，一般进行2～3次除草抚育，第二年抚育1～2次，植株基本郁闭成林。

③短截促萌。龙牙楤木幼期分枝能力很差，多呈单一主干。其主要原因是顶芽有很强的向上力，抑制了侧芽萌发。为了尽快增加单位面积株数，培育多头树冠，采取短截的方法可达到良好的效果。其方法是：对栽植第二年的植株距地面15厘米高处截干，3年以上的植株春季采芽后剪去主干的1/3左右即可。2～3年生的植株，每年春季采芽后，要进行修剪整枝，以防止植株过高，促进多发分枝，以提高翌年的产量。修剪的方法是：靠近枝条基部，留4～5个侧芽，将上部剪去。修剪时间，不同地区要灵活掌握，原则是给新梢生长留足100天以上的时间。为了控制当年枝条的生长高度和促进枝条成熟，可使用植物生长调节剂B_9。方法是在植株生长旺盛季节（6月下旬至7月上旬）选择晴朗天气，用B_9的300倍液，喷洒茎叶。4～5年后，植株生长势明显下降，需砍伐更新。更新是在春季化冻后，将老株周围的根系切断，采收结束后将老株从基部砍除。

④施肥管理。从第二年起，每年要适当进行追肥。追肥可用农家肥，也可用化肥。追肥应在春季或秋季。追肥方法，农家肥可直接铺在畦上，化肥应刨坑施入，后覆土。

4. 温室促成栽培技术

（1）温床扦插。利用温室在冬季或早春进行促成栽培。把一年生枝条剪成15厘米长的插穗，以每平方米[2]300根的密度，插于锯末温床上，然后灌足水。由于龙牙楤木有深休眠的特性，用50～20毫克/千克赤霉素将芽喷湿，打破休眠，否则会不出芽或出芽慢而不齐。为防止床内生霉，可用500倍的苯菌灵或甲基托布津处理温床。床温保持在15～30℃，40天左右可收获。

（2）水生培育。在温室大棚内，挖深30厘米、宽100厘米，长视干材多少而定的沟槽,从沟底到沟沿铺一整张塑料布,不要漏水,沟槽四周固定距地面 20 厘米的木杆,使干材直立。沟槽内塑料布上灌 10 厘米深的清水,将刺龙牙楤木干材按 40 厘米、50 厘米、60 厘米高挑选分类,将等高的干材放入沟槽内,粗头向下,依次摆放,将沟槽摆满。温室温度要控制在 16℃ 左右,可用温室覆盖的草帘揭起或放落调节室温与光照度。这样可以控制芽苞及嫩枝的生长速度,与市场需求及最佳效益相期而遇。

5. 主要病虫害防治技术 龙牙楤木春季有蚜虫危害嫩芽,夏季有云斑天牛咬食叶片。

据日文献报道,栽培的龙牙葱木,危害最大的是立枯疫病,症状表现为新梢失去生气,数日之内叶柄和叶片迅速萎蔫、立枯,靠近地面和根部的表皮内组织呈水渍状和淡褐色至黑色的软化腐败状。此外,还有疮痂病和白纹病。

(1)立枯疫病的防治。加强生态防治,取消可能伤根的作业。建园避开排水不良的地块,在园地周围挖好排水沟,栽植无病苗。

(2)疮痂病的防治。于春季萌芽前的休眠期,喷五氯酚钠 500 倍液于全株,进行预防。

(3)白纹病的防治。主要是避开可能发病地块,栽苗时用苯菌灵和甲基托布津 500 倍液浸渍处理种根和种苗。

6. 芽菜适时采收技术 楤木芽菜一般于 4 月下旬开始萌发芽,5 月上旬当芽长到 12 厘米左右,叶片尚未完全展开时进行采收。采摘过早,产品质量不合格,又造成资源浪费;采摘过晚,外表木质化不能食用。因此,要适时采收,采摘时去掉越冬黄叶,保证质地鲜嫩、无杂质、无腐变、色绿叶纯正。不过楤木芽菜也有绿色和紫色之分。春天,当嫩芽发出 12 厘米左右时采摘,采后去掉芽外壳,对绿色和紫色嫩芽要分别扎把加工包装。采集须注意两点,一是不要带老化柄、老壳、硬刺和杂质,这些都是不能食用的杂质;二是要分清雌、雄芽,雄芽称火刺嫩芽,不能出口。要当日采集当日上市或加工，保其鲜度。采收时，一手扶树干，一手掰芽，防止伤皮。

据调查，露地栽培，在春季采收 1 次，一般每 667 米^2 可收芽菜 150～200 千克。大棚栽培，可冬、春采收 2 次，第一次采收嫩芽在 1 月下旬至 2 月上旬，收后每 667 米^2 追施三元复合肥 25 千克，并及时灌水，促进第二次壮芽生长。第二次采收在 3 月下旬至 4 月上旬，第二次采收后，也要及时追施三元复合肥并灌水，促进植株营养生长。每 667 米^2 产量在 300～600 千克。采收时，做到掰主芽、留侧芽，以保证植株营养生长正常。

第六章

饮料类树种丰产技术

一、茶树丰产技术

（一）经济价值

茶树为山茶科山茶属多年生常绿灌木、乔木或小乔木，原产我国，长江流域以南各省均有栽培，为我国独具特色的重要饮料树种。栽培茶树多为灌木型，高达1～6米，幼枝有细柔毛，叶薄革质，椭圆形、卵状披针形至倒卵状披针形，长5～10厘米，宽2～4厘米。叶脉明显，叶缘有细锯齿。花白色，花期多集中在10月中旬至11月中旬，借助昆虫异花授粉；蒴果圆球形，基部有宿存花萼，果皮较薄，果柄长约0.5厘米；种子近球形、棕褐色，果实至翌年10月下旬成熟。

茶叶含咖啡碱、茶鞣酸等，饮服能提神、止渴、利尿，为世界性饮料；根入药，能清热解毒；种子榨油，可制作润滑油、印油等。茶为我国传统的出口商品，远销世界各地，经济价值很高。茶树在我国分布遍及浙、湘、皖、川、云、闽、台、鄂、粤、赣、黔、苏、陕、藏、豫等20个省（自治区），其中浙、湘、皖、闽、川等为重点产茶区。从地形地貌来看，茶树的分布大部分在红壤丘陵地带，茶园多建立于海拔300～600米；为生产优质茶，可建立海拔1000米以上的茶园。

（二）优良品种及生长发育特性

1. 优良品种　良种茶叶的品质主要表现在茶类的适制性方面，包括芽叶的物理特性和化学特性。物理特性是指茶树新梢上芽叶的肥瘦、大小、叶色、叶质和叶片厚薄、柔软程度、茸毛多少等因素；化学特性是指芽叶中化学成分的含量和组成，它是形成茶叶香味的物质基础。另外，茶树品种的产量性状，主要表现在树冠的大小、发芽密度、单芽重量、生长期、萌芽轮次及适应性等方面。因此，无论是老茶园的改造或新茶园的发展，都必须因地制宜引进适合当地生产条件和适制茶类的优良品种。经全国茶树品种审定委员会审（认）定通过的国家级茶树品种如下：

第一批认定（1984 年）品种：

福鼎大白茶（闽），福鼎毫茶（闽），福安大白茶（闽），梅占（闽），政和大白茶（闽），毛蟹（闽），铁观音（闽），福建水仙（闽），本山（闽），大叶乌龙（闽），勐库大叶种（滇），凤庆大叶种（滇），勐海大叶种（滇），乐昌白毛茶（粤），海南大叶种（琼），凤凰水仙（粤），上饶大面白（赣），上梅州种（赣），宁州种（赣），黄山种（皖），祁门种（皖），鸠坑种（浙），云台山种（湘），湄潭苔茶（黔），凌云白毛茶（桂），紫阳种（陕），早白尖（川），宜昌大叶茶（鄂），宜兴种（苏）。

第二批认定（1987 年）品种：

黔湄 419（黔），黔湄 502（黔），福云 6 号（闽），福云 7 号（闽），福云 10 号（闽），槠叶齐（湘），龙井 43（浙），安徽 1 号（皖），安徽 3 号（皖），安徽 7 号（皖），迎霜（浙），翠峰（浙），劲峰（浙），碧云（浙），浙农 12 号（浙），蜀永 1 号（川），英红 1 号（粤），蜀永 2 号（川），宁州 2 号（赣），云抗 10 号（滇），云抗 14 号（滇），菊花春（浙）。

第三批认定（1994 年）品种：

桂红 3 号（桂），桂红 4 号（桂），杨树林 783（皖），皖农 95 号（皖），锡茶 5 号（苏），锡茶 11 号（苏），寒绿（浙），龙井长叶（浙），浙农 113（浙），青峰（浙），信阳 10 号（豫），八仙茶（闽），黔湄 601（黔），黔湄 701（黔），高芽齐（湘），槠叶齐 12 号（湘），白毫早（湘），尖波黄（湘），蜀永 703

（川），蜀永 808（川），蜀永 307（川），蜀永 401（川），蜀永 3号（川），蜀永 906（川）。

近年来通过鉴定的国家级茶树品种有云茶 1 号。

浙江省温州地方良种有：

乌牛早，平阳特早，清明早，黄叶早，智仁早，香菇寮白毫等。

2. 生长发育特性

（1）根系。茶树根系发达，春季 3～4 月根系生长渐旺，秋季 9～11 月，根系生长最旺，为一年中的最高峰期，根系生长高峰与地上部新梢生长有相互交替现象。

（2）茶芽。茶树越冬芽在春季萌发后逐渐伸长，叶片开展，形成新梢，至出现驻芽，为第一次生长。如不采摘，经过短期休止后，就进入第二次生长，这时顶芽继续向上伸长，形成第二轮新梢；经过采摘的，则再由腋芽萌发为新梢。经过采摘，每年可发 3～5 轮，轮次多少主要受采摘技术、气候条件和经营措施的影响。

（3）枝梢。我国茶区新梢生长 4～5 月最为旺盛，其次 7～9月。茶树为亚热带多年生叶用树种，更新复壮能力较强。新建茶园管理精良，一般第 3～4 年就可轻采，以后产量逐年增加，高产年限可维持 30 年以上。

（三）丰产栽培技术

1. 茶树对环境条件的要求

（1）光照。茶树喜漫射光，忌强光直射。光照充分的茶树叶片肥厚，叶色深而有光泽，品质好；光照不足的茶树枝条发育细弱，叶片大而薄，叶色浅，品质差。茶叶生产中通过合理密植、间种遮阳树，夏季覆盖遮阳网等措施可以调节光照。

（2）温度。茶树喜温暖湿润气候，茶芽生长的最低日平均气温为 10℃，随温度的升高而生长增快，日平均 15～20℃时生长较旺，茶叶产量和品质均好；20～30℃生长旺盛，但茶叶较易粗老；当日平均气温低于 10℃时，茶芽生长停滞，进入休眠。

适宜茶树经济栽培的年平均气温在 13℃以上，生长季节月平均气温不低于 15℃；最适年均温 20～30℃，最适宜新梢生长的日平均气温为 18～30℃。中小叶种茶树经济生长最低气温为－10～8℃，大叶种为－3～2℃。大叶种茶树在气温低于－5℃和小叶种茶树在低于－16℃时，茶树新梢易遭受冻害。

（3）水分。茶树既怕旱又怕涝，需水量比一般树木要多，要求在年降水量 1 000～2 000 毫米，空气相对湿度 80％以上地区生长。有研究认为，年降水量 2 000～3 000 毫米、茶生长季月均降水量 200～300 毫米、空气相对湿度 80％～90％和土壤田间持水量 70％～80％的环境条件，最适宜茶树的生长发育。

（4）土壤。茶树喜酸性红壤、黄壤土，pH5～6 最适宜，忌盐碱土和石灰性土。要求土层厚度 70 厘米以上，保水力强。可通过实地调查酸性指示植物来判断土壤酸碱度。一般长有映山红、铁芒箕、马尾松、油茶、杉木、杨梅等植物的土壤都是酸性的，可以种茶。

（5）地形。茶树喜高山环境，也宜丘陵平地，在多云雾山区生长的茶叶品质好。但不宜选用冬季西北风强的高山，以免遭受冻害。

2. 苗木繁育技术 茶树苗木繁育方法主要有播种繁殖、扦插繁殖、压条繁殖等。

（1）播种繁殖。

①采种。霜降前后 10 天左右，从茶树良种母树林或种子园，采收果壳呈绿褐色、微现裂缝，种壳硬脆呈棕褐色，子叶饱满呈乳白色的种子。采种后放在干燥阴凉、通风处阴干脱壳，并使茶籽含水量保持在 30％左右。

②播种。种子精选后于 11～12 月播种，也可经沙藏 2 月中旬至 3 月下旬春播。春播时，先催芽再播种，幼苗可提早 1 个月左右出土。穴播可采用 15 厘米×15 厘米的行穴距，每穴播 4～5

粒，每 667 米² 播种量 90～110 千克；窄幅条播行距 25 厘米，播幅 5 厘米左右，每 667 米² 播种量 130 千克左右。

（2）扦插繁殖。

①扦插时间。我国大多数茶区，扦插的适宜季节是 3～10 月，其间以夏插为好，春插和秋插为次。

②扦插方法。剪取插穗长 3 厘米左右，一般为 1 芽 1 叶。剪穗时，可按穗条的自然节距剪穗，但节距长于 4 厘米时，要适当修短；节距小于 2.5 厘米，要用两节剪切 1 个插穗，并将下面叶片剪去。扦插距离应根据品种的叶片大小而定，中小叶种行距 10 厘米左右，大叶种应适度放大；株距以叶片不重叠为宜。直插入土，初期注意浇水遮阳，1 个月后切口愈合发根，生根后要薄肥勤施，及时防治病虫，1 年可成苗出圃。

3. 园地规划与建设

（1）园地选择。建立丰产茶园，应该选择背风向阳、水源充足、土层厚度 1 米以上，地下水位 1 米以下，有机质 1.5％以上，肥力高、pH 在 4～6 的酸性土壤作为园地。道路网、排灌系统、防护林的设置都要根据立地条件和机械化程度进行规划，要求对土壤深耕 50 厘米以上。因园地选用良种，种苗要强壮，尤应注意品种搭配，为持续高产、稳产打好基础。

（2）抽槽改土。建园时必须抽槽改土施足底肥。采用宽窄行双条定植的按 1.7 米放线抽槽改土施肥，槽宽 60 厘米，深 50 厘米，取土 2/3 后，底层 1/3 挖松即可。在挖好的槽内松土层上施栏粪、堆肥、杂草等，每 667 米² 用量 2 500 千克左右，回填部分土，第二层施硫基生物有机肥、饼肥、磷肥各 100 千克，再回填至槽平，熟化 1 个月后即可栽苗。对 pH 在 6.1～6.5 的土壤在抽槽回填时可施硫黄粉降低 pH，每 667 米² 用量 50 千克，一般同底层肥混施 30 千克，回填部分土后再撒施 20 千克。对排水困难的平墙田要挖深沟或砌暗沟排水防湿害。

（3）选择优良品种。从适制性、抗逆性、丰产性、优质性等因素综合考虑，选择适合的当地条件的优良品种，如福鼎大白、白毫早、乌牛早、宜红早、鄂茶 1 号、鄂茶 7 号等无性系良种；特早、早芽种合理搭配。无性系中小叶品种茶苗出圃应达到国家《茶树种子种苗》（GB11767—2003）规定的标准。茶苗基本标准是：苗高 20 厘米以上，茎粗 2 毫米以上，着生叶片 6 片以上，侧根 2 条以上，纯度 99％。长途调运的苗木要求吸收根不失水，叶片新鲜不萎蔫，受伤叶不发红，苗木不发热。苗到及时移栽，苗木保管时注意防日晒、风吹、雨淋。

（4）栽植密度。通常采用单行条栽，灌木型的平地或缓坡茶园，行距 1.4～1.7 米，株距 40 厘米左右。坡度较大的茶园行距可适当缩小，乔木或小乔木茶树株可适当加宽。如在贵州，中叶型品种在 1～3 年每 667 米^2 内种植 2 万～3 万株，5 年后调节至每 667 米^2 2 万株以下，8 年后保留每 667 米^2 1.0 万～1.2 万株。种植规格，可在行宽 1.2～1.5 米范围内，排 2～3 行，行丛距为 30 厘米×40 厘米×23 厘米 。

宽窄行双条定植，大行 140 厘米，小行 30 厘米，丛距 30 厘米，T 形栽苗，每丛 2 株，每 667 米^2 栽 5230 株左右。种子直播建园，应掌握"适时、浅播、穴播"三项关键措施，秋播与春播相比，以秋播为好，播种深度一般 3～5 厘米为宜，每穴 7～10粒，每 667m^2 用种量 40～50 千克。

（5）栽苗时间与方法。茶苗移栽可在秋、春季进行，最佳时间为寒露至立冬，也可于 2 月初至 3 月上旬栽植。要坚持茶苗质量标准（包括品种、茶苗大小、根系状况），分级定植（因茶苗有较强的大苗优势现象），定植时要浇足定根水，及时进行修剪，搞好覆盖（有利于保墒和抑制杂草生长），做好护苗全苗，确保一次性成园。栽植前，土壤应进行深翻平整，施足底肥。肥料以富含有机质的堆厩肥、饼肥和一定数量的磷肥为好。用量依土质而异，一般每 667 米^2 施用饼肥 5～100 千克，过磷酸钙 15～25千克，可采用沟施，施入肥料后与土充分拌和，盖土耙平后再行栽种。

（6）抗灾保苗培养树冠。茶苗定植后遇低温可用薄膜或作物秸秆覆盖防冻；苗期遇干旱叶片开始萎蔫时浇足水并复土保墒；长期阴雨要开沟排水防湿害；对死苗缺丛（窝）的要用同品种的苗补齐。

4. 茶园管理

（1）合理间作。第一年夏季大行可种一行玉米，给茶苗适当遮阳，冬季间作白菜、萝卜等，随着茶苗长大，间作物要逐步减少，2 年后茶园应停止间作。

（2）土壤耕作。幼龄茶园春夏季最好是浅耕除草，秋季结合除草可进行一次行间中耕。开垦时深度不够或仅深耕过播种沟的茶园应在行间深耕。浅耕视杂草情况在各茶季间隙期进行，茶树封行后浅耕减少或免耕，深耕在"封园"后每年或隔年结合施肥进行。利用雨后初晴及时除草，除小除了，切莫造成草荒。

（3）勤施肥料。待茶苗成活有白嫩新根长出、萌发一季新梢停止生长后开始追肥，每 667 米^2 施尿素 8 千克或硫酸铵 10 千克，以后每月 1 次，用量逐渐增加，施肥方位应离茶苗 10～15 厘米或在窄行中间开浅沟施入。以后每年 10 月份施一次基肥，2 月中下旬、5 月上旬、7 月中旬 3 次追肥。幼年茶园一般不施碳铵以防烧苗，并禁用含氯离子的肥料。

秋施基肥加化肥，可加强茶树越冬芽的营养，有利于翌年春茶的萌发生长，从而增加春茶产量，也有利于夏秋茶的增产。秋施基肥时，在不增加全年追肥用量的前提下，分 20% 的氮肥加在基肥中同时施下，时间在 9～10 月。施肥比例为：基肥 1/3，追肥 2/3。追肥中春茶前施 40%，夏茶前施 20%，三茶前施 20%，余 20% 与秋茶基肥同施。有机肥一般在寒露前后施用，最晚不过立冬，夏秋季追肥应选择在茶叶采摘高峰后施入，应注意不宜在伏旱期施，应施在伏旱之前或之后。

5. 幼树整形修剪技术　对茶树整形修剪，可以加速扩大树冠，适期提早开采，并能早期获得丰产。

（1）灌木型茶树整形修剪。灌木型茶树需 3 次整形修剪。第一次，树高达 35～40 厘米（一般两足年），或茎粗达 4～5 毫米时，于春茶前离地 15～20 厘米处剪平。第二次在第一次剪后的一年内进行，在第一次剪口上提高 15～20 厘米。以后每生长 20 厘米以上时留 15 厘米修剪。当茶苗高达到 50 厘米时开始采摘，一年一次轻修剪。茶树基本骨架养成，即可轻采养蓬；树冠高度达 70～80 厘米，冠幅达 90～100 厘米时可正常投采，如采用机采的定型高度应放低些。

（2）乔木型茶树整形修剪。对乔木型茶树则采用"分段修剪"。当枝梢生长量符合以下三个标准中之一时进行修剪：

①茎粗达 0.4～0.5 厘米。

②叶片 7～8 片。

③茎干半木质化或木质化，修剪高度留 2 片真叶为准，分期分批进行。

（3）秋茶采收后修剪。秋茶采收后轻修剪，是在无冻害的前提下修剪，有提早伤口愈合的作用，翌年能提早发芽，提早开采，增加发芽轮次。10 月份秋茶结束后进行的轻修剪，修剪程度各地可因地制宜灵活掌握，一般剪平采摘面就可以达到预期效果。

6. 主要病虫害防治技术　茶树主要病虫害防治措施以综合防治为主，尽量少用或不用化学农药，避免农药污染。发现茶毛虫、茶尺蠖、绿叶蝉等病虫害要及时用药防治。

（1）主要虫害。茶树吸汁型害虫包括叶蝉类、蓟马类、粉虱类、蚧类、茶蚜；食叶类害虫包括尺蠖类、毒蛾类、卷叶类、刺蛾类、蠹蛾类；此外，还有象甲类害虫、钻蛀性害虫、地下害虫、茶叶害螨等。

（2）主要病害。从危害茶树的不同器官来分，其病害可分为叶病、茎病、根病和花病。叶病是茶树病害的主要类群。茶树叶病在华南茶区和西南茶区的四川、云南、贵州、广东等省（自治区）发生较重，尤其是茶饼病；江南和江北茶区以茶炭疽病、茶云纹叶枯病、轮斑病和煤烟病发生较重。白星病在高山茶区发生普遍而严重；茶红根腐病在广东、广西和云南等省（自治区）发生较普遍，茶紫纹羽病在江南和江北茶区小叶种地区发生较多；茶苗根结线虫病南起海南、北至山东都有发生，以南方茶区发生较重。

（3）有机茶园病虫草害的防治。有机茶园必须采用以下营林措施、生物和物理的措施，禁止使用人工化学合成的农药及增效剂。

①营林措施。及时采摘、适度修剪等可控制茶树枝叶病虫害的发生与蔓延；及时除草和翻耕整地，可防治或减轻土传病虫害；合理种植与适当间作，可改善茶树生长环境，减少病虫为害；合理施肥，可改善茶树营养条件，增强抗性。

②生物防治措施。保护与繁殖茶树害虫天敌；采用病原微生物制剂，如苏云金杆菌、白僵菌、昆虫病毒制剂等生物农药防治茶树病虫害，效果好、无残留，是今后发展的方向。

③物理防治措施。采用人工捕杀，利用害虫的某些趋性进行灯光诱杀、性外激素诱杀等。

7. 设施栽培技术要点　利用简易塑料大棚为设施栽培，能使春茶采摘提早 30～40 天，大大提高茶叶的经济效益。塑料大棚搭建园地，宜选择坐北朝南或避风山凹的坡地和平地生长势强的茶园。品种可选择龙井 43、福鼎大白茶等早芽品种。大棚搭建时间以 12 月中下旬至翌年 1 月上旬为宜，覆盖期 45 天左右，即可采摘新茶。棚的大小一般不小于 667 米^2，棚大保温保湿效果好，要安排专人管护塑料大棚茶园。

8. 茶叶采摘技术　定植后第二年秋季可试采，第三年对生长旺盛的茶园可适当打顶采，即长到 1 芽 3～5 叶时，采单芽或 1 芽 1 叶。幼龄茶园采摘原则是少采多留，采大留小，采高留矮，采密留稀，采顶留边，使树冠整齐、平衡发展。进入正常采摘的茶园，茶树树体必须达到：树高、冠幅 50～60 厘米，每株茶树末级小枝数 15 个以上，绿叶层 30～40 厘米。

利用茶树采收的特性，前期（春夏茶）用留鱼叶采的方法，以促使茶树多发芽，同时多采收；秋茶采取三茶留大叶，以保护树势，促进次年春茶增收。三茶与四茶，时间上以 7～8 月采的为三茶，9 月采的为四茶。具体留叶采技术就是春茶、夏茶、四茶留鱼叶采，三茶留大叶采。采摘时，提倡传统的"提手采"法，杜绝"抓采""捋采"。采后及时称运鲜叶，不允许用编织袋或塑料布等盛装鲜叶，以防鲜叶变劣，保证新鲜度。

采摘的茶叶必须符合名优茶鲜叶的炒制要求，注意鲜叶嫩度，且要注意茶叶的匀度、净度和新鲜度。为保证茶树持续优质生产，同时避免过多和过强采摘，不采过老过嫩的新叶。由于茶树品种、立地条件、气候及土壤肥力不同，茶树每轮新梢萌发有迟有早，新梢生长有快有慢，故必须分期及时采摘。其次，叶片是茶树的营养器官，每年都应有一批新叶交替更换，采摘时要有计划地留下一部分叶片，以促进茶树长势旺盛。

二、沙棘丰产技术

（一）经济价值

沙棘为胡颓子科沙棘属饮料类经济林树种，又名醋柳、酸刺、黑刺等。果实中含多种维生素，其中每 100g 维生素 C 含量达 1 102～1 438 毫克，比号称"维 C 之王"的猕猴桃高 3～4 倍，所以，沙棘果实可做饮料，是食品工业的重要原料。沙棘油含多种保健成分，所含生理活性物质达 100 种以上，黄酮类物质含量尤其丰富，可防治心血管系统疾病，在治疗伤口、溃疡、糜烂性炎症等多种疾病方面都有显著作用。沙棘叶片营养丰富，适口性好，是优良的饲料（牧用）树种；树皮、树叶富含鞣酸，可提取鞣革原料、染料和香料；材质坚硬，发热量高，可做薪材。

沙棘适应性强、枝繁叶茂、枯落物丰富、根系发达且有根瘤菌，又是良好的防护林树种，可用于保持水土、涵养水源、改良土壤。主要分布在我国三北地区和西南地区。

（二）优良品种及生长发育特性

1. 优良品种 按用途可将沙棘品种分为果用型、牧用型（饲料林）、观赏型、生态型（防护林）、能源型（薪炭林）以及各种兼用型。

（1）果用型品种。主要有乌兰沙林、橘丰、辽阜 1 号和辽阜 2 号，此外，还有乌兰格林、丘依斯克、橘大等。

①乌兰沙林。灌丛型，树高 1.5～2.0 米，无刺或基本无刺。浆果长圆形或椭圆形，适用于经济型沙棘园栽培。对立地条件要求较高，集约栽培条件下鲜果产量可达 15.0～22.5 吨/公顷，病虫害较少，适于北纬 38°以北或纬度稍低但海拔较高地区栽培。

②辽阜 1 号。灌丛型，高约 2 米，无刺或少刺，树形较开张。果实卵圆形或长卵圆形，在 7 月底 8 月初成熟，集约栽培条件下鲜果产量 10～15 吨/公顷，适于东北地区栽培

③辽阜 2 号。树形较紧凑，分枝角度小，顶端优势明显。果实在 8 月中旬成熟。其他性状同辽阜 1 号。

④新垦沙棘 1 号。新垦沙棘 1 号是从沙棘品种乌兰沙林自然实生苗中选育的沙棘新品种。果实卵圆形，平均百粒果重 63.4 克，最大单果重 1.2 克，深橘黄色，果顶有红晕。在新疆北疆地区栽培，果实 8 月上旬成熟。

⑤秋阳。秋阳是从蒙古沙棘实生后代中选育出的中熟、适于加工的新品种，其灌丛开张，长势中庸。果大、圆柱形、橙黄色、无刺或少刺，果柄长，易采摘，平均单果重 0.69 克。含可溶性固形物 8.9%，维生素 C 4 800 毫克/千克，出汁率 78%，品质佳，抗性强，丰产性和稳产性好。果实 8 月上中旬成熟。

（2）牧用型品种。

①草新 1 号。灌丛型，主体为无刺型中国沙棘雄株，生长旺盛，适口性好。该品种适应性强，耐瘠薄，适于黄河流域栽培。

②草新 2 号。灌丛型，无刺或少刺，以雄株为主，生长旺盛，萌蘖力强，牲畜啃食后可再发多数新梢，很快恢复树势。可在北纬 40°以北或纬度稍低但海拔较高的地区栽培。

（3）观赏型品种。

①红霞。主干型，枝刺较多，果实橘红色，百果重 20～25 克，果实极密，入冬后果实可在树上挂 3 个月以上。适于在"三北"地区选用。

②乌兰蒙沙。主干型，果实橘红色，百果重 20～25 克，色泽艳丽，观赏期达 4 个月以上。适用于"三北"地区水分条件较好的地方栽培。

2. 生长发育特性

（1）根系。沙棘根系发达，须根多，根幅可达 10 米，垂直根深度 50～80 厘米，最深可达 2 米，80％的根系分布在地表 20 厘米的土层中。根系具有根瘤，是非豆科固氮树种，其根瘤还能把土壤中的矿质有机质、难溶性无机化合物等转化为植物可吸收的成分。沙棘根蘖能力极强，一般在栽植 3 年后即可产生根蘖苗，因此沙棘常成片分布。

（2）开花结果。沙棘为单性花，雌雄异株，风媒传粉，短总状花序，花先叶开放。果实为浆果，其色泽、大小、形状、果柄长短等因品种不同而有很大差异。沙棘通常 3 年结果，5 年进入盛果期，可维持 4～5 年，之后枝条老化干枯，内膛空虚，树势转弱，待隔 3 年左右，枝条完成更新，树势转旺，又可迎来新的盛果期。其寿命因所处的生长环境不同，变动幅度很大，短者 20 年左右，长者可达百年。

（三）丰产栽培技术

1. 沙棘对环境条件的要求

（1）光照。沙棘属阳性树种，喜光照，年日照时数为 1 500～3 300 小时，在疏林下可以生长，郁闭度太大时则不能适应。但幼苗期忌高温和暴晒。

（2）温度。沙棘耐寒能力极强，可耐 -50℃ 的极端最低温度，也可忍受 50℃ 的极端最高温度，分布区年平均温度 3.6～10.3℃，最适栽培区 4～8℃。

（3）水分。沙棘原为湿生树种，经长期进化有了一定的耐旱能力，要求年降水量 400 毫米以上，降水量不足时，在河漫滩地、丘陵沟谷等水分条件较好的地方亦可生长，但不耐长期积水。

（4）土壤。对土壤条件要求不严格，耐瘠薄能力很强，在沙土、砒砂岩和砾质土上也可以生长。有很强的耐盐碱能力，可在 pH9.5 的土壤上生长。土壤过于黏重时，生长不良。

2. 苗木培育技术

（1）嫩枝扦插育苗。

①插穗采集。6 月中旬前后，选无风天气的早晨或日落以后，从 5 年生以下的幼龄母树采集半木质化或未木质化的枝条，阴天效果更好。选取直径 0.5 厘米以上，生长健壮、无病虫害的枝条，剪截后立即用湿布或塑料布等包裹好。剪取的插穗长度为 10 厘米左右，下剪口以上 3 厘米内的叶片要摘掉，注意剪口要平滑。剪好的插穗直立浸在水盆中，可用 150 毫克/千克的 ABT 生根粉处理 6 小时。

②苗床准备。嫩枝扦插育苗可在塑料大棚内进行。目前多用全光自动喷雾装置的苗床，以干净细河沙作为扦插基质，厚度 15～20 厘米。苗床底部先铺 20 厘米 的碎石或碎砖块，再铺 10 厘米厚河卵石或炉渣，以便于渗水，最后铺上扦插基质。

③扦插方法。插前用 0.2% 的高锰酸钾溶液消毒，用量为 7 克/米^2，24 小时后用清水充分淋洗，苗床喷水。3～4 小时后用自做的打孔板打孔扦插，准备移植的株行距 2 厘米×7 厘米，不移植的为 5 厘米×10 厘米，扦插深度 2～3 厘米。扦插后立即用喷壶喷水以弥合孔隙。

④插后管理。扦插后白天每 2 分钟、夜晚每 10 分钟喷雾一

次，始终保持叶面有一层水膜，最好在苗床四周设立风障，可防止风对喷雾的影响和减少枝叶水分蒸发。插穗一般 15 天左右开始生根，以后逐渐减少喷水次数。扦插后每周喷 0.2%～0.5% 的尿素和多菌灵各一次，30 天后喷施 0.2%～0.5% 的磷酸二氢钾，以便促进幼苗生长和预防病害。

⑤苗木移植。45～60 天后根系发育完全，需要移植的苗木即可进行移植作业。移植的苗木要蘸泥浆，株行距 5 厘米×10 厘米；移植后遮阳半个月左右，同时注意灌水保湿。

（2）硬枝扦插育苗。

①插穗采集。采条时间为 2～3 月，选择生长健壮、无病虫害，芽密集饱满的 2～3 年生、直径 1～2 厘米的枝条为种条。要按品种和雌雄株分开，剪去种条上的细枝和枝刺，有选择地截成长度 15 厘米左右的插穗，然后按同一方向每 100 根捆成一捆，放在窖内，用湿沙埋藏，湿沙用 0.1% 的高锰酸钾消毒。

②扦插方法。扦插时间以地表以下 10 厘米处的地温达 10℃ 以上时为佳，在 4 月中旬左右，最好在塑料大棚或小拱棚中进行。插前细致整地，施足底肥，农家肥 30 吨/公顷。扦插前插穗用流水浸泡 24 小时，然后用浓度为 150～200 毫克/千克的 ABT 生根粉或吲哚丁酸处理 2 小时。株行距一般为 10 厘米×20 厘米，用锹开缝或打孔扦插，上露 1～2 个芽，踩实后浇透水。

③插后管理。设施育苗扦插后进行遮阳，无须过多浇水，保持地面湿润即可，当发出枝叶后逐渐减少遮阳，并减少灌水量。露地育苗在扦插后 10 天内灌大水 2 次，以后不旱不灌水，加强松土除草即可。

（3）播种育苗。

①种子处理。沙棘果实采收后揉搓或捣烂，浸泡 1 昼夜，搓去果肉漂洗干净后晾干。播种前采用浸种催芽，先将种子用 1：1 000～2 000 的高锰酸钾溶液中浸泡 30 分钟，然后用清水冲洗干净，再用 50℃ 左右的温水浸种 24 小时。浸种后堆于 10℃ 左右

的条件下层积催芽，每天翻动数次。待 4～7 天后，有 50％左右
的种子破嘴发芽，即可播种。

②播种。选择有灌溉条件的轻质土壤为育苗地，施足底肥，
细翻碎土，灌足底水。春秋皆可播种，以春播为佳，当 4 月中旬
前后，土层 5 厘米深处温度达 10℃左右时播种。采用条播法，
行距 20～30 厘米，覆土厚度 2～3 厘米，播种量 70～90 千克/
公顷。

③苗期管理。幼苗出土后应间苗 2 次，第一次在第一对真叶
出现时，保留株距 3 厘米；第二次是在第四对真叶出现时，保留
株距 8 厘米。及时灌水以防高温日灼，一般一年生幼苗应灌水
4～5 次，在 6～7 月追施速效氮肥 1 次，施肥量 100～150 千克/
公顷。

3. 园地规划与建设

（1）园地选择。果用沙棘林应选择立地条件较好的地方，土
层厚度在 30 厘米以上，最好有灌溉条件，否则年降水量应在
400 毫米以上；牧用型经济林可在较差一些的地方栽培。种植前
细致整地，以截留降水。

（2）栽植技术。

①植苗法。以春季栽植为宜，采用扦插苗，挖适当的大穴栽
植，穴中施入有机肥。果用型经济林栽植时要注意雌、雄株的比
例，一般为 8～10：1。

沙棘果用型经济林株行距为 2 米×3 米、3 米×3 米或 2 米×
4 米。牧用型经济林采用群状配置，群间株行距 2 米×3 米、
（1～2）米×（2～3）米，也可采用带状配置，群间距 2 米×3
米，带内距 1 米×1 米。

②直播法。播种法适宜在降水较多，水分条件较好的地区进
行，要求土壤质地较轻，灌木杂草较少。播种季节春季、雨季、
秋季均可，春季多在 4～5 月，夏季在 7～8 月。可用人工播种，
也可飞播。春季和雨季播种前，将种子用温水浸泡 24 小时，人

工播种采用撒播、穴播或条播均可，播种量为 20～30 千克/公顷。

4. 土肥水管理技术

（1）园地管理。一般沙棘园要做好松土除草、砍灌去杂和水土保持工作。

（2）肥水管理。沙棘耐瘠薄能力强，集约管理的沙棘园，一般 3～4 年施一次农家肥即可，北方 5～6 月干旱时适当灌水。

5. 整形修剪技术

（1）幼树整形。自然冠形为灌丛形的沙棘品种宜采用多主枝丛状形树形，自然冠形为主干形的沙棘品种宜采用小冠疏层形树形。一般不刻意整形，前 2～3 年任其生长，进入结果期后再根据树体形状，进行定形整枝，剪掉多余、重叠和位置不当的枝条，短截细长枝条，整成相应的树形即可。

（2）盛果期树修剪。4～5 年进入盛果期后，中轴枝渐渐消失，从侧芽开始生长枝条，形成所谓的假轮生枝，树冠外围枝条轮换交替生长和结果。此时注意疏除过于稠密的枝条，使树冠通风透光，同时对 3 年生以上的枝回缩更新复壮，每年剪掉全部病枝、断枝、枯枝和过低枝条。

（3）老树更新。当大多数植株出现明显衰退迹象时，要进行平茬更新复壮，即在冬季留 3～5 厘米根桩剪去地上部分，让其萌发新的萌蘖。为了不间断生产利用，防止水土流失，可在 3～5 年内分区或隔行轮换平茬。

6. 主要病虫害防治技术

（1）腐朽病和干枯病。主要症状是枝干腐朽干枯，目前尚无有效的防治措施，通常除加强管理外，遇到病株应及时清除、销毁。

（2）蛀干害虫。主要是木蠹蛾类和天牛类。尤其是红缘天牛，有些地区危害率达 70％以上，被害植株死亡率 90％以上。防治措施如下：

①发现虫害时，可在 5～6 月往树冠喷洒 50% 辛硫磷乳油 1 000 倍液消灭成虫，还可用 8% 氯氰菊酯微胶囊剂 600～800 倍液对枝干喷雾。

②5 月上旬前，在树干或虫洞注射 50% 马拉硫磷乳油 500 倍液或 50% 敌敌畏乳油 20～40 倍液；或用药棉蘸 2.5% 溴氰菊酯乳油 400 倍液塞入虫孔，杀灭幼虫。

（3）其他危害较严重的病虫害。毛毡病、沙棘锈病、沙棘实蝇、沙棘豆象以及寄生植物——日本菟丝子等，可根据各自的发生规律有针对性地进行防治。

7. 野生沙棘的改造利用技术

（1）平茬和间伐。对于枝干老化、病虫害严重者采用平茬的方法解决，可提高产量 10～20 倍。即在冬季砍掉地上部分，并及时运走或烧毁。如果密度过大，则应进行间伐，一般采用带状间伐，保留带 2 米，伐除带 2～4 米，保留带中去掉多余雄株和其他杂木，密度不匀时去密补稀，保留株距 1 米，平茬和间伐也可结合进行。

（2）嫁接改良。在春季 4 月下旬至 5 月上旬切接或劈接，或夏季 T 形芽接，嫁接部位应尽量靠近地面，以后平茬更新时必须在接口以上进行。嫁接后雌雄株比例为（8～13）∶1。用优良品种嫁接改良，不仅可提高产量和品质，同时也可解决天然沙棘林雄株过多的问题。

（3）综合管理。加强土肥水管理，做好修剪和病虫害防治工作。

8. 果实采收技术

近年来提倡冻果采收法，即在冬季气温下降到 −15℃ 以下，果实冻结在枝条上时，在树下铺以布单或容器，将枝条拉低，用棍子敲打或摩擦枝条，使果实掉落其中。对于果大、柄长、无刺的优良品种，也可以在其未熟透前或冻结后手工采摘。

第七章
干果类树种丰产技术

一、板栗丰产技术

（一）经济价值

板栗为壳斗科栗属干果经济林树种，是我国特产。板栗果实营养丰富，含 $60\%\sim70\%$ 的淀粉，$5\%\sim10\%$ 的蛋白质，$2\%\sim7\%$ 的脂肪以及多种维生素。除可生食外，还可炒食、磨粉以及制成各种菜肴、糕点、罐头等；并有健胃、补肾等药物价值。板栗在我国栽培广泛，北自吉林，南抵海南，都有分布。板栗主产区集中在华北、西北和长江流域各省（区），一般在丘陵山地的谷地、缓坡及河滩地栽培。

（二）优良品种及生长发育特性

1. 优良品种　全国板栗可划分为 4 个栽培区：最适板栗栽培区、适宜板栗栽培区、较适宜板栗栽培区和丹东栗栽培区。主要优良品种如下：

（1）最适板栗栽培区。

①北京主栽品种。主要有燕丰、怀黄、燕山红栗、怀九、燕红、燕昌、银丰等。

②天津蓟县主栽品种。主要有燕魁、早丰、燕红及盘山 1 号等。

③河北主栽品种。主要有林冠、林珠、林宝、燕奎、燕山早丰、燕山短枝、燕明、紫珀、丰收 1 号、薄皮、燕魁、早丰、短丰、北峪 2 号、西沟 7 号、河东 1 号等。

④山西主栽品种。主要有夏县贾路 1 号、处暑红、红光、燕魁、早丰、短丰、燕红、燕昌、大板红等。

⑤山东主栽品种。主要有鲁岳早丰、丽抗、泰栗 5 号、大公书 4 号、浮来大红袍、北高柱丰产、红栗 1 号、泰栗 1 号、红光、金丰、上丰、泰山红、石丰、宋家早、郯城 207 等。

⑥河南北部主栽品种。主要有艾思油栗、豫丰红、谷堆栗、红油栗、大板栗、黄栗蒲、蜜蜂球、二新早等。

⑦安徽北部主栽品种。主要有黄栗蒲、蜜蜂球、二新早、红花栗、大红袍、迟栗子、紫光栗等。

⑧陕西北部（秦岭以北）主栽品种。主要有魁栗、寸栗、明拣栗、灰拣栗、大板栗、大社栗等。

⑨江苏北部主栽品种。主要有尖顶油栗、薄壳、宋家早、郯城 207 等。

（2）适宜板栗栽培区。

①浙江主栽品种。主要有魁栗、油毛栗、毛板红、上光栗、大藤青、短刺板红、岭口大栗等。

②江西主栽品种。主要有短毛焦扎、青扎、毛板红、大红袍、薄皮大油栗、处暑红、长兴 5 号、九家种等。

③江苏南部主栽品种。主要有短扎、九家种、焦扎、处暑红、大青底、重阳蒲、铁粒头、查湾种、早庄、薄壳等。

④安徽南部主栽品种。主要有叶里藏、黄栗蒲、乌早、蜜蜂球、粘底板、黄栗浦、早栗子、大红光、小红光、大红袍、处暑红、大油栗、迟栗子、新杭迟栗、乌早、叶里藏、软刺早、二新早等。

⑤湖北主栽品种。主要有新岳王、罗田浅刺大板栗、宜昌浅刺大板栗、罗田中迟栗、罗田早栗、桂花香、六月暴、大果中迟栗、大红袍、九月寒、红毛早、青毛早等。

⑥湖南主栽品种。主要有深刺大板栗、邵阳它栗、它栗、接板栗、双季栗、深刺大板栗等。

⑦贵州主栽品种。主要有平顶大红栗、尖顶大红栗、浅刺板栗、薄壳板栗等。

⑧陕西南部主栽品种。主要有魁栗、镇安二遗栗、汉中灰栗、汉中灰栗、镇安1号、寸栗、大板栗、大社栗、燕魁、早丰等。

⑨甘肃南部主栽品种。主要有大板红、寸栗、燕魁、早丰等。

（3）较适宜板栗栽培区。

①广西主栽品种。主要有大果乌皮栗、中果红皮油栗、早熟油栗、红皮油栗、大乌皮栗等。

②广东北部主栽品种。主要有韶关18号、河源1号、河源2号、河源3号、农大1号等。

③福建北部主栽品种。主要有岭口大栗、短刺板红、大藤青、常兴5号、薄皮大油栗等。

（4）丹东栗栽培区。辽宁和吉林南部集安地区主栽品种主要有辽丹61号、辽丹58号、辽丹15号等。

2. 生长发育特性

（1）根系。板栗为深根性树种，侧根细而发达，以20～60厘米的土层内根系最多，最深可达120厘米。根系的水平分布为枝展的3～5倍，以树冠边缘的密度最大。栗树幼嫩根上常有菌根共生，栗园增施有机肥料，接种菌根，加强土壤和肥水管理，可促进栗树生长发育。板栗根系愈合能力较差，断根后需较长时间才能萌发新根，出圃移栽和土壤耕作时切忌伤根过多。

（2）芽的特性。

①花芽。板栗花芽为混合芽，着生于枝条上端，扁圆形或钝三角形，肥大饱满。粗壮枝条上的花芽可以抽生结果枝和雄花枝，瘦弱枝条上的花芽只能抽生雄花枝。

②叶芽。幼树时期着生于旺盛枝条的顶部和中下部，进入结果期后一般只着生于枝条的中下部。芽体较瘦弱，呈三角形，萌

发抽生发育枝。

③休眠芽。休眠芽又称隐芽，着生于枝条的基部或着生于多年生大枝上或着生于树干上。芽体极小，一般不萌发，处于休眠状态。如果枝条受到挫伤或修剪等刺激，也可以抽生出发育枝，有利于栗树的更新复壮。

（3）枝条特性。

①结果枝。由枝条顶端的花芽萌发形成，枝条上着生有雄花序和混合花序，混合花序的雄花序基部着生有雌花簇。

②结果母枝。结果母枝大多是上一年生的结果枝，也有少数是上一年生的比较充实的雄花枝和发育枝。结果母枝萌芽后抽生结果枝。

③雄花枝。由较弱的花芽萌发形成，枝条上除了叶片就是雄花序。

④发育枝。包括普通发育枝、徒长枝、细弱枝 3 类。普通发育枝由上一年生枝条的叶芽或幼龄树上多年生枝条的休眠芽萌发形成，生长比较健壮，是扩大树冠和结果的基础；生长比较充实的，可以转化为结果母枝。徒长枝多由主干或靠近主干的大主枝上的休眠芽萌发形成，节间长芽体小，生长不够充实，一般难成结果母枝，但通过合理的修剪控制，2～3 年后也有可能抽生结果枝。细弱枝由上一年生枝条中下部瘦小的叶芽萌发形成，长度不足 10 厘米，有的由 3～5 条小枝簇生一起而成"鸡爪枝"，有的由数个小枝排列于母枝两侧而成"鱼刺枝"。

（4）花芽分化。板栗是雌雄同芽异花植物。雄花序在新梢生长后期，由基部 3～4 节自下而上分化，直至树体进入休眠期前，分化期长而缓慢。雌花序的分化是在雄花序分化的基础上进行的，于冬季休眠后开始，分化期短而速度快。

（5）开花结实。长江中下游一带，板栗 4 月上旬开始萌芽，经 6～10 天抽枝展叶，6 月初雄花盛开，6 月上中旬雌花盛开。雌花授粉期较长，大约 1 个月，从柱头露出后 7～26 天为授粉期，最适授粉期为 9～13 天。板栗的自花授粉结实率通常不高，栽植时应该注意授粉树的配置。板栗坐果率通常可达 90％左右，但由于授粉不良或营养不足或受病虫危害，落果比较严重。板栗的"空苞"现象除与品种本身特性及栗树授粉不良有关外，还与树体营养不足特别是缺乏微量元素硼有关。

（6）生命周期。板栗实生苗需 6～8 年以上才开花结实，15 年以上进入盛果期；嫁接苗栽植次年便可开花结实，3 年生有一定的产量，10～11 年生进入结果盛期。

（三）丰产栽培技术

1. 板栗对环境条件的要求

（1）光照。板栗喜光忌荫蔽，光照不足，影响正常开花结实。因此，栗树宜栽培于日照充足的阳坡、半阳坡或开阔的地带。

（2）温度。栗树对气候要求不甚严格，在年平均气温 8～22℃，绝对最高温度 35～39℃，绝对最低温度－25℃的气候条件下都能生长。但以年平均气温在 10～15℃，生长期（4～10 月）内平均气温 16～20℃的地方生长最好。

（3）水分。板栗要求年平均降水量 500～1 500 毫米，在年平均降水量 600～1 400 毫米的地方生长最好。雨量过多妨碍授粉、受精而降低结实率，也常引起栗苞开裂而致坚果裸露、霉坏。果实发育期间过于干旱，易引起栗实发育不良而产生"空苞"。

（4）土壤。板栗生长以微酸性（pH5.6～6.5）、土层深厚（80 毫米以上）、质地疏松、有机质含量高（2％以上）的沙质壤土为好。土壤 pH 大于 7.5，或含盐量大于 0.2％，或地下水位离地面不足 1.5 米时，栗树的生长发育均受到抑制。黏重土壤上的栗树，生长结实不良。

2. 苗木培育技术

（1）砧木苗的培育。培育板栗砧木苗采用播种法。原产我国的板栗、锥栗和茅栗，均可作为嫁接的砧木。

①采种沙藏。选择丰产优质的板栗作为采种母树,从生长健壮、丰产稳产、抗逆性强的 20～30 年生的母树上采收无病虫害的成熟种子。种用栗采用沙埋法进行贮藏。

②播种时间。经过沙埋贮藏的板栗种子,在北方春季解冻后即可播种,华北地区多在 3 月上旬进行;南方可在 2 月中下旬至 4 月上中旬播种。栗果贮藏比较困难的地方,可在秋季采后播种,于 10 月下旬至 11 月上旬进行。

③播种方法。播种前先用 40～50℃温水浸种 2～4 小时,再用 1%硫酸铜或 0.3%的福尔马林浸泡 10 分钟。开沟条播的沟深 10 厘米左右,行距 30～40 厘米,株距 10～15 厘米,播种沟内最好先放置 Pt 菌根剂,再将截去幼根尖端的萌芽种子平放于沟中,覆土厚度 3～5 厘米,覆土后再垫上薄薄的一层细沙,或铺上一层作物秸秆、谷壳之类。

④播后管理。播后 1～2 周内幼苗出土;若气候干旱,应开沟适量灌水。当幼苗放叶时可第一次追肥,施肥后立即灌水。栗种具双胚性,若 1 种出 2 苗,应间除 1 株,以利集中养分,促进苗木生长。6 月左右第二次追肥,以腐熟稀释的人粪尿为好,也可施用硝铵或硫铵,每 667 米^2 追施 4～5 千克。秋季苗木停止生长后施堆肥等有机肥料,以利苗木越冬。

(2) 嫁接苗的培育。

①选择砧木。在苗圃中,选择干径达 1 厘米以上的 1～2 年生板栗实生苗作为砧木。山区就地嫁接最好选用干径达 3 厘米以上的野生砧木;也可把实生苗栽植园地,待成活后再嫁接。

②选择接穗。应在生长健壮、丰产优质、无病虫害的成年母株上采取接穗,以树冠外围或上部粗壮充实的结果枝或普通发育枝作为接穗。应随采随接,萌芽后嫁接应注意接穗保湿,避免干燥影响成活。

③嫁接。板栗枝接春、秋季均可,春季枝接的主要方法有切接、插皮舌接、皮下接、劈接等;砧木接口直径在 2 厘米以上的

大砧木多采用劈接、插皮接法或插皮舌接；接口直径 2 厘米以下的用切接或双舌接。在南方秋季嫁接比春季嫁接易成活，而且接穗不必预先剪取贮藏。板栗芽接方法多采用嵌芽接或带木质部 T 形芽接法。

④接后管理。及时除萌、松绑、摘心、立支柱绑缚新梢以及防治病虫害等。

3. 园地规划与建设　板栗的栽培形式有三大类，一是栽苗培育的成片栗园；二是就地嫁接形成的山地栗林；三是庭院和"四旁"栽植的散生栗树。

（1）成片栗园。集约化经营栽植造林，应选择背风向阳、光照好、土层深厚肥沃、排水良好的地块，质地疏松、微酸性或中性的沙质土壤。而地下水位高于 1.5 米，碱性较重的河滩地，背阴溜风的山坡都不宜栽培板栗。落叶后至萌芽前均可栽植。平地林粮间作的板栗园，可以适当稀植，每 667 米^2 栽 20～30 株。山地栗园可以适当密植，每 667 米^2 栽 40 株或更多一些。为了幼树早期丰产，可矮化密植栽培，每 667 米^2 栽 56～111 株，当树冠覆盖率达 80% 以上时，进行回缩或间伐。板栗树根系深，需大穴栽植，穴径及深度应不小于 0.8 米。为了丰产，需在土壤熟化、施足基肥后栽植。

（2）野生砧木就地嫁接。以山地野生板栗作为砧木就地嫁接良种板栗，可充分利用山区野生资源，扩大板栗栽培范围，且不需育苗移植，节约成本。

（3）散生栗树。庭院和"四旁"零星栽植。

4. 土肥水管理技术

（1）土壤管理。板栗园地土壤管理的任务，主要是翻地改土、中耕除草、合理间作、保持水土等。

①翻地改土。在秋季翻地深度 30～40 厘米，当坡度不大时可全面翻地；如果坡度太大，应于树根四周进行块状翻挖，利用刨出的沙砾石块、树根残桩等围置于树冠下坡，以增加林地的截

水保土能力。

②中耕除草。一年进行多次，视情况而定。第一次于杂草旺盛生长的 5～6 月进行，此时铲下的杂草容易腐烂作肥；第二次于临近采收期的 8 月下旬至 9 月上旬进行，便于拣拾栗子。

③合理间作。在栗园间种豆科作物或绿肥作物，可以改良土壤，扩大林地覆盖，利于水土保持，以耕代抚，以地养地。

（2）施肥管理。

①基肥。迟效性的有机肥在果实采收后施用，最迟于冬季结冻之前结合翻地全面施入。基肥的施用量可按每生产 1 千克栗实需要 5 千克有机肥计算。

②追肥。一年 2 次，第一次于 4 月上中旬进行，以速效氮肥为主；第二次于 7 月中旬至 8 月中旬施入，追施速效氮、磷、钾肥，促进果实饱满和提高栗实品质。如以人粪尿为追肥，成龄树每株不能少于 25 千克；如以硝酸铵或尿素为追肥，成龄树每株不能少于 0.5 千克。第二次追肥，成龄树每株可加施过磷酸钙 0.5～1.0 千克。

要推行根外追肥，开花期的 6 月喷施 0.2％浓度的硼肥，结合喷施 0.3％～0.5％浓度的尿素与 0.2％浓度的磷酸二氢钾；在果实发育期的 7～8 月喷施 0.5％复合肥，以提高坐果率，减少空苞率，增进栗实品质。常用施肥方法有环状、放射状、穴状 3 种。

（3）适时灌水。板栗春夏新梢加速生长期和夏秋果实迅速膨大期需水最多，适时灌水特别重要。

5. 整形修剪技术　板栗丰产栽培，生产上通常采用的树形有主干疏层形和自然开心形等两种树形。

（1）幼树主干疏层形整形要点。主干疏层形常称主干形，树体比较高大，中心干明显，树冠 2～3 层，主枝 5～7 个，膛内通风透光较好，有利丰产，适于山地栽培。

①定干。定植时离地面 80～100 厘米处、选择着生有饱满芽

的上端短截。土层深厚肥沃或间种作物的栗园定干高些，瘠薄的山地栗园定干可低一些。

②培养主枝。定干后第二年冬季，对最上边的延长枝留长80～100厘米短截，作为中心干培养；在其下选择3个分布均匀、生长旺盛的枝条作为第一层主枝培养，剪留长80厘米。第三年，将中心干顶端直立生长的1年生枝条剪除，在剪口下方选择2个生长较旺并与第一层主枝错开的枝条作为第二层主枝培养，剪留长度70厘米左右。此外，将第一层主枝上的一年生枝条做适当的短截。第四年于第二层主枝的上部插空选留1～2个枝条短截，作为第三层主枝培养。整形时，除主枝和中心干需要剪截以外，其余的枝条可适当多留一些，以缓和树势，促进幼树早期结果。

③选留侧枝。在培养各层主枝的同时，选择主枝两侧斜生的枝条作为各级侧枝培养。第一层主枝上的第一侧枝与中心干距离70厘米左右，第二侧枝距离第一侧枝40厘米左右，第三侧枝距离第二侧枝60厘米左右；第二层主枝上的侧枝之间的距离可适当缩短一些。修剪同时尽量保留一些小枝，以缓和树势。

（2）幼树自然开心形整形要点。自然开心形，没有中心干，2～4个主枝斜上生长，树形开张，通风透光结果好，适于肥水条件优越的密植丰产栽培。

①定干。定干高度可低一些，一般离地面60～80厘米。

②培养主枝。定干后第二年，于剪口下抽生的枝条中，疏除顶端生长旺盛的枝条，选留3个位置错开、开张角度较大的枝条作为主枝培养，截留长度80厘米左右，剪口芽应当是饱满芽。

③选留侧枝。对于树势中等、侧枝长度不超过50厘米的可以不短截，以促进结果枝的形成。其他枝条可以缓放或轻短截。

（3）结果树实膛修剪。

①首先确定需要保留的主枝，合理修剪树冠外围的一年生枝条。对其他枝条进行回缩修剪，抑前促后，缩小树冠。在树膛空

隙处适当选留一部分徒长枝短截，作为内膛更新的预备枝，利用徒长枝培养结果枝组。

②疏除膛内的细弱枝、交叉枝、重叠枝、病虫枝和没有利用价值的徒长枝。

③保留健壮的结果母枝，疏除细弱结果母枝。注意对结果母枝的更新修剪，保留着生于结果母枝下部的 1～2 个雄花枝或发育枝，作为下年的结果母枝。

6. 低产栗园改造技术

（1）高接换头。利用低产树的原有骨架，通过嫁接换上良种优树的枝头，可很快丰产。高接换头宜用插皮舌接法，嫁接时可用锯下枝段的筒状皮层包缚伤口。一要保持枝干的主从关系，尽量采用多头细桩高接，少用或不用大抹头式的截干低接；主枝长留，侧枝短留，截枝处粗度不宜大于 5 厘米；二要牢固支撑新梢，避免树大招风，造成折枝。

（2）腹接补枝。在树干上或大枝光秃带外侧进行腹接补枝，以充实内膛空间的结果枝组。将带有 2 个饱满芽的接穗削成长 6～8 厘米的马耳形削面，在枝干光秃带的外侧每隔 45 厘米处开一 T 形切口，将接穗沿切口插入皮层内，后用泥巴涂抹并以塑料薄膜绑缚，要求插深插紧，包扎严实。

（3）综合整治。高接换头和腹接补枝后，必须适时摘心除萌，及时防治病虫，加强肥水管理。

7. 主要病虫害防治技术

（1）板栗白粉病。主要危害栗树苗木和幼树，受害植株叶片发黄，严重时叶片卷曲、早落，并影响花芽分化及生长，使育苗失败或产量大幅度下降。具体防治措施如下：

①清除病原。冬季结合修剪，清除病落叶，剪除病梢。耕翻林地或圃地，减少越冬病菌。

②合理施肥。不偏施氮肥，防止植株徒长。

③喷药保护。发病初期喷洒 0.2～0.3 波美度石硫合剂，每

半月一次，连续 2～3 次；炎夏可改用 1∶1∶100 波尔多液。此外，喷洒 50％多菌灵可湿性粉剂 800 倍液；或 50％甲基托布津可湿性粉剂 800 倍液；或 50％退菌特可湿性粉剂 600 倍液；或 50％苯来特可湿性粉剂 1 000 倍液等，亦可获得良好的效果。

（2）板栗轮纹叶枯病。主要危害苗木和幼树的叶片，一般情况下危害不大，但发病严重时，可造成提前落叶，影响树木发育。具体防治措施如下：

①加强栗园管理，保持树势，提高抗病能力。

②冬季、早春对病落叶集中烧毁，以减少侵染来源。

③病害常发区，可在 5 月上旬、8 月下旬各喷一次 1∶2∶160 波尔多液。

（3）板栗疫病。板栗疫病又称干枯病、胴枯病，从苗木到大树都可受害，病斑迅速扩展，树势衰弱，导致产量和质量明显下降，严重时造成全株枯死。具体防治措施如下：

①选用抗病品种，加强抚育管理，增强树势。

②苗木调运要严格实行检疫制度，防止病害的传播。

③晚秋树干涂白。白涂剂配方：用生石灰 6～7 千克、石硫合剂原液 1 千克（20 波美度）、食盐 1 千克、清水 18 千克混合制成。若加入油脂 0.1 千克，可防止叶片过早脱落。

④在主干近地部位发病较多的栗园，可于晚秋进行树干培土，因埋在土中的树皮一般不发病，培土尽量高些。次年早春解冻后扒开。

⑤尽可能减少灼伤、冻伤、虫伤和人为刀伤等损害，保护好嫁接伤口，嫁接口要及时消毒或敷以混有福美砷的药泥，外裹塑料薄膜。尽量避免接口附近的树皮在充分愈合前过早暴露，以免诱发病害。

⑥彻底清除重病株及重病枝，及时烧毁，减少侵染源。对于树势尚盛的轻病株，可采用刮除病皮后涂药的方法。病斑刮除要彻底，深度达木质部，刮下的病皮深埋或烧毁。伤口处用 0.1％

升汞涂抹；也可用 200 倍的抗菌素 401、500 倍的多菌灵或甲基托布津、10 倍碱水、100 倍食盐水等涂抹。

（4）板栗膏药病。植株受害后轻者枝干生长不良，重者则导致枝干枯死。膏药病菌常与栎霉盾蚧等介壳虫共生。防治措施：可喷施抗菌素 401 200 倍液、50％多菌灵可湿性粉剂 800 倍液和 45％代森铵水剂 400 倍液。

（5）剪枝栎实象。以成虫咬断结果嫩枝，造成大量板栗幼果落地。防治方法如下：

①加强栗林抚育管理，适时垦复、中耕和施肥，既减少虫源又促进树木生长。

②彻底清除栗园内及附近的茅栗、栎类树种和杂灌木。

③拣拾虫苞，集中烧毁。在成虫产卵期，定期拣拾落地栗苞，若拣拾彻底，效果显著。

④喷药防治。于成虫发生期喷射 75％辛硫磷乳油或 25％亚胺硫磷乳油 1 000 倍液，或喷 10％氰戊菊酯乳油 2 000～2 500 倍液，连续 2～3 次。

（6）栗瘿蜂。以幼虫蛀食危害板栗芽，受害芽在春季长成瘤状虫瘿，不能抽发新梢和开花结实，小枝条枯死。防治方法如下：

①剪除虫瘿枝条。冬季结合修剪进行，春季集中剪除新鲜虫瘿，并将剪下的虫瘿置于罩笼内放在林间，待各种寄生蜂羽化飞出后再集中烧毁。尤以春季剪除新鲜虫瘿效果更好。

②喷药防治。于成虫发生期喷洒 80％敌敌畏乳油 1 000 倍液，连续 2～3 次。

③寄生蜂防治。栗瘿天敌主要是寄生蜂，重要的有中华长尾小蜂、斑翅长尾小蜂、黄腹长尾小蜂、尾带旋小蜂、栗瘿旋小蜂、栗瘿广肩小蜂等，自然寄生率较高。

（7）板栗大蚜。成虫和若虫聚集在新抽嫩梢、嫩叶上吸食汁液，后期在栗苞、果梗处危害，使嫩梢枯萎，果实不能成熟。新造幼林严重被害引起生长衰弱，并常招致小蠹虫寄生，极易造成幼林枯死。防治方法如下：

①栗大蚜以卵成块，极易发现。冬季时结合刮树皮及树干涂白，进行人工刮卵并烧毁。

②在春季若蚜群集危害嫩枝梢时，及时喷药防治，可喷50％马拉硫磷乳油 1 000 倍液或 25％亚胺硫磷乳油 1 000 倍液或20％氰戊菊酯乳油 3 000 倍液。

③在树干基部打孔注射或于树干上刮去老树皮后涂药防治。注药后即用泥团封孔，涂药后即用塑料薄膜包扎。

（8）栗绛蚧。以若虫和雌成虫固定在小枝上吸取寄主的营养液，使树木生长衰弱，降低结实量，甚至绝产。严重发生的栗区，板栗平均减产 60％以上，并影响后续 2 年的结果。防治方法如下：

①加强栗园管理，增强抗性。更新栗园中衰老植株，结合修枝，截去衰弱枝及虫害光秃枝，促进新枝生长。

②于 4 月虫体膨大时、若虫孵化前，重点剪除有虫枝条，或刮除枝上雌蚧，降低虫口密度。

③保护利用天敌。如黑缘红瓢虫、红点唇瓢虫、红蚧、中华草蛉等，尤其黑缘红瓢虫控制作用最大，可人工引入释放。

（9）栗透翅蛾。以幼虫纵向钻蛀危害枝干皮层，在嫁接伤口处多横向蛀食，主干下部受害重，被害处树皮肿胀开裂，并有丝网粘连虫粪附于其上，被害状明显、易分辨。在发生严重的栗园，轻则树势衰弱，影响结实；重则主、侧枝枯萎死亡，甚至整株枯死。防治方法如下：

①加强栗园管理，适时中耕除草，清除杂树灌木，防止损伤树皮，保护嫁接伤口，及时防治枝干病害，可预防或减少透翅蛾发生。

②刮皮涂白，防治越冬幼虫。11 月至翌年 2 月进行，刮皮后即行涂白，被害处重刮重涂，刮下的翘皮集中烧毁。白涂剂配

方为：生石灰 12 份，石硫合剂原液 2 份，食盐 2 份，油脂 0.2 份，清水 36 份。配制时先将生石灰消化成石灰乳，再加其他成分，搅拌均匀即可。

③敌敌畏煤油液涂抹被害处。于 3 月越冬幼虫出蛰危害时，用 1.0～1.5 千克煤油加入 50 毫升 80％敌敌畏乳油，搅拌均匀后涂刷被害枝干。在幼虫危害期，若发现枝干上有新虫粪时，立即再用上述药液涂刷被害处，可很快杀死其中幼虫。

（10）金龟子类害虫。金龟子类害虫是一类重要的板栗食叶害虫，主要有铜绿丽金龟、古铜异丽金龟、中喙丽金龟、大黑鳃金龟、暗黑鳃金龟、黑绒鳃金龟、阔胫鳃金龟、小青花金龟等 10 种左右，其中又以铜绿丽金龟的发生量最大。现以铜绿金龟为例，其防治方法如下：

①人工捕杀。利用金龟子成虫的假死性，在成虫危害盛期的晚间，突然摇振树干，捕杀假死落地成虫。此法对新造幼林、幼树适用。

②灯光诱杀。多种金龟子成虫具有强的趋光性，于成虫盛期设置黑光灯或电灯诱杀成虫。根据地势，黑光灯设在林缘附近开旷地，以光亮照射的范围越广越好，灯下放置水盆，内盛半盆清水，加入少量柴油和敌百虫药液。死虫捞出后埋入土中，以防家禽食后中毒。

③喷药防治。成虫盛期喷洒 50％辛硫磷乳油 1 000 倍液或 50％马拉硫磷乳油 1 000 倍液。虫口密度很高时，可于地面施撒毒土，用 2.5％敌百虫粉剂每 667 米^2 2.0～2.5 千克，加拌细土，撒后随即耕翻，杀死土中成虫及幼虫。

④为保护叶片不受害，可喷洒石灰多量式波尔多液。配方为：生石灰 2～3 份、硫酸铜 1 份、水 160 份。配制后喷布叶片，干后呈灰白色，对成虫具忌避作用。间隔 10 天再喷一次，雨淋后补喷。以阻止成虫取食，保护叶片尤其是幼林的叶片。

8. 果实采收与贮藏

（1）采收时期。板栗早熟品种 8 月中下旬成熟，晚熟品种 10 月下旬成熟，大部分品种在 9 月中下旬成熟。栗果成熟的标志是全树有 2/3 以上的刺苞由绿色转为棕黄色，刺苞顶部开始开裂，栗实呈棕褐色，具光泽，果肉饱满坚实。采收时期应该在栗子充分成熟后进行，此时栗子皮色鲜艳、含水量低、营养成分高、品质好、耐贮藏运输。

（2）采收方法。采收板栗可以拣拾落地成熟栗子，也可击落成熟刺苞，最好的采收方法是拣拾栗子和打栗苞相结合，在栗子开始成熟时拣拾栗子，待栗子全部成熟后一次打净。对打下的栗苞要堆沤脱粒，但堆层不宜太厚，堆沤时间不能太长。堆沤脱苞后的栗子一定要薄层摊放 2～3 天后方可贮藏或外运。

（3）采后贮藏。

①搞好病虫害防治。如栗实熏蒸、或用 0.3％高锰酸钾消毒、或用 40％甲醛 10 倍液消毒。

②分级包装。除去破损果、虫蛀果、腐烂果及不完全果，再用不同孔径的筛子进行分级。

③采用良法贮藏。常用的传统贮藏方法有湿沙层积贮藏、木屑藏、袋藏、容器藏、带苞堆藏等法。近年来，国内开发推广了醋酸保存法、水果涂料法、清水保鲜法、塑料袋藏法、硅窗气调法等项贮藏栗子新技术。

二、核桃丰产技术

（一）经济价值

核桃是世界重要的木本油料树种。核桃仁营养丰富，脂肪含量高达 65％～83％，蛋白质含量 15％以上，各种维生素和微量元素含量也很丰富，是人们日常生活中的美味果品，并可加工成各种副食品。核桃油除可食用外，还有较高的工业和药用价值。核桃仁可顺气补血、温肠补肾、止咳、润肤、健脑，对各个年龄段的人群都有不同程度的保健作用。

我国核桃主要产区为云南、陕西、山西、河北、甘肃、河南、四川、新疆、山东、北京、贵州、浙江、湖北等省（自治区、直辖市），其中前五个省的产量占全国总产量的 70％以上。

（二）优良品种及生长发育特性

1. 早实核桃优良品种

（1）元丰。山东省果树研究所选育。坚果中大，壳面光滑，出仁率 46.25％，种仁饱满，色浅黄，风味香甜。树势中庸，抗病性强，连续结果能力强。

（2）辽核 4 号。辽宁经济林研究所选育。坚果中大、圆形，壳面光滑美观，出仁率 57％，核仁色浅，风味好。花为雄先型，树势较旺，抗病性强。

（3）香铃。山东果树所选育。坚果中大，卵圆形，壳面光滑美观，出仁率 60％～65％，色浅，风味好。花为雄先型，树势较旺，抗病性强。

（4）中林 5 号。中国林业科学研究院选育。坚果中大，圆球形，壳面光滑美观，出仁率 60％，色浅。花为雌先型，肥水不足时坚果变小，但核仁品质不变，抗病性比较强。

（5）陕Ⅱ-8-7 号。陕西省果树研究所选育。坚果卵形，壳面光滑美观，出仁率 58.1％～63.9％，仁色浅，味浓香。花为雌先型，有二次开花现象，树势中庸，抗旱、抗寒性强，抗病性较强。

（6）丰辉。山东果树所经人工杂交选育而成。树势较旺，树姿直立，树冠圆头形，分枝力强。花为雄先型，坚果细长椭圆形，壳面较光滑，可取整仁，出仁率 54.％～61.2％，仁饱满，味香而不涩品质极佳。抗病性强，不耐干旱，适宜在土层深厚和有灌溉条件的地方栽培。

（7）鲁果 2 号。山东果树所选育。坚果柱形，壳面较光滑，易取整仁。核仁饱满，浅黄色，味香。出仁率 59.6％，花为雄先型，生长势强，树冠形成快，多坐双果和三果，丰产潜力大，稳产。但在土、肥、水条件较差的地块栽培，生长缓慢，雄花较多，大小年结果明显，坚果品质较差。

（8）晋香。山西省林业科学研究院选育。树姿较开张，花为雄先性。坚果壳面光滑美观，出仁率 63.97%，易取整仁，仁色浅、饱满、风味特香，品质上等。该品种生长势中等，丰产性中等。抗逆性、适应性较强，栽培范围较广，适宜矮化密植或乔化栽培。

（9）鲁光。山东果树所选育。坚果略长圆球，壳极薄，光滑而美观，浅黄色，出仁率 58.0%～62.3%，易取整仁，核仁充实、色浅，品质上等，产量较高，大小年不明显。花为雄先型，早期生长势较强，产量中等，盛果期产量较高，抗逆性强。

（10）金薄香 1 号。山西果树研究所选育。果实长圆形，易取仁，出仁率 60.5%，果仁乳黄色，仁香味浓，微涩，品质上等。对土壤适应性较强，耐旱、耐瘠，在平地、丘陵、山区均生长良好。抗寒性较强，冬季地面最低温度达－25℃时仍能安全越冬，抗病虫，连续结果能力强，丰产。

（11）金薄香 2 号。山西果树研究所选育。果实圆形，出仁率 61.7%，果仁颜色较深，余味香，品质上等。早实，丰产，9月上旬成熟。树势中庸，生长势较强，抗逆性强，适应范围广。肥水要求较高，肥水不足时，容易出现大小年结果现象。

（12）辽核 4 号。树势较旺，树姿半开张，树冠圆形，分枝力强，花为雄先型。坚果圆形，壳面光滑美观，核仁色浅，风味好，品质佳，出仁率 57%。丰产性和抗病性强，但结果过多时坚果变小。适合在土壤条件较好的渭北塬地、梯田地、四旁地、林粮间作和密植建园。

（13）西林 1 号。由西北林学院培育。树势中等，树姿中等，树冠较开张，花为雄先型。坚果长圆形，壳面较光滑，可取整仁，仁色浅，风味佳。丰产性和抗病性强，适应性较强，耐旱，特丰产。适合在渭北塬地、梯田地、四旁地、林粮间作和密植建园。

（14）西林 2 号。树势较旺，树冠开张，分枝力强，花为雌先型。坚果圆形，壳面较光滑，可取整仁，出仁率 61％，仁饱满、色浅、风味佳。耐寒、耐旱、抗病力较强。适合在渭北塬地、梯田地、四旁地栽植和密植建园。树势强健，树姿开张，分枝力强，矮化性状明显，产量高，对肥水的需求量很大。

（15）陕核 5 号。树势强旺，树冠开张，耐旱、耐瘠薄。坚果长圆形，果大，壳面较光滑，在陕西黄龙等地 9 月 10 日前后成熟。生长旺盛，适宜于四旁和分散栽植。

（16）辽宁 1 号。辽宁经济林研究所培育。树势强健，树姿直立，分枝力强，树冠圆形或圆柱形。坚果圆形，壳面较光滑，色浅，缝合线较紧密，可取整仁。该品种花属雄先型，树势强健，适应性强，比较耐干旱，抗病性强。

（17）中林 1 号。中国林业科学院研究所经人工杂交选育而成。坚果圆形，壳面比较粗糙，出仁率 54％，核仁充实饱满，仁黄色，风味好。该品种生长势较强，适应能力强，尤宜作为加工品种，也是理想的材果兼用品种。

（18）鲁果 4 号。山东果树研究所选育。坚果柱形，壳面较光滑，核仁饱满、黄色，香味浓；出仁率 55.21％。多坐双果和三果，抗病性强。

（19）维纳。美国品种。树势强旺，树冠紧凑，短枝结果。坚果尖圆形，和国内品种相比壳较厚，外表欠美观，在陕西黄龙等地 9 月 15 日以后成熟，有极强的丰产性，内膛结果能力强。适宜于渭北塬地、山地梯田、四旁地及密植建园，散生、集中建园均可。

2. 晚实核桃优良品种

（1）礼品 1 号。辽宁省经济林研究所选育。坚果长阔圆形，壳面光滑美观，出仁率 67.3％～73.5％，品质极佳。花为雄先型，树势中庸，适应性较强。

（2）晋龙1号。山西省林业科学研究所选育。坚果近圆形，壳面光滑，出仁率61.3％，仁色浅，味香，品质上。花为雄先型，树体中大，抗寒、抗旱、抗风性强，丰产、稳产，适宜丘陵山区栽培。

（3）秦核1号。陕西省果树所选育。坚果表面光滑美观，出仁率53.3％，品质上乘。树势强，丰产、稳产，适应性强。

（4）大姚"三台"核桃。坚果倒卵圆形，种壳较光滑，易取整仁。仁重4.6～5.5克，出仁率50％以上。核仁充实、饱满、色浅，味香纯、无涩味。树势旺，树体大，树姿开展。

（5）西洛3号。树势旺，分枝力中等。由于枝条长且充实，嫁接亲合力强，嫁接成活率较其他品种高。在陕西渭北地区9月中旬成熟。坚果圆形或近圆形，壳面光滑，略有麻点，易取仁、仁充实、饱满，味香甜。嫁接树4～5年结果，7～9年后进入盛果期，15～20年时株产可达20～25千克。耐干旱、瘠薄，适宜于分散栽植和林粮间作。

（6）纸皮1号。山西核桃选优协作组选出。树势强健，树姿开张，主干明显。坚果长圆形，壳面光滑，可取整仁，花属雄先型。

（7）清香。产地日本，由清水直江从晚实核桃的实生群体中选出。坚果大、椭圆形，壳面光滑，外形美观。取仁容易，出仁率51.8％～53.1％，仁色浅黄，风味极佳。具有生长势旺、适应性广、抗病性强。

3. 生长发育特性

（1）根系。核桃为深根性树种，成龄树根系深度可达3～6米，水平根延伸达10米以上，主要根系分布在树冠下30～60厘米的土层中。实生苗具有"先盘根，后长树"的习性，1～2年生苗垂直根生长速度远较侧根和地上部分为快。核桃根系具有菌根菌与其共生，有一定耐瘠薄能力。

（2）芽的特性。核桃芽为叠生复芽，按性质分为混合花芽（即雌花芽）、雄花芽和叶芽，这些芽在每个节位上有多种排列方式。

①混合花芽。混合花芽多为单芽，也有双芽的。一般品种的混合花芽多着生在结果母枝顶端1～3节上；丰产品种特别是早实品种的混合花芽，可着生在枝条的各个节位上，甚至枝条基部潜伏芽和徒长枝上也能形成混合花芽。混合花芽芽体肥大、圆形、鳞片紧包，萌发后抽生结果枝。

②雄花芽。雄花芽为纯花芽，着生于结果母枝顶芽以下2～10节上，松果状，鳞片很小，不能覆盖芽体，萌发后成为雄花序。

③叶芽。叶芽着生在枝条顶端和各个节位上。顶叶芽较大，圆锥形，在北方比较寒冷的地区常因冻害抽梢而死亡；侧生叶芽较小，圆球形。叶芽萌发后的抽生长枝能力越向下方越弱，枝条中下部叶芽萌发后常干枯脱落，不能成枝。

基部芽多成潜伏芽，芽体小，寿命很长，百年以上老树的潜伏芽仍具生命力，在受刺激后即可萌发抽枝。早实核桃品种的萌芽率和成枝率均较高，芽具有早熟性，易抽生二次枝甚至三次枝。

（3）枝条特性。营养枝中发育健壮的枝条称为发育枝，是扩大树冠和形成结果母枝的基础；生长极快，直立、节间长而发育不充实者称徒长枝，多由潜伏芽萌发形成，应加以控制或培养成结果枝组。

着生混合花芽的枝条称为结果母枝；春季混合花芽萌发抽出一段新梢称为结果枝，在结果枝顶端着生雌花，随后开花结果。健壮结果枝多数在当年又形成混合花芽，成为下年的结果母枝连续结果。早实核桃的结果枝上当年形成的混合花芽还可以当年萌发，二次开花结果。

仅顶芽为叶芽，侧芽全部为雄花芽的枝条称为雄花枝，多着生在老弱树上或树冠内膛，生长短小细弱，长度一般仅数厘米。

（4）花芽分化。雄花芽在春季萌芽展叶后 10 天左右（约在 4 月中下旬）开始分化，一直到翌年春季 4～5 月芽萌发为止，需 12～13 个月；雌花芽一般在 6 月下旬至 7 月上旬开始分化，到翌年萌芽为止，需 10 个月左右。

（5）开花结实。核桃为雌雄同株异花树种，风媒传粉。雌花单生或 2～4 个并生，也有的 10 个以上成穗状花序；雄花为葇荑花序，序长 10～20 厘米。核桃多数品种落果较重，多集中在花后 10～15 天，幼果横径达 1 厘米时开始，2 厘米时达高峰，硬壳期基本停止。落果原因为授粉受精不良、营养不足、花期低温等。

（6）生命周期。核桃寿命一般在 100 年以上。早实核桃幼树期需 2～4 年；晚实核桃则需 8～10 年。嫁接繁殖比实生繁殖的核桃结果早，有的当年即可开花结果，10 年以后进入盛果期，有的需 20 年左右才能进入盛果期。

（三）丰产栽培技术

1. 核桃对环境条件的要求

（1）光照。核桃为喜光树种，要求年日照时数不少于 2 000 小时。充足的光照条件有利于开花结果和提高果实品质。

（2）温度。核桃为喜温树种。适宜生长的温度条件为年平均温度 9～16℃，极端最低温度 −25～−2℃，极端最高温度 38℃，无霜期 210 天以上。核桃幼树在 −20℃条件下可出现冻害，成年树虽能耐 −30℃低温，但低于 −26～−28℃时，枝条、雄花芽及叶芽均易受冻害。花期和幼果期气温下降到 −2～−1℃时则受冻减产。温度高于 38～40℃时果实易发生日灼，核仁不能很好发育或变黑。昼夜温差大的地区果实品质好。

（3）水分。核桃喜晴朗干燥的气候条件，降水量 600 毫米以上的潮湿地区病害严重。对土壤水分状况反应敏感，土壤过于干旱，幼树生长停止，结果大树则生长势弱，易出现早衰，落

果严重，落叶提前。土壤过于潮湿或地下水位过高，则易发生
涝害。

（4）土壤。核桃对土壤条件适应性较强，但土层瘠薄、土壤
通透性差时生长不良，易形成"小老树"，或连年枯梢，不能形
成产量。适宜的土壤 pH 为 6.2～8.2，最适 pH 为 6.5～7.5，
土壤含盐量不宜超过 0.25%，最适宜在石灰质的微碱性土壤上
生长。

2. 嫁接苗培育技术

（1）培育砧木苗。

①核桃砧木种类。核桃楸适于北方，野核桃适于南方，新疆
野核桃适于新疆，铁核桃适于云南、贵州等地，枫杨和普通核桃
南北各省均适用。其中普通核桃（即本砧）的种源丰富，嫁接亲
和力强，应用最为广泛。

②采种催芽。砧木培育应选充分成熟而新鲜的种子，秋播时
直接播种即可。春播应低温层积 2～3 个月；未经低温层积处理
的干藏种子要催芽。催芽方法有以下 3 种：

a. 高温层积。先用凉水浸种 3～5 天，接着在 20～25℃下以
湿沙层积催芽，发芽时经常检查，及时分批拣出已发芽的种子进
行播种。

b. 凉水浸种。用凉水浸泡 7～10 天，每天换水 1 次，或将
种子装入麻袋压入流水中，当种子裂口时拿出播种。

c. 开水烫种。对于果壳较厚的种子，可将其盛在缸内，倒
入 1.5～2.0 倍的沸水，立即搅拌 2～3 分钟，捞出播种，也可搅
拌到不烫手时，再用凉水浸泡数小时后进行播种。

③播种要点。北方冬季气候寒冷，通常春季播种。播种前整
地，施足底肥，做好苗床。采用点播法，每穴 1 粒种子，行距
30～40 厘米，株距 10～15 厘米，种子应缝合线与地面垂直，种
尖朝向一侧放置。覆土厚度 5 厘米左右，覆土后轻轻压实，然后
盖上一层杂草，以利保墒，有条件时用地膜覆盖或在苗床上搭建

塑料拱棚。

④播后管理。出苗前尽量不浇水，以防土壤板结而影响苗木出土；苗期要少浇水，雨季注意排水防涝。苗木出齐后追施1～2次速效氮肥，尿素施肥量为120千克/公顷，7～8月追施一些磷、钾肥，每次施肥后进行灌水。从6月份开始，每15～20天喷一次等量式200倍波尔多液，防治核桃黑斑病和炭疽病。冬季寒冷地区应将苗木起出假植防寒。

（2）嫁接时期。核桃枝接多在春季萌芽展叶期进行，芽接在新梢加速生长期进行，这两个时期砧木和接穗形成层活动旺盛，砧穗易于离皮，无伤流，嫁接成活率高。云、贵、川一带，枝接多在2月，芽接在3月；黄河流域各省枝接多在3月下旬至4月下旬，芽接多在6～8月。

（3）嫁接方法。核桃嫁接包括劈接、舌接、插皮舌接和腹接等方法，还可采用嫩枝嫁接；也可采用方块芽接、T形芽接、子苗砧嫁接与芽位对合法嫁接。嫁接前后应做好接穗和接口的保护，如蜡封、套袋、埋土等。如果采用春季芽接，所用接穗可于上年末采集贮藏，也可在春季取一年生枝上的潜伏芽，随采随用。

①室内嫁接方法。入冬前将砧木苗起出假植在背风向阳处，接穗采集后低温（5℃左右）沙藏。嫁接时，砧木提前10天左右，接穗提前2～3天移入温床或温室中以湿沙或湿锯末覆盖进行砧、穗催醒，如果在3月份以后嫁接则无须催醒，催醒和促愈温度25～30℃。采用舌接法进行嫁接，嫁接后用湿沙或湿锯末成排直立埋入温床或阳畦中以促进接口愈合，埋植深度必须在接口以上或者全埋。为防止伤口感染，所用细沙和锯末用70％甲基托布津可湿粉800～1 000倍液拌湿消毒。开春后逐步进行适应性锻炼，然后移植到室外大田中继续培育。

②芽位对合法。6月份在核桃苗当年抽生的枝条上，打顶疏叶，预留2～3个叶片以起到遮阳保湿作用；然后根据砧木粗度

选择相应粗度的当年生穗条，并选择成熟饱满芽进行取芽。先在芽片两侧各竖切 1 刀，并在芽子上下等距离横切，横切距离 5 厘米左右；再在砧木相应部位采用同样方法竖切 2 刀，并在芽子上下等距离横切，横切距离 2～3 厘米，去掉芽片后，迅速将接穗上芽片取下，镶嵌在砧木芽位处，镶嵌时芽片带上护芽肉，并将砧木削口处皮向上或向下各撕裂 1.5～2.0 厘米，覆盖在接芽皮上；最后用塑料条绑缚，除叶柄和接芽外其余部位要绑缚严密，以防雨水浸入，影响嫁接成活率。此法成活率高，且当年接芽抽梢成苗。

3. 园地规划与建设

（1）园地选择。核桃园应选择土层深厚，地下水位较低，土壤质地适中，pH6.2～8.2，含盐量 0.25% 以下的地块，山地宜选背风向阳的山坡，北方地区海拔高度应在 1 100 米以下。山区土层较薄的地块，应修筑梯田或采用大规格整地，以增厚土层。

（2）栽植密度。普通园片式栽培，晚实核桃的株行距为 6 米×10 米至 10 米×10 米，早实核桃 3 米×6 米至 6 米×10 米。密植栽培主要用于早实核桃，株行距为 2 米×4 米至 3 米×4 米，以后当树冠郁闭、光照不良时再隔行隔株间移。林网式栽培株行距（5～7）米×（14～21）米。

（3）品种选择。核桃雌雄花异熟，风媒传粉且传粉距离短，致使授粉受精不良。建园时应选用 2～3 个主栽优良品种，且能互相间提供授粉机会，如需专门配置授粉树时，可按 1∶（5～8）的比例行状或中心式配置。

（4）定植技术。选用苗龄 2～3 年，高度 1 米以上，地径 1 厘米以上，主侧根发达，须根较多，无病虫害的壮苗。定植前应浸根或用生长调节剂加以处理。栽植时期春、秋均可。北方秋季栽植翌春发芽早、生长健壮、成活率较高。在冬季严寒易发生冻害和"抽条"的地方，以春栽为好。提倡挖大穴定植，定植后浇足水，水渗下后用土盖住或用地膜覆盖树盘。北方地区幼树在越冬后常发生"抽条"现象，可用动物油脂或涂白剂涂抹树干，也可采用塑料条包扎或压倒埋土等方法进行保护。

4. 土肥水管理要点

（1）土壤管理。平地核桃园应进行深翻，同时施入有机肥、秸秆或种植绿肥作物；山地核桃园则应逐年深翻扩穴，加厚土层，修整树盘，以利蓄水保墒。水土流失严重的地方必须修筑水土保持工程，每年加固埂堰，结合种植草灌，防止雨水冲刷。

（2）施肥管理。

①基肥。基肥应在采果后到落叶前，在树冠投影范围内采用环状沟施或放射沟施，以有机肥为主。以厩肥为例，幼树及初结果树每株施 50～100 千克，加过磷酸钙 1～2 千克；盛果期树株施 200～250 千克，加过磷酸钙 2～4 千克。肥料不足的地方，间作绿肥，8～9 月翻压，山区也可扣草皮或收集周围杂草实行树盘覆盖。

②追肥。追肥主要在萌芽期（开花前）、果实速长期和种仁充实期 3 个时期，前两个时期以氮肥为主，种仁充实期多施一些磷、钾肥料。施肥量应灵活掌握，刚栽植的幼树，每次株施尿素 0.1～0.3 千克、复合肥 0.2～0.5 千克，初结果树可以加倍；结果大树每次株施尿素 1.0～1.5 千克，复合肥 1.5～2.0 千克，再加草木灰 10～15 千克。每次追肥后及时浇水，无浇水条件时趁下雨进行。

（3）水分管理。干旱地区开春时应灌一次透水，以后每次施肥后都应该灌水，入冬前要浇一次封冻水。南方地区可以不灌水，雨季要注意排水。

5. 整形修剪技术　核桃丰产树形主要有主干疏层形和自然开心形。晚实品种多采用主干疏层形，早实品种两种均可。密植园则可以采用圆柱形或篱壁形。

（1）主干疏层形树体结构。配置主枝 6～7 个，分 3 层螺旋状着生在中心干上，第一层 3～4 个主枝，每个主枝配侧枝 3～4

个，第二层 2 个主枝，每个主枝配侧枝 2 个，第三层 1 个主枝配置 1 个侧枝。核桃树体高大，层内距和层间距应相对加大，第一层层内距 40～60 厘米，以防卡脖，一、二层的层间距早实品种 1.0～1.5 米，晚实品种 1.5～2.0 米，二、三层的层间距 1 米左右，最后形成半圆形或圆锥形树冠。

（2）自然开心形树体结构。主枝 3～5 个，每主枝上配置侧枝 2～4 个，主枝数目少的，侧枝可多一些，主枝数目多的侧枝可少些。主枝上共留 2～3 个向内膛生长的枝条，以充分利用内膛空间。

（3）幼树整形方法。现以主干疏层形为例说明核桃幼树整形方法，具体方法如下：

①栽植后定干。晚实品种定干高度 1.2～1.5 米，早实品种 0.6～1.0 米，如果是林网式或零星栽培，定干可再高一些。对萌芽力、成枝力强的品种，可不剪截定干，在自然发出的分枝中分年选出主枝即可；萌芽力、成枝力弱的品种，则需按主干高度留出整形带剪截定干。

②选留主枝与侧枝。定干后第二年，在整形带内选出第一层主枝，一年选不够时可分两年。以后各级骨干枝一般不再短截，用长势最强的顶芽抽生延长枝，迅速扩大树冠，冬季发生抽梢现象的地方则应剪去干梢，在个别主枝长势过强时进行轻短截，以控制其生长，平衡树势。第二、三层主枝和各个主枝上的侧枝均从自然分枝中选留。侧枝要留在背斜方向，不留背后枝，必须利用背后枝作为侧枝时，进行短截以削弱其长势，避免扰乱树形。

③辅养枝处理。核桃干性较弱，中心干上要多留辅养枝，不做骨干枝的其他枝条不要轻易疏除。直立旺枝发芽前拉平缓放，以增加枝量，促使尽快成花；中庸枝直接缓放，也可短截一部分中庸枝，以促生分枝加快培养结果枝组；周围不缺枝时，背后枝一般应予疏除，如果用背后枝培养结果枝组时，必须加以短截，

控制其长势，如原骨干枝角度过小，可用背后换头，以开张角度。主干疏层形在完成第三层主枝培养后，应行落头开心，打开光路，以健壮内膛结果枝组，始终保持主枝、侧枝和结果枝组间的主从关系。

（4）结果树修剪。

①结果初期。进入结果初期，继续采用截、放相结合的方法培养结果枝组，缓放的枝条在结果后逐渐回缩。幼树期所留辅养枝，有空间并已结果，不影响骨干枝生长时予以保留；影响骨干枝生长、空间较小时应回缩，给骨干枝让路；无空间时疏除。保留的辅养枝逐步改造成大中型结果枝组。结果枝组要分布均匀，距离适中大小相间。

②盛果期。盛果期后结果枝组开始衰弱，应及时回缩到有分枝或有分枝能力处，进行更新复壮。特别是早实品种，结果多，结果母枝衰弱死亡也快，幼、旺树在结果母枝死亡后，常从基部萌生徒长枝，但这些徒长枝当年均可形成花芽，翌年开花结果。可对其可通过夏季摘心或短截和春季短截等方法，培养为结果枝组，以更新衰弱的结果枝组。

③更新复壮。当骨干枝衰弱下垂时，利用上枝上芽抬高角度。注意利用和控制好背后枝，背后枝旺长影响骨干枝时，及时疏、缩加以控制；角度小的主枝可选理想的背后枝换头，原主枝头也可回缩培养成结果枝组。注意及时处理外围密挤枝条，适当疏除一部分下垂枝，打开光路。保留的外围枝，已衰弱者回缩更新复壮；中庸的抬高角度，强旺者疏除其上分枝，削弱长势。注意疏除重叠、交叉、密挤、枯死、病虫枝、部分雄花枝和早实品种的过多二次枝。

（5）修剪时期。由于核桃休眠期有"伤流"现象，适宜的修剪时期是采果后到叶片变黄前，也可春天展叶后修剪。由于春剪损失营养较多，故结果树以秋季修剪为宜，幼树、旺树春秋均可，春季相对较好。

6. 高接换优与疏雄疏雌

（1）低产劣质核桃树的高接换优。高接换优就是在低产劣质的核桃树上嫁接优质丰产品种。砧木年龄应在 20 年以下，树势旺盛，主干高度 2 米以下。高接部位因树制宜，可在主干上单头高接，也可在主、侧枝上多头高接。并根据接口直径大小插入 1～3 个接穗。嫁接最适宜的时间是春季萌芽后新梢长到 2～3 厘米时，黄河流域为 3 月下旬至 5 月上旬。为防止伤流影响成活率，嫁接前在主干或主枝基部 20 厘米以上螺旋形斜锯 2～3 个锯口，深度为枝干直径的 1/5～1/4，锯口上下错开。一般采用插皮舌接法嫁接，嫁接后随即用两层废报纸卷成筒状，套扎在接口以上，并在外面绑几根支柱，支柱下端固定在砧木上，在纸筒中填充湿土，湿土要将接穗全部埋没，最后纸筒外再套上塑料袋，塑料袋上部距土面 3～5 厘米，将下口扎紧。另外也可以采用蜡封接穗对接口进行保湿。

嫁接 20 天以后，接穗开始萌发，当新梢长出后，在塑料袋顶部撕一小口（直径 1 厘米左右），随着新梢生长，逐渐将口撕大放梢。当新梢长到 30～40 厘米时及时松绑，同时设立支柱，以防风折和下垂。需要注意，改接优良品种必须有较好的土肥水管理条件，否则会造成树体早衰或死亡。立地条件好、集约管理时可选早实品种，干旱丘陵区、管理粗放时宜选用晚实品种。

（2）疏雄疏雌。核桃雄花相对过多，特别是老弱树上，有大量的雄花枝。疏除雄花芽可减少水分和营养消耗，从而有显著的增产作用。疏除时间以早为宜，从上年能辨别雄花芽起到第二年春季雄花芽开始膨大时均可进行。疏除量为总量的 70%～90%，用手或工具抹掉雄花芽，或结合修剪，疏除部分雄花枝。

早实丰产品种坐果率过高时，果实变小，还会引起树体早衰，所以要进行疏雌工作。疏雌即疏幼果，时间在生理落花后，大体在雌花受精后 20～30 天，相当于子房发育到 1.0～1.5 厘米时。疏雌数量应根据栽培条件和树势状况而定，每平方米树冠投影面积保留 60～100 个果实。疏雌时主要是疏去细弱枝条和一个花序上 2 个以上的果实，保留的果实要在树体各个部位分布均匀。

7. 主要病虫害防治技术

（1）核桃黑斑病。核桃黑斑病又称黑腐病，广泛分布于南北各省。主要危害果实，其次是叶片和嫩梢。病果外表呈漆黑色，坚果表面发黑，核仁不饱满，大树、弱树受害严重。防治措施如下：

①以防为主，注意树体通风透光，保持树体生长健壮。

②药剂防治可在展叶期、落花后及幼果期，各喷下列药剂之一：1∶2∶200 倍式波尔多液、72％农用链霉素可湿粉 4 000 倍液、40 万单位青霉素钾盐兑水稀释成 5 000 倍液。

（2）核桃枝枯病。主要分布于北方地区，危害枝干，病枝率可达 20％～30％，可造成大量枝条枯死，对树体生长及产量均有很大影响。防治方法如下：

①主要是加强土肥水管理，增强树势，并注意防寒防虫，以免伤口感染。

②发病时及时剪除病枝并烧毁，主干和大枝及时刮除病斑并用 1％硫酸铜或 70％代森锰锌可湿性粉剂 50 倍液消毒，再涂凡士林保护。

（3）核桃举肢蛾。核桃举肢蛾又名核桃黑，分布广泛。以幼虫危害果实，严重时病果率达 90％以上。防治方法如下：

①秋季落叶后深翻树盘，既有利于树木生长，又可以消灭虫茧；或整修树盘、去除杂物后，在树下喷 50％辛硫磷乳剂 1 000 倍液。

②在成虫羽化盛期 6 月中旬至 7 月下旬根据预报喷洒 2.5％的溴氰菊酯乳油 5 000 倍液，或 5％氯氟氰菊酯乳油 5 000 倍液等。

③发现虫果及时摘拣深埋或烧掉。

（4）木橑尺蠖。木橑尺蠖是一种暴食性和杂食性昆虫，危害嫩枝叶，常在几天内将叶片咬食一光。防治方法如下：

①在成虫羽化盛期的 7 月份夜间堆火或黑光灯诱杀。

②在幼虫三龄前的 8 月份喷洒 90％敌百虫可湿性粉剂 800～1 000 倍液。

③入冬前和解冻后人工挖蛹。

8. 果实采收与商品化处理

（1）采收时期与方法。核桃果实成熟期因品种和地区而不同，成熟的标志是青皮变黄，开始裂口，个别坚果脱落。此时是采收适宜期，提前采收会极大地降低产量和果实品质。采收方法一般采用打落法，但注意勿伤枝叶和芽体。

（2）脱青皮。采收的果实堆放在阴凉处，堆高约 30～50 厘米，以杂草或蒲包等覆盖，待大部分果实离皮后用木板拍打脱去青皮，如堆放前用 3 000～5 000 毫克/千克的乙烯利水溶液浸蘸 30 秒，效果更好。

（3）及时漂白。作为商品时，脱去青皮的核桃应立即漂白：将 1 千克的漂白粉用 7 千克左右的温水化开，用纱布或箩滤掉渣子，再用 70 千克左右的水稀释，然后将用清水洗净的核桃倒入其中，倒入量以药液浸没为度，搅拌 10 分钟后捞出，在清水中洗净，摊在阳光下晒干。所配制的漂白液，一般可连续使用七八次，漂白 80 千克核桃。漂白所用容器最好为瓷制品，禁用铁木制品。

三、仁用杏丰产技术

（一）经济价值

仁用杏是指以生产杏仁为主要目的而栽培的杏树。我国仁用杏产区主要集中在沿长城一线和内蒙古南线，甜杏仁生产主要集中在河北张家口、承德，北京密云、怀柔等地，近年来山西、陕西北部及内蒙古南部、辽宁西部发展面积较大。

　　仁用杏果肉薄而核仁大，因果实多呈扁圆形，故又称扁杏。杏仁是高级营养滋补品，含有脂肪、蛋白质、糖类、磷、钙、铁，杏仁中有丰富的维生素，尤其是维生素 E 含量最多。杏仁有甜仁和苦仁两种，甜杏仁个大、味甜而清香，是一种高级食品和食品原料，其营养价值和商品价值都很高；苦杏仁味苦个小，具有药用价值，有预防癌患的作用。杏仁可以加工成高级点心、杏仁露、杏仁乳、杏仁酪、杏仁茶、杏仁罐头、五香杏仁等；杏仁油不仅是高级食用油，也是制作高级润滑油、油漆、香皂、涂料和高级化妆品的原料，还可提取香精和维生素。

　　仁用杏栽培管理容易，抗旱、耐寒，抗逆性和适应性都强，非常适合于在东北、华北和西北广大高寒山区、干旱丘陵、河滩堤坝、庭园街道发展，既是我国的重要经济林树种和防护林树种，又是园林绿化及荒山造林的良好树种。

（二）优良品种及生长发育特性

1. 优良品种

　　（1）龙王帽。龙王帽又名大扁。主产河北涿鹿、怀来、涞水及北京怀柔、延庆、房山等县区，山西广灵、岚县和辽宁也有栽培。果实长椭圆形，两侧扁平，梗洼有 3～4 条沟纹，果面黄色，离核，果肉较薄，味酸软，粗纤维多，汁少，不可生食。平均单果重 20～25 克，出仁率 27％～30％。仁大饱满，头大，尾部扁平，似龙王帽子，仁皮黄色，仁乳白色，味香而脆，略有余苦，品质上乘。树势健壮，丰产性强，抗旱、抗寒、耐瘠薄，果实 7 月中下旬成熟，适合于年均温 8℃以上地区发展。

　　（2）一窝蜂。一窝蜂又名次扁、小龙王帽，产于河北涿鹿、涞水一带。平均单果重 10～15 克，出仁率 30％～35％，品质好，果实密集着生在短果枝和花束状结果枝上，似一窝蜂状，故名一窝蜂。成花容易，坐果率极高，极丰产，7 月下旬成熟，抗旱、耐寒、耐瘠薄，适应性强，树体较矮小，适宜密植。

　　（3）白玉扁。白玉扁又名大白扁、柏峪扁，原产于北京门头沟区柏峪村，河北涿鹿、怀来及辽宁朝阳栽培较多。果实扁圆形，果面黄绿色，7 月下旬成熟时自然裂开，果核脱出。仁扁圆形，仁皮乳白色，有浅黄色条纹，出仁率 30%，平均单果重 18.4 克，香甜可口品质佳。耐旱、耐瘠薄，适应性强，对土壤要求不严，早果、丰产，坐果率高，但易受杏仁蜂危害，引起早期落果。花粉量大，适宜作为授粉树。

（4）北山大扁。北山大扁又名荷包扁、大黄扁，主产于北京密云、怀柔及河北赤城、隆化、滦平等地。果实扁圆形，果面橙黄，阳面红晕并有紫色斑点，果肉橙黄色，肉质较细，汁液少，味酸甜、有微香，可晒干也可生食，离核，平均单果重 17.5～21.4 克，7 月中旬成熟。仁大而薄，呈心脏形，皮浅褐黄色，质纹发深，味香甜，无苦味，品质好，出仁率 27%～30%，耐旱性强，适宜在土层深厚的山坡地、梯田或沟谷中栽植，花期和初果期较抗寒，丰产性强，但进入结果期较晚。

（5）超仁。近年来辽宁果树所从龙王帽中选出的新品种，仁大、丰产性极强，综合性状优于龙王帽。

（6）丰仁。辽宁果树所从一窝蜂中选出的新品种，仁大、极丰产。

其他仁用杏品种，还有辽宁果树所的油仁、国仁，山西的临县大扁杏，陕西华县的克拉拉与迟梆子，河北与北京一带的串铃扁，河北张家口地区农科所的优一，黑龙江宝清县 597 农场的龙垦一号、龙垦二号等。

2. 生长发育特性

（1）根系。仁用杏根系强大，分布深而广。实生树的主根能穿透半风化岩石或经石缝伸入土层深处，垂直根可达 7 米以上，水平根所达面积超过树冠 1 倍多，根系集中分布在 20～60 厘米土层中。移栽苗垂直根不发达，因此在干旱瘠薄山地栽植仁用杏时，宜在实生坐地苗上嫁接栽培品种，抗旱、耐瘠薄力强。

（2）枝芽。仁用杏呈单芽或二三芽并生，叶芽具有早熟性可萌发二次枝和三次枝；花芽为侧生纯花芽，每芽仅 1 朵花，为两性花，有雌花发育不完全现象，花芽在枝条上的排列有单花芽和复花芽之分。

杏树新梢有自枯现象，无真顶芽，一年有 2~3 次生长高峰。萌芽率高，成枝力、顶端优势和干性均弱。枝条分为营养枝和结果枝两类，长果枝长度 30 厘米以上，中果枝 15~30 厘米，短果枝 5~15 厘米，花束状果枝 5 厘米以下，以短果枝和花束状果枝结果为主。

（3）果实发育。杏果缓慢生长期为杏仁迅速发育期。在河北涿鹿，仁用杏的花芽分化始期是采果后的 7 月中下旬。

（三）丰产栽培技术

1. 仁用杏丰产栽培对环境条件的要求

（1）光照。仁用杏是喜光树种，适合在夏季阳光充足的山地生长，年日照时数 3 000 小时以上品质好。

（2）温度。仁用杏抗寒能力较强，可在 −40℃ 低温条件下安全越冬，但春季开花较早易受晚霜危害，花期遇到 −2~−3℃ 的低温易冻花；在海拔 1 000 米的高山和 43.9℃ 的高温下能正常生长结果。

（3）水分与土壤。仁用杏根系强大，抗旱、抗瘠薄，对土壤、地势、水分要求不严，在年降水量 300~600 毫米地区即使不灌水也能正常生长结实，但抗涝性差，适宜种植在土壤干燥、排水良好的阳坡或半阳坡，若种植在土壤肥沃、排水良好、pH6.5~8.0 的沙壤土上产量更高。最适宜于中性或微碱性土壤生长，地下水位高的地块不宜栽培。

2. 育苗技术

（1）实生苗培育。

①砧木选择。普通杏原产华北和西北地区，广泛分布我国南北各地，树势强健，耐旱、抗寒，适应性强，为栽培种，其野生类型的种核除供仁用外，也广泛被用作杏的砧木。辽杏分布在我

国东北，河北、山西北部有零星分布，抗寒性强，大果类型有栽培种，小果类型主要供仁用和作为砧木。西伯利亚杏是我国苦杏仁生产的主要资源，分布在东北、河北、山西的西部、内蒙古、新疆等地，极抗旱、极耐寒，耐瘠薄，但不耐涝，可作为北方地区的杏砧木。此外，桃、李、梅、藏杏等也可作为杏的砧木。

②种子处理。常用层积沙藏法，经 40～60 天种核开裂、土壤解冻后播种；来不及层积处理的种核可在播前 20 天左右用开水烫种、温水浸种、冷水浸种、破核催芽等方法处理，然后播种。

③播种育苗。苗圃每 667 米^2 播种量 20～30 千克，幼苗出土后留 6 000～8 000 株，苗高 25～30 厘米时摘心，抹去地面 10 厘米以下嫩梢。

（2）嫁接苗培育。通常先培育实生砧木苗，然后嫁接栽培品种，用嫁接苗建园；也有先在园地按照设计的定植点直接播种培育坐地苗，形成发达的垂直根系，数年后在坐地苗上嫁接优良品种。

①嫁接时期与方法。4 月上旬至 8 月上旬带木质芽接或 T 形芽接，未成活者翌春萌芽前用劈接、切接、腹接、皮下接等枝接法补接。直播建园的种子宜秋播，不需沙藏处理，每穴可播 3～4 粒，深度 5～7 厘米，播后踏实，上撒一层辛硫磷毒土，防止老鼠刨吃种子，苗高 10～15 厘米时选一壮苗留下，其余拔除，2～3 年后嫁接。

②断根处理。嫁接苗高 30 厘米左右时结合施肥灌水在土深 20 厘米处断根，促进侧根发育。

3. 园地规划与建设

（1）园地选择与整地。山地仁用杏园应选择低山丘陵地，海拔高度 200～500 米，坡度为 5°～20°，土层较厚背风向阳的南坡，最好有水源条件。注意避开春天容易聚集冷空气的风口和山坡中部的低凹地和槽地，同时要选抗冻而开花晚的品种，以免花期遭受冻害。还要避免最近栽过核果类果树的地方，防止发生重茬病。坡地应整修梯田、挖鱼鳞坑或等高撩壕栽植；平地要选光照充足、排水良好的地块建园。

（2）栽植密度。株距 2～3 米，行距 3～5 米，也可进行宽窄行带状栽植或计划性密植。

（3）授粉树配置。仁用杏多数品种自交结实率很低，建园时要注意配置授粉树。

（4）定植与管理。一般春季土壤解冻后定植，定植穴深、宽应在 80 厘米以上，穴施有机肥 50 千克，栽后浇水并覆盖地膜，风大干旱地区要在树干基部培土护苗。旱地园留 65～80 厘米定干，水浇地留 80～100 厘米定干，然后套一纸袋或塑料袋，防金龟子为害嫩芽，待萌芽展叶后摘袋。

4. 土肥水管理技术

（1）土壤管理。仁用杏多栽于山区丘陵，必须搞好土壤改良和水土保持工作。每年春秋或雨季刨树盘，松土保墒消灭杂草，提高土壤肥力；土壤封冻前或解冻后放树窝，也可结合秋施基肥深翻扩穴；土层过薄的园地要填入客土，逐年加厚土层，或炮震炸穴松土，将炸碎的石砾取出，穴内填入和有机肥料混合的熟土，及时浇水使土壤沉实。炸穴时间以采收后及早进行，伤根当年可得到一定程度的愈合，但操作时千万要注意安全。生长季结合除草深耕改土，将绿草翻入地下作为肥料；早春在树盘内覆草 10～15 厘米厚，有条件时覆盖地膜保墒，雨季来临之前在行间种绿肥。

（2）施肥管理。基肥宜在 7 月果实采收后或早秋施入，也可在早春进行。一般幼树每年株施基肥 50 千克，结果树株施 100 千克并混入 0.5～1.0 千克尿素。前期追肥从花芽萌动至果实硬核期进行，追施尿素和磷、钾肥，促进开花坐果；后期追肥主要在果实采收后进行，追施磷酸二铵，促进花芽分化。生长前期叶面喷施 3～4 次 0.3％尿素和 0.2％磷酸二氢钾。

（3）水分管理。萌芽前后、硬核期、采果后及土壤封冻前适时浇水。水源缺乏地区推广穴贮肥水法。雨季或园内积水后及时排涝。

5. 整形修剪技术

（1）丰产树形。仁用杏多采用自然圆头形，栽培条件好的地区可采用疏散分层形、自然开心形，还有的用延迟开心形、丛状形。

自然圆头形无明显的中心干，一般是在自然生长情况下加以整形调整而成，主干高 60～80 厘米，选留 5～6 个错落着生的主枝，主枝基角 50°～60°，每主枝留 2～3 个侧枝，树高 3.0～3.5 米，适宜于直立性较强的品种进行小冠密植栽培，但后期树冠易郁闭，结果部位外移。其他几种树形可参照本书相关内容。

（2）幼树整形。幼树冬剪时，对选定的中心干和主枝延长枝留 40～50 厘米短截，侧枝延长枝留 30～40 厘米短截，其他需要发枝的部位进行短截，辅养枝一般轻剪或甩放可形成串花枝；夏剪以开张角度或摘心为主，可利用二次枝整形。修剪杏树时注意：骨干枝剪口芽以上要留 1～3 厘米保护桩，以保证剪口芽正常生长；不宜采用夏剪促花措施，因为仁用杏成花容易，生长期造伤会影响树势。

（3）结果树修剪。初果期树继续短截骨干枝，培养主枝基部大中型结果枝组，夏季开张角度，控制辅养枝，疏除过密枝。盛果期树及时更新衰弱结果枝组，适当疏除部分过密的花束状果枝。

6. 主要病虫害防治技术

（1）杏褐腐病。杏褐腐病主要为害杏树的花、叶、新梢和果实，以果实症状最明显，当果实接近成熟时最为严重。病果起初产生褐色圆斑，果肉变褐、软腐，病斑上出现数圈白色和褐色茸毛霉层，很快扩展到全果，然后脱落或失水干缩成褐色僵果；花和嫩叶受害后变褐萎缩，新梢形成溃疡，严重时病斑以上枝条枯死。防治方法如下：

①消除病源。随时清理树上、树下的僵果、病果，结合冬剪剪除病枝，集中烧毁。

②化学防治。发芽前喷一次 3～5 波美度石硫合剂，消灭树上病菌；开花前和落花后各喷一次 70％甲基托布津可湿粉1 000倍液或 50％退菌特可湿粉 1 000 倍液，防治花腐和幼果感染。

（2）疮痂病。疮痂病主要为害果实，也为害枝叶。果实肩部初期病斑为暗绿色小点，以后扩大连成片，果实近成熟时病斑呈黑色或紫黑色，病果常开裂，形成疮痂；枝条受害后期病斑暗褐色隆起，常流胶、枯死；叶背有绿色病斑，后变为褐色或紫红色，最后穿孔或脱落。防治方法如下：

①剪除病枝，集中烧毁。

②药剂防治。落花后 2～4 周喷 0.3 波美度石硫合剂或 70％甲基托布津可湿性粉剂 1 000 倍液，或 65％代森锌可湿性粉剂 500 倍液。

（3）穿孔病。穿孔病主要为害叶片，引起叶片穿孔，也为害枝梢和果实。防治方法如下：

①加强土肥水管理，提高树体抗病能力。

②结合冬季修剪清除病枝、落叶和病果，消灭越冬病源。

③药剂防治。发芽前喷 4～5 波美度石硫合剂，5～6 月喷65％代森锌可湿性粉剂 500 倍液，或硫酸锌石灰液（硫酸锌 1份，石灰 4 份，水 240 份）。

（4）杏树根腐病。根部出现棕褐色圆形病斑，腐烂坏死，严重时地上部叶片焦边，枝条萎蔫。防治方法如下：

①不在重茬地上育苗或建园。

②病树灌根。常用药剂有 200 倍硫酸铜溶液、65％代森锌200 倍液，大树每株 15～20 千克，幼树 5～10 千克。

（5）杏仁蜂。以幼虫在被害果实核内越冬，春天化蛹，杏树谢花期开始羽化，当幼果长到豌豆大小时产卵于尚未硬化的杏核与杏仁之间，幼虫孵化后食用杏仁，使果实脱落。防治方法如下：

①彻底拣拾受害落果、虫核。摘除树上僵果集中烧毁或深翻树盘把虫果翻埋于土层 15 厘米以下，消灭越冬幼虫。

②药剂防治。成虫羽化期地面撒辛硫磷颗粒剂，每株 0.2～0.5 千克，或 25％辛硫磷胶囊 30～50 克，浅耙与土混合，毒杀羽化出土成虫。

（6）杏球坚介壳虫。杏球坚介壳虫又名朝鲜球蚧，在被害枝越冬，3 月中下旬越冬若虫从蜡质覆盖物下爬出，固着在枝条上吸食为害，并排出黏液。防治方法如下：

①杏芽膨大时喷 5 波美度石硫合剂，或含油量 5％的柴油乳剂，消灭越冬若虫。

②5 月上旬雌成虫产卵前人工刮除。

③6 月上旬初孵化若虫从母壳内爬出时喷 0.3 波美度石硫合剂。

④注意保护天敌黑缘红瓢虫。

7. 花果管理与果实采收

（1）花期防霜冻。仁用杏春季开花早，花期要注意防霜冻，措施有果园熏烟、地面灌水、树体喷水或喷盐水、枝条喷石灰乳、树干涂白等；在花芽膨大期喷 500～2 000 毫克/千克青鲜素可推迟花期 4～5 天，花前喷 200 倍高酯膜可推迟花期约 1 周，喷 100～200 毫克/千克乙烯利也可推迟花期。

（2）提高坐果率高。仁用杏坐果率低，因此要进行花期放蜂或人工授粉，也可树体喷 0.1％～0.2％硼砂或 0.3％尿素＋0.2％磷酸二氢钾，加强栽培管理和病虫害防治均可提高坐果率。在仁用杏树上用药时要慎用敌百虫、敌敌畏、波尔多液等，因为这些药剂极易对仁用杏产生药害，严重时发生落果甚至落叶。

（3）果实采收。仁用杏的采收期，以果实充分成熟、自然开裂时为宜；用于加工或取仁加工兼用的果实采收期，以果面由绿变黄、向阳面微红时最适宜，一般从 7 月中下旬开始。采收方法一般是在树下铺上苇席或苫布，摇动树枝使杏果振落，或用长杆轻轻敲落果实，然后收集起来。采后要立即捏出杏核晒干，防止杏仁发霉；破核取仁时要保证杏仁完整，以提高商品价值；最后分级包装进行销售。

四、榛子丰产技术

（一）经济价值

榛子是世界著名坚果，也是我国北方重要的干果及木本油料树种。榛子果仁含油量为 51.4%～77.0%，蛋白质 17.32%～25.90%，碳水化合物 4.9%～9.8%，另外，还含有丰富的维生素和多种矿物质。榛仁可生食、炒食或制成榛粉、糖果、糕点等食品。榛子在我国分布很广，人工栽培主要产地为辽宁、吉林、黑龙江和内蒙古，在河北、山西、山东、河南、云南、贵州、四川、陕西、甘肃等地也有少量分布。

（二）优良品种及生长发育特性

1. 优良品种（品系）

（1）欧榛。落叶大灌木或小乔木，高 3～8 米，花期 2～3 个月，果熟期 8 月下旬至 9 月下旬。原产于欧洲地中海沿岸及中亚地区，是榛属中分布最广、经济价值最高的栽培种，我国已引种栽培。欧榛对气候和土壤有较强的适应性，喜湿润的气候条件，但抗寒性差。在我国冬季低温－10℃以下易发生冻害。可在我国黄河、长江流域栽培。

①连丰（11-8）。选自意大利 1 号实生。树冠高大，树姿开张，树势强，雌花形成能力强，坐果率高，丰产。坚果长圆形，平均单果量 2.6～2.8 克；果壳红褐色，厚 1.1 毫米，出仁率 43.2%～46.9%。耐寒性强，在山东泰安可安全越冬。

②意丰（15-5）。树冠小，直立，生长势中庸。坚果长圆锥形，平均单果重 2.5 克；果壳具纵彩色条纹，金黄色，厚 1.3 毫

米，出仁率 45.3%。该品种穗状结实，丰产，适于密植。

③泰丰（8-2）。树冠高大，树势中庸。坚果椭圆形，平均单果重 2.6 克；壳厚 1.2 毫米，金黄色，出仁率 48%，坐果率高，每序结实 3～5 粒，产量高。

另外，还有大薄壳（间 2-2）、意连（20-3）、小薄壳（间 2-1）等品种。

（2）平榛。落叶灌木，丛生，树高 2～4 米，花期 3 月下旬至 4 月下旬，果熟期 8 月下旬至 9 月上旬。分布于黄河、秦岭以北，主产于东北、内蒙古，华北、西北、四川北部也有分布。抗寒，耐瘠薄，适应性强。

①永陵平榛（C-80-15）。树势中庸，树冠紧凑。雌花序多，丰产，坚果圆形、整齐，果实黄色，平均单果重 1.7 克，出仁率 38%。8 月下旬成熟，抗寒性强。

②旺兴平榛（G-80-0452）。树势强健，树姿开张。丰产，坚果中小型，单果重 1.6 克，圆形、黄色、整齐，出仁率 37%，抗寒。

③长果平榛（D-80-105）。树势强健，坚果较大，平均单果重 1.8 克，坚果长圆形、黄色，出仁率 35.4%。丰产，抗寒性强。

（3）平欧杂交种。

①平顶黄（80-43）。树冠开张，树势中庸。坚果扁圆形，平均单果重 2.4 克；果壳红褐色，出仁率 42%。丰产，适应性强。

②薄壳红（82-4）。树势强，树冠大，自然开张。坚果圆锥形，平均单果重 1.8 克，出仁率 45%。丰产性强，抗寒性强。

③达维（84-254）。树势强，树姿直立。坚果长圆形，平均单果重 2.0 克；果壳红褐色，壳薄，出仁率 45%。丰产，适应性强。

④金铃（84-263）。树势中庸，树姿较直立，树冠中大。坚

果圆形，平均单果重 2.2 克，果壳金黄色，出仁率 40%，丰产性较强、抗寒性强。

⑤玉坠（84‐310）。树势强壮，树姿直立，树冠大，坚果圆形、暗红色，平均单果重 2.0 克，出仁率 43%。丰产性强，适应性、抗寒性强。

⑥辽榛 1 号（84‐349）。树势强壮，树姿开张。坚果椭圆形，平均单果重 2.6 克；果壳灰褐色，出仁率 40%。丰产性强，越冬性强。

⑦辽榛 2 号（84‐524）。树势较弱，树姿开张，坚果矮圆形，平均单果重 2.6 克，果壳棕红色，出仁率 43%。早产、丰产性强、越冬性强。结实量大时有大小年现象，对土壤、肥水等管理要求较高。

⑧辽榛 3 号（84‐226）。树势强壮，树姿直立。坚果椭圆形，平均单果重 2.90 克，果壳棕红色，出仁率 47.6%。丰产性强、越冬性强。

⑨辽榛 4 号（85‐41）。树势强壮，树姿开张，树冠较大。坚果圆形，平均单果重 2.38 克，果壳金黄色，出仁率高达 50%。较丰产，越冬性强。

⑩平欧 21 号。树势强，树冠高大，树姿半开张。坚果长圆形，平均单果重 3 克，果壳红褐色，出仁率达 40%。丰产、抗寒性强。

另外，还有平欧 210 号、平欧 220 号（80‐15）、平欧 110 号（82‐11）等优良品种。国外引进的优良品种有埃内斯、都达‐罗曼那等。

2. 生长发育特性

（1）根系。平榛为浅根性树种，根系主要分布于 5～40 厘米的土层中。实生繁殖的植株有主根、侧根、须根、根状茎。萌生的榛丛无明显主根，根状茎极其发达，每年不断加粗，呈水平延伸，连续延伸的长度可达 7～8 米，其上着生侧根、须根。

（2）枝芽。榛丛无明显主干，发育枝由叶芽和植株茎部隐芽或不定芽抽生，健壮的发育枝可形成结果母枝；结果母枝上着生有雄花序与混合芽，是翌年形成结果枝的基础；混合芽萌发后，先从顶端的雌花序露出鲜红色柱头，以后出现带叶片的短枝，即结果枝。结果母枝下端所生成的新梢能形成混合芽，之后可形成新的结果母枝。

平榛的叶芽和花芽不易区分，芽萌发后形成营养枝或结果母枝。雄花芽为裸芽，即葇荑花序，着生于结果母枝的中上部。雌花芽为混合芽，着生于结果母枝的中部，位于雄花序下方的数节，第二年先开雄花，然后抽出结果新梢并结果。混合芽的分化是在新梢停止生长后进行的，一般在 6 月底至 7 月上旬开始分化。

榛子的萌蘖能力极强，每年从根状茎节部产生不定芽，向下产生须根，向上产生萌蘖条，形成榛丛。每个新产生的榛丛生长一段时间后因与原母榛丛相连的根状茎逐渐死亡而独立生长。

（3）开花结果。平榛为雌雄同株异花植物，先花后叶。雌雄花几乎同时开放，有时雄花早于雌花 1～3 天开放。雄花为葇荑花序，风媒传粉；雌花为头状花序，着生于结果枝顶端。果实外、中、内果皮合一形成坚硬的壳，果仁即种子，种子无胚乳，子叶肥大，从雌花受粉到幼果膨大需 35～50 天，从子房膨大到坚果成熟需 96～101 天。

野生平榛一年中有 3 次落花落果。第一次在 5 月上旬，主要表现为落花，多因授粉、受精不良引起；第二次在 6 月上中旬，主要是由于新梢旺盛生长与坚果迅速膨大营养竞争引起；第三次在 7 月下旬至 8 月上旬，主要原因是榛实象的危害，其次是果仁迅速发育营养不足而造成。

平榛的实生苗 3～4 年后进入结果期。萌生枝年生长量在 50 厘米以上，当年即可形成混合芽，次年开花结果。榛子结果 3～5 年后，生产能力逐渐减弱，10 年生以上结实很少，故需自基部平茬更新。

（三）丰产栽培技术

1. 榛子对环境条件的要求

（1）光照。榛子为喜光树种，野生种多见于阳光充足的林缘或灌丛中。阴坡萌蘖力弱，结实少。一般要求年日照时数在2100小时以上。

（2）温度。平榛耐寒力强，可耐−45℃的低温，在年均温−2～15℃范围内均能生长。欧榛耐寒力稍差，在我国冬季气温降到−10℃以下易发生冻害。平榛花期早，易遭受晚霜危害，花期遇到0℃以下的低温，雌花易受冻，花期遇高温大风影响授粉。

（3）水分。平榛属浅根性树种，不耐旱。要求土壤保持一定的含水量，但同时要求一定的通气条件，园地低洼易积水则生长不良。一般在年降水量600毫米以上，分布比较均匀，即可满足树体需要。欧榛对水分敏感，要求生长期内要有700～800毫米的降水量，特别是生长前期不能受旱，若降水量不足应满足灌溉条件。

（4）土壤。榛子对土壤要求不严，较耐瘠薄。平榛在中度黏土和沙砾质土、沙质土上均能生长，但以土层深厚肥沃、湿润、排水良好的中性或微酸性土上生长健壮，干旱而贫瘠的沙地上生长不良。

2. 育苗技术

（1）实生苗

①采种与沙藏处理。榛子育苗用的种子应选自丰产优质、无病虫害的盛果期植株。当总苞已成熟但尚未开裂时为采摘适期。采后置通风阴凉处阴干，脱苞。在播种前种子需进行沙藏处理，沙藏温度0～5℃，处理时间60～90天；或早春在流水中浸泡7～10天，再湿沙层积1个月即可播种。

②播种时期与方法。榛子播种在春、秋两季均可。东北地区一般在4月下旬至5月上旬进行。播种方法可采取大垄条播或苗

床畦播。覆土厚度 3～4 厘米，半个月后即可出苗。苗期管理与其他树种相同。

（2）嫁接苗。

①砧木与接穗选择。平榛的砧木一般选用本砧，欧榛可用本砧，也可用平榛的实生苗。砧木多选用 1～2 年生苗，粗 0.7～1.5 厘米。接穗要从优良品系的健壮母株上采取，秋季落叶后或早春树液流动前剪取均可。

②嫁接方法。露地嫁接可采用插皮接、劈接；室内嫁接可用舌接、劈接。露地嫁接一般在砧木萌芽后进行。

（3）分株。适用于平榛。即从母株上分取一部分既有根系又有分枝的新植株或挖取根蘖苗，这种方法有利于保持母株的优良性状，但对母株损伤大。

（4）压条。此法适用于欧榛，一般采用直立压条。

3. 园地规划与建设

（1）园地选择。榛树园地可选在林缘山坡或丘陵荒山的向阳坡的中下部，要求土壤湿润且排水良好，土层厚度在 60 厘米以上。

（2）栽植方式与密度。平榛山地栽植可采用沿等高线带状栽植，两行为一带，带间距 2.5～2.8 米，带内距 1.0～1.2 米，株距 0.8～1.0 米。平地或缓坡集约栽培榛子可采用长方形、正方形和三角形等栽培形式。平欧杂交种栽植株行距有 3 米×3 米、3 米×4 米、3 米×5 米、4 米×4 米，每公顷栽植株数分别为 1110 株、825 株、660 株、615 株。欧榛树冠大，栽植距离应稍大，可采用株行距 3 米×4 米、3 米×5 米、4 米×5 米、5 米×5 米，每公顷栽植株数分别为 825 株、660 株、495 株、390 株。

（3）品种搭配。主栽品种与授粉品种的比例为（5～6）：1，也可几个主栽品种等量配置，同一园内至少有 3 个以上品种。

4. 土肥水管理技术

（1）土壤管理。秋季采果前后结合秋施基肥进行深翻扩穴，深翻深度 20 厘米，每年或隔年进行一次。生长季进行几次中耕除草，山地榛园行间可保留草皮或地面覆盖以防水土流失。幼龄榛园也可进行间作。

（2）施肥管理。榛树施肥分为基肥和追肥两种。基肥在秋季采果前后施入为宜，以各种有机肥为主。追肥每年可进行 2 次，第一次在幼果膨大和新梢旺长期，以缓解新梢和幼果之间的养分竞争，时间约在 5 月下旬至 6 月上旬；第二次在 7 月上中旬，新梢停长后进行，此次追肥有助于果实的生长发育和枝梢的充实。施肥量应依据树龄、树势、土壤肥力状况及结实量而定。基肥 1～3 年生每株丛 7～10 千克，4～5 年生每株丛 30～40 千克。追肥量幼龄榛园每公顷需纯氮 60 千克、纯磷 120 千克、纯钾 120 千克，成龄园每公顷需纯氮 120 千克、纯磷 180 千克、纯钾 60 千克。

（3）水分管理。榛树根浅不耐旱，适时灌水有利于树体生长和结实。一年内需灌水 3～4 次，第一次在萌芽前灌一次透水，以满足开花、萌芽、抽枝展叶对水分的需求。第二次在 5 月下旬至 6 月上旬，即幼果膨大和新梢旺长期，这次灌水要适量，过多易引起新梢徒长，落花、落果严重。6 月下旬如遇天气干旱可再灌一次水，7 月份以后进入雨季要注意排水，以防榛园积水。落叶后到土壤封冻前，再灌一次透水，即封冻水。

5. 整形修剪技术

（1）丰产树形。榛树的树形有多干丛状形、少干丛状形和单干开心形等。从基部选留 10 个以上主枝的称多干丛状形，选留 10 个以下主枝的称少干丛状形。平榛大多采用多干丛状或少干丛状形。欧榛生长旺盛，可选用单干开心形，干高 40～70 厘米，在主干上均匀分布 3～4 个主枝，每主枝上选留 2～3 个侧枝，在主、侧枝上选留结果枝组。

（2）整形修剪。

①丛状形的整形。苗木定植后，实生苗留 15～20 厘米短截，

根蘖苗或分株苗仅留 10 厘米平茬，以促生大量基生枝，第二年再选主枝。主枝选留的时间在 5～6 月，2～3 年生时，萌生条增多，要选择健壮的萌生枝作为主枝，其余的萌生枝从基部疏除。新定植的榛园，随着树龄增加，分枝级次逐渐增加，选留灌丛的主枝数应逐年减少。经过一次平茬更新后，重新选留灌丛主枝。萌生后 1～3 年每丛留主枝 18～20 个，4～5 年后留 10～15 个，6～7 年后采用少干丛状形，留 8～10 个。

②更新方法。平榛的灌丛主枝，萌生枝龄 6～7 年以上时，生长势逐渐衰弱，结实率降低，这时应进行平茬更新。更新方法有两种：一是丛内更新法，每株丛从基部剪去 1/2 生长衰弱的主枝，同时选留相同数量的萌生枝培养成新的主枝，当新主枝开始结实后，再更新另一半主枝；二是分片轮流平茬法，即将全园划分 3～4 个区，轮流每 4～5 年平茬一次，待萌生枝抽出后再按上述方法选留新的灌丛主枝。平茬一般在休眠期进行，从距地面 3～5 厘米处剪断。

6. 野生榛林的改造

（1）清杂补植。野生榛林一般纯林少，多与其他非目的树种杂生。为了提高榛林的经济效益，应及时将榛丛中的杂树清除掉。同时对榛林密度小或零星分布不成片的地块进行补植。

（2）留优去劣合理疏伐。对生长过密的榛林进行合理疏伐，去除病株、弱株、老株，疏除过密株丛，保留植株年龄以 2～5 年生为主，密度控制在 7 500～12 000 株丛/公顷。

（3）带状整地。为了改善榛林内的通风条件，应对野生榛林进行带状整地，可达到疏伐的目的。方法是每隔 1.5～2.0 米的保留带，沿等高线方向挖宽 60～70 厘米的带，清除带内的杂草与根状茎。

（4）更新复壮。对结实量降低，地下茎较年轻的榛丛，可进行平茬更新复壮；对于萌蘖能力已减弱的榛丛，可先深翻松土，断根促萌后再平茬更新。平茬更新作业可分区轮流进行，每 4～

5 年平茬 1 次。

（5）综合管理。加强榛园的土肥水管理和病虫防治工作，以增强树势，提高产量。

7. 主要病虫害防治技术

（1）榛叶白粉病。榛叶白粉病主要危害叶片，也可危害枝梢、幼芽和果苞。防治方法如下：

①及时清除病枝和病叶，过密时适当疏伐，改善通风透光条件。

②药剂防治。5 月上旬至 6 月上旬，喷 50％多菌灵可湿性粉剂 600～1 000 倍液或 50％甲基托布津可湿性粉剂 800～1 000 倍液或 0.2～0.3 波美度石硫合剂。

（2）榛实象鼻虫。榛实象鼻虫以成虫取食嫩芽、嫩叶、嫩枝，影响新梢生长，成虫以细长头管刺入幼果蛀食，造成果实早落；幼虫蛀入果实为害。防治方法如下：

①药剂防治。成虫产卵前及产卵期，用 10％D－M 合剂 300 倍液毒杀成虫，每 15 天喷一次，共 2～3 次；或用 50％辛硫磷乳剂和 50％氯丹乳剂，以 1∶4 比例混合配成 400 倍液毒杀成虫。在幼果脱落前及虫果脱落期，地面撒 4％D－M 合剂毒杀脱落幼虫。

②人工防治。集中采收榛果时，集中消灭脱果幼虫。

8. 分期采收 坚果充分成熟的标志是坚果由白色变为黄褐色或红褐色，总苞基部变为黄褐色，此时用手触及坚果即可脱苞，为采摘适期。由于榛树同一株树果实成熟不一致，应分期采收。一般而言，榛子充分成熟的时期在 8 月中旬至 9 月。

第八章
水果类树种丰产技术

一、柿丰产技术

（一）经济价值

柿原产我国长江流域，在我国分布很广，以黄河流域的陕西、河北、河南、山东、山西5省栽培最多，占全国总产量的70%～80%；其次是安徽、浙江、福建、湖北等省。

柿果为常见大众化新鲜水果之一，又是重要的木本粮食树种，具有较高营养价值。柿果色泽艳丽，味甜多汁，除鲜食外，也可加工成柿饼、柿晶、柿汁、柿酒、柿醋等许多产品。柿果提取的柿漆又是良好的防腐剂，柿花是良好的蜜源；柿叶中含有多种维生素，所以可加工柿叶茶。柿树高大，叶片肥厚，可作为园林绿化及庭院经济栽培树种，夏季遮阳纳凉、秋季果实具较高观赏价值、晚秋红叶可与枫叶比美，具有多种经济价值。

（二）优良品种及生长发育特性

1. 涩柿类优良品种

（1）磨盘柿。磨盘柿又称盖柿、盒柿、腰带柿等。主产河北太行山北段及燕山南部，为华北主要品种，湖南、湖北、浙江、陕西、山东也有分布。果实极大，平均单果重250克，最大500克以上；果形扁圆，中部缢痕深而明显，将果实分为上下两部分，形若磨盘状；橙黄色，果肉松，软后水质，汁特多，味甜无核，品质中上，生食尤佳，在山东、陕西等地10月中下旬成熟。宜脱涩鲜食，也可制饼。适应性强，较抗旱、耐寒，喜肥沃土壤，单性结实力强，生理落果少，产量中等，鲜柿较耐贮运。

（2）博爱八月黄。主产于河南省博爱县附近，果实中等大小，平均单果重 140 克，近扁方圆形，常有纵沟 2 条，果皮橘红色，果粉较多，萼片向上反卷。果肉橙黄色，肉质细密，汁液中少，脆甜无核，品质上等，10 月下旬成熟。柿果鲜食加工均可，最宜制柿饼，出饼率高，霜白霜多，味甘甜，品质佳。高产、稳产，适应性强。

（3）镜面柿。又称二糙，产于山东菏泽市，果实扁圆形，果个中大，平均单果重 120～150 克，果皮橙红色，肉质松脆，汁多味甜，无核，9 月中旬至 10 月中旬成熟。以制柿饼为主，也可鲜食。加工制成的柿饼称"曹州耿饼"，质细透明，味甜霜厚，品质极上，驰名中外。抗旱、耐涝，不耐寒，喜肥沃土壤，丰产、稳产。

（4）火晶柿。主产于陕西临潼、吴中一带。果实扁圆形，平均单果重 70 克，横断面略方，橙红色，软后朱红色，皮薄而韧，肉质细密，纤维少，汁中多，味浓甜，无核，含糖量 19%～21%，品质上等。10 月上旬即可成熟，较耐贮藏，最宜用软柿供应市场。

（5）橘蜜柿。又称旱柿、八月红，主产于山西省运城市和陕西省关中东部。果实较小，平均单果重 70 克，扁圆形，果皮橘红色，形如橘，甜如蜜，故名橘蜜柿，果肩有断续缢痕，呈花瓣状，果肉橙红色，常有黑色粒状，肉质松脆，味甜爽口，无核，品质上等，10 月上旬成熟，鲜食制饼均可。抗旱、抗寒、适应性强，坐果率较高，丰产、稳产。

（6）绵瓢柿。主产于河北省邢台市。果实短圆锥形，果顶略平，近蒂处缢痕深，赘肉呈肉座状，平均单果重 135 克，肉质绵，纤维少，汁液少，味甜，无核或偶尔有核，10 月中下旬成熟，宜制饼或冻食。抗寒抗旱，果实耐贮运。

（7）大红柿。主产于广东省花县、东莞一带。果实椭圆形，中腰略细,平均单果重 127 克,橙红色,软化后大红色,肉质细,汁多味甜,无核或少核,品质上。8 月下旬至 10 月均可采收,宜软食,为广东大宗出口名牌果品之一。树姿开张,耐湿热,不抗旱,不抗寒,早春遇严寒时花果易脱落。

(8) 文山火柿。主产于云南省文山州,果实蘑菇形,平均单果重 104 克,软后红色,肉质细纤维少,汁液多,味浓甜,有种子。9 月下旬至 12 月下旬可陆续采收,宜软食,也可制饼,丰产。

(9) 安溪油柿。主产福建省安溪县。果实极大,平均单果重 280 克,呈稍高的扁圆形,橙红色,柿蒂方形、微凸起,肉质柔软细腻,纤维少,汁多味甜,品质上等,10 月中旬成熟。最宜制饼,也可鲜食,柿饼红亮油光,品质佳,很受东南亚华侨欢迎。

我国生产上现有的地方品种还有甘肃陇东南的馍馍柿,陕西富平的尖柿、三原的鸡心黄,河南荥阳的水柿、灰柿、新安牛心柿,山西永济的青柿,山东的青州大萼子、益都的小萼子,河北的火柿子,山西左权、山东麻城、河北涉县、陕西临潼等地的黑柿,黄河流域 5 省零星分布的火罐柿,陕西、甘肃、湖北的干帽盔,浙江永康的铜盆柿,广东潮阳的元宵柿,广西的恭城水柿,浙江、江西、江苏的高脚方柿等品种。

2. 甜柿类优良品种

(1) 罗田甜柿。原产我国,分布于湖北罗田、麻城,河南商城、安徽金寨等县交界的大别山区,以罗田、麻城最多。果个中等,平均单果重 100 克,果形扁圆,果顶广平微凹,无纵沟,无缢痕,果皮粗糙、橙红色,肉质细密,初无核斑,熟后果顶有紫红色小点,味甜,核较多,着色后不需脱涩即可食用,品质中上,10 月中旬成熟,也可制饼。耐湿热、耐干旱,较稳产、高产,寿命长,但在北方自然脱涩不完全,不宜盲目推广。

(2) 富有。原产日本的晚熟完全甜柿品种,1920 年引入我国，现在大连、青岛、杭州、北京、河北、陕西、福建、湖北、湖南、四川、云南等地有少量栽培。果实扁圆形，果面具有 4 个不明显的棱条，偶有缢痕，浅而窄位于蒂下，赘肉呈花瓣状。果个大，单果重 100～250 克，最大 350 克，橙红色，果粉厚，肉质致密，有紫红色小点，味甜多汁，有极少核，品质优，在陕西省眉县 10 月中下旬成熟。结果早，丰产性好，因其单性结实力弱，需配置授粉树，否则应进行人工授粉。与君迁子砧木不太亲和，宜用禅寺丸、野柿等实生苗作为砧木。

（3）次郎。与富有一起从日本引入我国的完全甜柿，在湖北罗田、麻城两县栽培最多，浙江杭州、黄岩一带及福建等地有少量栽培。果实扁圆形，果面有 8 条纵向的凹线，其中 4 条略突出（从果顶到萼部），成熟后为橙红色，果个大，单果重 100～250 克，最大 270 克，肉质松脆，略有紫红色斑点，味甜多汁，少核，品质上等，在陕西眉县 10 月下旬成熟。在年均气温 12.5℃以上地区栽培能树上脱涩。有一定单性结实能力，丰产性强，稳产性好，需要混栽授粉树，或者进行人工授粉。可在黄河下游及以南地区栽培，与君迁子嫁接亲和力强，为我国推广发展的优良品种之一。

（4）伊豆。1982 年从日本引进我国的完全甜柿品种。陕西、河北、山东、浙江、湖南有零星栽植。果实扁圆形、橙红色，平均单果重 180 克，最大 250 克，肉质细腻，无褐斑，汁多味甜，品质上等，在陕西眉县 9 月下旬至 10 月上旬成熟，树上能完全脱涩。该品种成熟较早，成熟时果实容易在树上软化，因此应在完全成熟之前采收。可在黄河中下游及以南地区试栽，需配置授粉树。

（5）阴阳甜柿。湖北省林业科学研究院选育的甜柿品种，2001 年通过鉴定。果个大、扁圆形，平均单果重 180 克，最大单果重 200 克，肉质细嫩，品质上，9 月底至 10 月初成熟，丰产性好。

（6）宝盖甜柿。湖北省林业科学研究院选育的甜柿品种，2001 年通过鉴定。靠近果实上端有一道圆圈，像盖子一样盖在上面，因而得名宝盖甜柿。一般重 130 克，最大果重 160 克，汁多味甜，果实黄绿色时就可食用。

（7）禅寺丸。日本不完全甜柿品种，果实圆筒形、橙红色，平均单果重 142 克，肉质脆甜，汁多，种子较多，在陕西 10 月下旬成熟，需要人工脱涩处理才可鲜食，品质中等。因雄花很多且花期长，常作其他甜柿品种的授粉树。

（8）兴津 20 号。1997 年从日本引入我国。果实为方心形，横断面方圆形，中等大小，果顶平，平均单果重 140 克，最大单果重 170 克，大小整齐。果面橙黄色，软化后为橙红色，果皮细腻，果粉中等偏多，无网状纹，果面无裂纹，果肉橙黄色，10 月上中旬成熟。树姿开张，枝条萌芽率高，树冠呈自然圆头形，适应性强。

（9）新次郎。该品种为日本品种，山东省 1994 年从美国引进。果实为扁方形，果顶略凹陷，果面光洁、橙红色，外观美丽。果肉淡黄色，肉质脆硬，甘甜爽口，品质上等，属完全甜柿。平均单果重 175 克，最大果重 260 克，在 9 月中下旬成熟。树势强健，分枝角度小，适应性强。

（10）宝华。湖北省罗田县地方品种。果实扁方圆形，单果重 180～250 克。果皮橙红色，果面光洁、细腻，果粉极多，具细龟甲纹理，有 4 条纵沟，果顶广平微凹，外观极美。果肉橙红色，肉质致密、松脆，纤维极少，汁液中多，味浓甜，品质极上。9 月下旬成熟，耐贮运。早果，丰产，抗角斑病、圆斑病及炭疽病。生长势强旺，适宜树形可用自然开心形或变则主干形。

（11）阳丰。日本农林水产省果树试验场安艺津支场选育而成，完全甜柿。果实扁圆形，单果重 180～220 克。果皮橙红色，具明亮的蜡质光泽，果面平滑洁净，覆果粉，无浅沟，外观美。果肉橙黄色，肉质致密、脆，味浓甜，品质上。成熟期 10 月中下旬，极耐贮运。早果、丰产、稳产，须配置授粉树，适宜授粉品种为禅寺丸和西村早生。

（12）秋红玉。湖北省农业科学研究院选育而成。果实圆形，平均单果重151克，果面橙红色，果皮细腻，具细龟甲纹理，无裂纹，果实软后果皮易剥。果面无纵沟、无锈斑、无缢痕。果顶广平微凹，十字沟极浅。果肉橙红色，质脆，较致密，几乎无褐斑，汁液中多，味极甜，品质上，果实成熟期10月上中旬，极耐贮，可鲜食、制柿饼、晒柿片等。极丰产，无大小年现象，无采前落果，抗病力强，无角斑病及圆斑病，亦较抗虫，仅少许柿蒂虫，与君迁子砧亲和力强。

（13）西村早生。日本品种，不完全甜柿。果实扁圆形，单果重200克。果皮浅橙黄色，着色好，细腻而有光泽，外观美丽。果肉淡橙黄色，肉质稍紧、脆，果汁较少，味甜，品质优，果肉褐斑较多。成熟期9月中下旬，较耐贮运。可作为授粉树。早果、稳产，适宜树形为自然开心形。

（14）川甜柿2号。从日本引进，前川次郎优选单株培育出的早熟大果型甜柿优良品种。平均单果质量227克，均匀整齐。果扁圆形，较高桩，果顶广平，裂果少，蒂部皱纹少，果蒂贴果面，果皮光滑、果粉多、光洁度好、色泽鲜艳、着色均匀，果面橙红色。果肉黄红色，褐斑细小而少或无，肉质甜脆、爽口，软化后肉质略带粉质、柔软多汁、风味更浓。果实9月下旬成熟，在树上完全自然脱涩。保脆期长，较耐贮运。树体生长旺盛，早果、丰产，适应性广，抗病虫能力较强，较耐瘠薄及粗放管理，适合山地和丘陵地区种植。

（15）黄金方柿。完全甜柿新品种。果实高脚四方形，平均单果重260克，最大果重480克。果面红色，果皮薄，果面有较明显的4条对称纵沟。果肉金黄色或橙红色，品质上等。早果、丰产，无明显的大小年结果，9月下旬至10月初果实成熟。成年植株长势中庸，萌芽率高，成枝力弱。植株具有矮化特征，适宜密植。

3. 生长发育特性

(1) 根系生长。柿树根系大部分分布于 60 厘米以上土层中，垂直分布可达 3～5 米，水平分布多为树冠的 3～5 倍，由于分布深广而均匀，所以适应性很强。嫁接的柿树根系深浅因砧木而异。君迁子砧的根系分布浅，分生力强，虽主根不发达，但侧根和细根多，根毛长，吸收肥水能力强，抗旱耐瘠薄，耐寒性强，在北方广泛采用；柿树本砧的根系分布较深，侧根和细根较少，耐寒抗旱性差，但抗涝性强，宜于多雨的南方采用。

春季柿树根系开始生长比地上部晚，一般在新梢停长后根系才开始生长，一年有 2～3 次生长高峰。在山东泰安，5 月上旬新梢停长后至开花前出现第一次生长高峰；花后至果实快速生长前的 5 月下旬至 6 月下旬出现第二次高峰，这是根系全年生长量最大的时期；7 月中旬至 8 月上旬出现第三次高峰，9 月下旬以后逐渐停长。

(2) 枝条生长。发育枝可制造营养，扩大树冠，条件好时可形成花芽转化为结果母枝；徒长枝的节间长不充实，一般疏去，有时也可利用；结果母枝长 10～30 厘米，其上部着生 1 至数个混合花芽，可以抽生结果枝开花结果；结果枝由结果母枝上的混合花芽抽生而成，结果枝的中部数节着生花蕾，只开花，不能形成腋芽，结果后成为盲节，所以造成光秃现象，盲节以上的一段称果前梢或尾枝，营养好时可形成混合花芽，变为新结果母枝。

柿树枝条生长量较小，成年树一般只抽生春梢，生长期 1 个月左右，仅有 1 次生长高峰；幼树和旺树才抽生夏梢，有 2 次生长高峰。柿幼树生长旺盛，层次明显，分枝角度小，多直立生长；进入结果期后，生长势逐渐减弱，大枝逐渐开张，随树龄增长先端逐渐弯曲下垂，后部背上极易发生更新枝，形成圆头形或自然半圆形树冠。

(3) 芽的特性。叶芽瘦小，萌发后抽生发育枝；花芽为混合芽，外形肥大饱满，着生在结果母枝顶端，萌发后抽生结果枝；潜伏芽小如米粒，位于枝条基部，寿命很长，可达 10 年以上，有利于更新复壮；副芽位于枝条基部两侧，上有鳞片覆盖，呈潜伏状态，对树冠和枝组更新有重要作用。柿树新梢生长后期顶端幼尖自枯脱落而形成伪顶芽，故柿树枝条没有真正的顶芽。

（4）开花结果习性。我国栽培的柿树品种绝大多数仅有雌花，雄花仅在黑心柿等个别品种的弱枝上或结果枝的下部着生，两性花仅在野生柿上着生。柿子雌花单生，雄蕊退化，着生在健壮新梢中部的叶腋间，不经授粉受精可单性结实发育成果实，亦不产生种子。

一般萌芽抽梢后 35 天左右开花，多数品种花期 6 天。果枝上叶腋间的花蕾，在开花前随着新梢的迅速生长即不断脱落，花后 2～4 周落果较重，以后落果显著减少。前期落果柿萼脱落，后期落果柿萼残留枝上。柿果生长发育 150 天左右，有两个生长高峰，第一次在坐果后到 7 月中下旬，为细胞分裂阶段；第二次在成熟前 1 个月左右，为细胞膨大营养转化阶段。

（5）花芽分化。柿子花芽分化因地区和品种不同而异。一般从 6 月中旬开始出现花原基，7 月中旬进入萼片分化期，直至次年 3～4 月完成花器分化。

（三）丰产栽培技术

1. 柿对环境条件的要求

（1）光照。柿树喜光，在光照良好的地方，生长发育较好，果实品质优良。光照充足时，枝条粗壮，花芽多、质量好，坐果率高，果实着色好，含糖量高。北方柿产区由于光照充足降水量较少，柿果产量和品质都优于南方产区。甜柿要求 4～10 月日照时数 1400 小时以上。

（2）温度。柿树喜温暖，也有一定耐寒力，在年均温 10～22℃的地区都能生长，但以 13～19℃的地区最为适宜；冬季可耐短时−20℃的低温，−25℃时发生冻害。北方柿产区年均温度在 12℃以上，绝对最低温度 −20℃以上的地区均可栽培柿树。南方年均温 19.0～21.5℃的地方，果实品质不佳，易发生日灼。

甜柿比涩柿更喜温暖，抗寒力不及涩柿，在北京、山东泰安及陕西眉县仍能生长，并能缓慢脱涩。甜柿经济栽培要求年平均温度 13℃以上，大于 10℃的有效年积温 5 000℃以上；生长期内（4～11 月）平均温度 17℃以上，其中 9 月 21～23℃，10 月 16～18℃。如果 9～10 月温度过低，果实不能自然脱涩，温度过高则果实着色不良、肉质变粗；冬季温度低于 −15℃易发生冻害。

（3）水分。柿树喜欢湿润，抗旱能力也很强，在年降水量 400～1 500 毫米的地区都可栽培，以年降水量 500～700 毫米时生长最好。甜柿年降水量以 700～1 200 毫米比较适宜。柿树在年降水量 450 毫米以上地区一般不需灌溉，生长结果良好。北方春旱严重，适时灌水能显著增加产量。

（4）土壤。柿树适应性强，对土壤、地势和酸碱度要求不严，能在多种土壤生长。尤以土层厚度 1 米以上、地下水位 1 米以下、保水保肥力强的壤土和黏壤土最为适宜。在土壤 pH5～8 范围内都能栽培，以 pH6～7 最适宜。

（5）地形地势。柿树怕风，不宜栽植于山顶和风口处，一般甜柿园的海拔高度不宜超过 300 米，坡度不宜大于 30°。

2. 苗木繁育

（1）砧木选择。柿树主要砧木有君迁子、油柿、野柿和实生柿。

①君迁子。君迁子又称黑枣、软枣，原产我国黄河流域。君迁子根系发达，细根多，耐寒、耐旱、耐瘠薄，嫁接亲和力强，成活率高，是我国北方的优良砧木。君迁子种子多，易采种，发芽率高，出苗整齐，生长快，播种后当年便可嫁接。每千克种子有 6 500～8 000 粒。

②油柿。油柿又称油绿柿、漆柿，原产我国中部和西南部。在江苏洞庭西山和杭州古荡地区多用作砧木。

③野柿。野柿又称山柿，是我国南方柿的主要砧木。主根粗壮，须根少，耐湿、抗旱、耐瘠薄，抗炭疽病，嫁接亲和力强，适宜温暖多雨地区作为砧木。种子中等大，广西当地称"中籽"，腹薄背厚，每千克种子约 3 000 粒，10～11 月成熟。

④实生柿。果实小、品质差，但种子多，主根发达。播种后出苗率低，生长缓慢，耐湿，也耐旱，适宜南方温湿多雨地区作为砧木，也适宜作为甜柿砧木。

（2）培育砧木苗。

①种子处理。秋季采集充分成熟的砧木果实，堆积软化后撮去果肉，取出种子用水洗净。君迁子或柿的种子无需层积处理，可立即播种。如果计划春季播种，可将种子放在干燥通风处干藏，播前用 30～40℃温水浸种 24 小时，然后进行短期沙藏或置于 15～20℃条件下催芽，待种尖露白时即可播种。

②播种方法。播前应深翻施肥，整地做畦，灌透水；取种子按 30～50 厘米行距条播，覆土厚度 2～3 厘米，上盖一层地膜保墒增温，可提前出苗。当幼苗有 2～3 片真叶时间苗或移苗补缺，株距约 10 厘米，以后及时中耕除草、追肥灌水，苗高 35～40 厘米时摘心或扭梢，促进增粗，秋季即可芽接，也可翌春枝接。

（3）嫁接方法。

①枝接。应在春季砧木树液流动期而接穗尚未萌动时进行，北方多在清明前后，即 3 月下旬至 4 月上旬，常用的方法有劈接、皮下接、切接、腹接等。

②芽接。芽接时期一是在开花前后，用去年生枝基部未萌发的潜伏芽作为接芽，成活后立即剪砧；二是夏秋季节，用当年生枝上充实的腋芽作为接芽，来年春季剪砧。芽接的方法有方块芽接、工字形芽接、T 形芽接、套芽接等，也可以在春季采用带木质芽接法 。

3. 园地规划与建设

（1）园址选择。柿子园的建立，要根据适地适树的原则，首先选择温度能满足柿树生长发育要求的地区，其次要选择光照良好、降水量适宜、土层深厚、土壤肥力较好的地块，以便进行合理规划设计。园址最好选择背风、向阳、土壤肥沃、排水良好、交通方便的地方。山地宜选阳坡，平原不宜选洼地。

（2）园区规划。生产小区、道路、排灌系统、防护林的规划设计要合理。

①小区划分。生产小区是柿园管理的基本作业单位，小区大小和形状要因地制宜，山区的小区宜小，小区长边应与等高线平行，以利防止水土流失；平地柿园的小区可大，小区长边应与当地主要害风方向相垂直，以利防风。

②防护林设计。防护林带是风多地和谷口地柿园的保护林带，主林带应与主风向垂直，注意乔灌木结合，提高防护效果。

③道路设计。柿园的道路设计应以经济、方便为原则，主路贯穿全园，支路与小区通盘考虑，便于操作。

④排灌设施的设计。北方丘陵山区普遍缺水，有条件的地方应设计渗灌或微量滴灌，为柿树高产优质创造条件。山地要搞好水土保持工程，根据地形修梯田、等高撩壕或挖鱼鳞坑，建蓄水池或排水沟。

（3）品种选择。靠近城郊及工矿区的地方，有着较大的消费市场，可适当选择发展色泽艳丽、脱涩容易、风味鲜美的鲜食品种或鲜食加工兼用品种；远离城郊的丘陵山区，交通不便，应选择发展适宜加工制饼的加工品种或鲜食加工兼用品种，适当搭配鲜食品种。

我国中南部甜柿适栽区域可以甜柿为主；北方栽培甜柿一定要慎重，当地温度应满足其要求，否则无太大经济意义。栽植甜柿品种如富有、次郎等，因单性结实力弱，应配置授粉树，甜柿的授粉品种通常为禅寺丸、正月、赤柿等，所占比例为 10%左右。

（4）栽培密度。山地或土壤瘠薄地块的柿园，株行距可采用

（3～4）米×（5～6）米；平地或肥沃土壤的柿园，株行距可采用（4～5）米×（6～8）米。丘陵山地的窄面梯田，可沿梯田等高栽植；宽面梯田可在梯田外沿栽植，实行柿粮间作。平地柿粮间作可按株距5～6米，行距20～50米栽植。

柿树可实行计划性密植，初期密植的株行距2.5米×3.5米或3米×4米，树冠交接前进行株间或行间间移，直到株行距5米×7米或6米×8米为止。甜柿密植园最初株距2～3米，行距3～4米，间伐后最终密度为株行距4米×5米，在等高栽植的情况下，只考虑株距。

（5）栽植时期。在冬季不太严寒的黄河中下游地区及江南，以秋季落叶前后栽植效果好，也可以春栽。北方干旱、寒冷地区以春季栽植为好。华北有些地方先在园地直接播种君迁子，2～3年后利用君迁子坐地苗高接，效果良好。栽树之前要整地施有机肥，改良土壤，提高保水保肥能力。

4. 土肥水管理技术

（1）合理间作。幼龄柿树行间可以合理种植豆类、薯类、花生、芝麻、草莓等低秆作物，也可以种植板蓝根、柴胡等中药材及绿肥作物，以增加柿园收入。为了不影响柿树生长，不宜种高秆作物，并且要在树行内留足1～2米宽的营养带，间作物距树干至少应保留80厘米。

（2）地面覆盖。山地柿园要修筑梯田、整修树盘、挖鱼鳞坑，做好水土保持工作，对根系裸露的树先进行培土，再修树盘。树盘内或树行间覆盖地膜保墒，还可以就地取材覆盖从山上割下的杂野草、粉碎的农作物秸秆等有机物，既保墒又能增加土壤有机质含量，坚持数年对促进根系生长、壮树增产有显著作用。

（3）深翻扩穴。定植于鱼鳞坑的幼树，从第二年冬季开始，要逐年深翻土壤扩大树盘，由定植穴向外深翻，逐渐加深，扩大活土层，将来过渡成里低外高的反坡梯田，并在梯田里沿修蓄水坑和排水沟，做到保墒防涝。平原柿树要深翻扩穴，改良土壤，比如穴状深翻、条状深翻、隔行深翻等。深翻时期在落叶后至萌芽前，深度应在 40 厘米以上。海涂柿园较浅，一般 20～40 厘米，通过深翻可改善土壤通透性，加速土壤有机质的分解，促进根系生长。

（4）增施基肥。为了改变我国当前柿树生产管理粗放、肥料严重缺乏的局面，必须大力推广普及柿树施肥技术，从根本上提高产量和质量。柿幼树的施肥以基肥为主，常用的基肥有禽畜粪、堆肥、厩肥、绿肥、河塘泥及多元复合肥，并适当加些速效化肥。基肥的施用量一般占全年施肥量的 60%～80%，南方在 2 月下旬至 3 月上旬，北方在 3 月中下旬，也可以在秋后结合深翻施用。3～5 年生柿树每株施有机肥 50～100 千克，同时加 0.2 千克尿素。

结果大树的基肥主要是秋季采果后至落叶休眠前结合秋耕施入，每株施有机肥 100～200 千克，约占全年总施肥量的 1/2。基肥中氮的施用量占全年的 60%～70%，磷为 100%，钾占 50%。如株产 50 千克以上的成年树，可施厩肥 100 千克、饼肥 3～5 千克、草木灰 10～15 千克、人粪尿 50 千克。基肥的施用方法主要有条状沟施、放射状沟施、环状沟施以及全园撒施，施肥沟深度为 30 厘米左右，最好与深翻改土结合进行。

（5）适时追肥。柿幼树应偏重氮肥，以促进生长、提早结果；幼树通常每年萌芽期追肥 1 次，有条件可从 3 月下旬至 9 月下旬，每月浇施一次稀薄人粪尿。成年结果树每年追肥 2～3 次，但应避开萌芽期，以免新梢旺长导致严重落蕾。

成年树应氮、磷、钾适当配合，以促进结果，尤其是钾肥可防止落花落果并提高抗寒力。成年树第一次追肥在新梢停长后至开花前，即花前肥，以氮肥为主，一般株施尿素 1 千克或人粪尿 50 千克，占全年施氮量的 15%；第二次追肥在生理落果后果实迅速生长期，以氮肥和钾肥为主，株施尿素 1.0 千克、钾肥 0.5

千克，施氮量占全年 15％，施钾量占全年 30％，同时叶面喷施一些微量元素；第三次在采收前 45 天左右追肥，以钾肥和氮肥为主，株施尿素 0.5 千克，钾肥 0.3～0.5 千克，钾肥施用量占全年 20％，氮肥施用量占全年 10％，以提高产量和品质。此外在果实生长期最好多次进行叶面追肥，每隔半月喷一次 0.5％尿素加 0.2％磷酸二氢钾。弱树应在萌芽前追施氮肥，以恢复树势。

（6）水分管理。北方幼树在干旱季节必须灌水，每株浇灌 100～200 千克，使土壤湿润深度在 40～50 厘米为宜，即浸透根系集中分布层；成年结果树应在萌芽期、开花期、果实膨大期灌水，并结合施肥灌水，以浸湿土层 100 厘米左右，山地浸湿土层 80～100 厘米为宜。

灌水方法有穴灌、环状沟灌，以及喷灌、滴灌等现代灌溉技术。山地可集中穴灌，即在树冠内外地面上挖数个深 20 厘米、长宽各 40 厘米的穴，将水灌入穴中，待水渗完后覆土封严。每次施肥结合灌水或结合降水施肥，每次降水或灌水后要松土保墒，冬季可结合间作物冬灌并积雪保墒。不能灌水的山区，应采取节水保水措施，做好水土保持工程，推广地面覆草或地膜覆盖穴贮肥水的先进技术。

南方柿园在梅雨季节或台风暴雨季节应加强排水，北方的平地或地下水位高的柿园应注意雨季排水，以免根系受涝缺氧而霉烂死亡。

5. 整形修剪技术

（1）丰产树形。柿树丰产树形主要有主干疏层形、自然圆头形、多主枝自然开心形、自然开心形、变则主干形等几种。

①主干疏层形。有明显的中心干，其上着生 5～7 个主枝，分 3～4 层排列，第一层 3～4 个、第二层 2～3 个、第三层 1 个、第四层 1 个，层间距 60～100 厘米，层内距 40～50 厘米，每个主枝上有 2～3 个侧枝，主干高 100 厘米左右，树高 6～7 米，在

各级骨干枝上分布结果枝组。适合于干性强的品种。

②自然圆头形。无中心干，主干上着生 4～6 个大主枝呈 40°角斜向上生长，各主枝上着生 2～3 个侧枝，各侧枝上向外着生背斜侧枝以利用空间，主侧枝上分布结果枝组，主干高 100～150 厘米，树高 3～4 米。适合于干性较弱的品种，放任生长的柿树多为此形。

③自然开心形。无中心干，一般 3 个主枝，错落着生在主干上，相邻主枝间隔 30 厘米左右，主枝开张角度 50°～60°，每主枝着生 2 个侧枝，主干高 40～100 厘米。适合于干性弱的品种及南方高温多雨、通风透光条件差的地区。

④变则主干形。有中心干，主枝 4～5 个，相邻主枝间隔 30 厘米左右，无明显的层次，第一主枝 50°、第二主枝 45°、第三枝及以上主枝 40°，共留侧枝 6～8 个，主干高 50～100 厘米，树高 3.0～3.5 米，适合于干性较强的品种。开始整形时仍保留中心干，当所有主侧枝配齐以后，在最上一个主枝的上方落头，完成整形任务。

（2）树形选择。首先，考虑品种特性。凡干性强、分枝少、树姿直立的品种，宜整成主干疏层形或变则主干形，如磨盘柿、火晶柿、镜面柿、莲花柿、眉县牛心柿等品种；凡干性弱、分枝多、树姿较开张的品种，宜整成自然圆头形或自然开心形，如小面糊柿、博爱八月黄、小萼子、铜盆柿、恭城水柿等品种；而富有、次郎等甜柿品种适宜整成变则主干形、自然开心形。

其次，要考虑栽培方式。采用大冠稀植栽培、四旁零星栽培，宜选用主干疏层形或自然圆头形；进行矮化密植栽培、计划密植栽培，宜选用自然圆头形、自然开心形或变则主干形。

（3）幼树整形修剪。其主要任务是搭好骨架，整好树形，注意冬剪夏剪相结合。

①定干。一般栽后就应定干，若苗木高度不够，可生长一年以后定干。立地条件好的地方栽培、柿粮间作或孤立树，定干应

高，层间距要大，骨干枝数量多，分枝级次也多；反之，干旱山地、瘠薄地栽培、现代化集约密植栽培及纯柿园的树，定干应矮，层间距要小，骨干枝数量少，分枝级次也少。

②骨干枝培养。按树形结构选好主枝，调整好开张角度，冬季短截主枝留 60 厘米长，剪口留壮芽、外芽；中心干剪留长度应略高于撑拉开角后的主枝高度，侧枝剪留长度短于主枝，做到主次分明。

③辅养枝处理。要少疏多留，增加枝量，中庸枝和弱枝短截，促发壮枝结果；直立旺枝拉平缓放，后部形成结果母枝后回缩，也可先截后放下年去直留斜培养枝组；过密、过弱的枝条或位置不当的枝条，应疏除一部分，防止其粗于骨干枝。

④夏季修剪。疏除过密的新梢和锯口附近的萌芽。对旺树骨干枝的延长枝适时摘心，可增加分枝加快成形。夏季辅养枝的旺长新梢 20～30 厘米时若未"枯顶"应及时摘心，促发分枝分化花芽，培养结果母枝。

开花期对幼旺树的大辅养枝进行环剥，可促进花芽分化，提高早期产量。密植柿园的树冠快交接时，也可于花期对主枝或主干环剥，以便尽快进入盛果期。环剥宽度一般为 0.2～0.5 厘米，环剥部位在大枝基部或主干中下部。

（4）盛果期修剪技术。盛果期修剪主要任务是改善通风透光条件，更新复壮内膛结果枝组，防止结果部位外移，减少生理落果，提高果实品质，稳定产量，维持健壮树势，延长盛果期年限。

①大枝处理。冬剪时应调整骨干枝的角度，均衡内外生长势力。对过多的大枝应分年疏除，改善内膛光照条件；对下垂的主枝原头要逐年回缩，改用后部更新枝代替原头，抬高主枝角度，恢复生长势；对结果部位外移的大枝或过高过长的老枝要及时回缩，促使后部发新枝培养结果枝组。

②发育枝的修剪。大枝处理以后，再疏除过密的外围枝、枯

死枝、病虫枝、重叠枝、无用的细弱枝、位置不当的徒长枝等。对 20～30 厘米长的中庸枝缓放，易转化成结果母枝；粗壮的发育枝留 20～30 厘米短截或夏季摘心，培养枝组。位置合适的徒长枝可加以利用，长度超过 60 厘米的先截后放，冬季剪留 50 厘米左右，夏季再行摘心培养枝组；长度为 40 厘米以上的留 20 厘米左右短截，30 厘米左右的缓放。

③结果母枝的修剪。采用疏缩结合的方法，去弱留壮，去远留近，及时更新复壮。一般生长健壮的结果母枝不动；强壮的结果母枝，侧生花芽较多，为降低结果部位应进行短截；过多的结果母枝，也可留基部 2～3 芽短截，作为预备枝促使其分化花芽、下年结果。通常要对全树 1/3 的结果母枝加以短截，作为预备枝下年结果，以克服大小年。对结过果的枝条在结果部位以下短截，或者留基部潜伏芽短截，或者在下部分枝处缩剪，以形成新的结果母枝。

④结果枝组的修剪。对密挤交叉的结果枝组，去弱留壮，使同侧枝组间隔 30 厘米以上，同一枝组上的结果母枝间隔 10 厘米以上。对过高过长且先端抽枝细弱的结果枝组，要及时回缩到后部壮枝、壮芽处，或者留橛回缩。

⑤花期环剥。盛果期柿树花期进行环状剥皮，可减轻生理落果，提高坐果率和产量，若与肥水结合效果更好。大年树花量多，还应在花期疏花蕾，生理落果前疏果。

（5）放任树的修剪。一是疏除部分有害大枝，调整树体结构，改善光照；二是对留下的部分枝条进行回缩复壮，充实内腔，增加结果部位；三是充分利用徒长枝，培养新的骨干枝和结果枝组。大枝过多的应分年疏除，树体过高的分期落头，大枝先端下垂的在弯曲部位回缩，小枝去弱留壮。

6. 主要病虫害防治技术

（1）柿角斑病与圆斑病。两种病都为害柿树叶片和柿蒂，造成早期落叶和采前落果。受角斑病为害的叶片形成多角形病斑，柿蒂四角形成病斑，果实脱落，病蒂残留树上；圆斑病为害的叶片和柿蒂都形成圆形病斑，使叶片变红，柿果变红、变软而脱落。防治方法如下：

①冬季清扫落叶，清除树上残留的柿蒂，集中烧毁或深埋，消灭越冬病原菌。

②加强栽培管理，增施有机肥，改良土壤，增强树势，提高抗病能力。

③6月上中旬喷一次硫酸铜∶石灰∶水为1∶（2～5）∶600的波尔多液，保护叶片和柿蒂，预防病菌侵染和蔓延；圆斑病半月后再喷一次，角斑病1个月后再喷一次。

④若喷施65％代森锌可湿性粉剂500～800倍液，每隔5～7天一次，连喷2～3次，亦可达到防治效果。

（2）柿炭疽病。主要为害果实和枝条，在果实近蒂处发病，初期在果面出现针头大小深褐或黑色斑点，逐渐扩大呈圆形或椭圆形病斑。新梢出现黑色小点后扩大成椭圆形或梭形，叶柄叶脉也有。防治方法如下：

①剪除病枝、病果，集中烧毁或深埋，清除菌源。

②严格选择接穗和苗木，用20％石灰乳剂浸苗10分钟消毒。

③6月上旬喷1∶（2～5）∶600的波尔多液，或65％代森锰锌500～600倍液，7～8月再酌情喷1～2次。

（3）柿白粉病。主要为害叶片，引起早期落叶，偶尔也为害新梢和果实。初期叶面出现小黑点，秋季老叶背面出现白粉斑。防治方法如下：

①冬季及时清扫落叶，集中烧毁，或结合果园冬季深翻埋入土中清除菌源。

②春季发芽前后喷0.2～0.3波美度石硫合剂，可杀死发芽孢子；6～7月叶背喷1∶5∶400式波尔多液，抑制菌丝蔓延。

（4）柿蒂虫。柿蒂虫又称柿食心虫、柿烘虫。幼虫钻食柿果，被害果早期变黄、变软、脱落。防治方法如下：

①冬季清园，刮除枝干上的翘皮、老粗皮，摘掉树上遗留的柿蒂，集中烧毁。

②进行树干涂白，翻松树盘表土，消灭越冬幼虫。

③从 6～7 月开始，在幼虫为害期及时摘除虫果，消灭果内幼虫。

④束草诱杀，8 月中旬当幼虫脱果越冬前，在树干及主枝上绑草把诱集老熟越冬幼虫，冬季刮树皮时解下烧毁。

⑤5 月中旬及 7 月中旬两代成虫盛发期，喷 50％马拉硫磷 1 000 倍液，或菊酯类农药 3 000 倍液，每代喷 1～2 次，效果良好。

（5）柿绵蚧。柿绵蚧又称柿毛毡蚧、柿虱子。以若虫、成虫为害柿叶、嫩梢及果实，多聚集在果实和柿蒂贴合处。被害处初期呈黄绿色小点，或扩大成黑斑，使果实变软脱落。防治方法如下：

①结合冬季清园剪除受害严重的虫枝烧毁，然后进行树干涂白。

②保护天敌，在天敌发生期尽量少用或不用广谱性杀虫剂，保护黑缘红瓢虫、小黑瓢虫、红点唇瓢虫等天敌。

③柿树发芽前喷一次 5 波美度的石硫合剂或 5％柴油乳剂，防治越冬若虫。

④4 月上旬至 5 月初在若虫未形成蜡壳前的关键时期，喷 50％马拉硫磷 1 000 倍液，或 6 月上旬喷 0.3～0.5 波美度石硫合剂，可基本控制危害。

（6）龟蜡蚧。龟蜡蚧若虫和雌成虫群集树上吸食树汁液，使叶小、枝短、果变黑，叶片受害时易诱发煤烟病，造成树势衰弱，枝条枯死，严重降低产量，也为害其他果树及林木。防治方法如下：

①生物防治。龟蜡蚧的天敌种类有 20 多种，要保护利用，

在天敌活动期少喷农药。

②休眠期刮、刷树体上的越冬雌成虫。

③剪除不易刮刷或少量发生的虫枝烧毁。

④利用冬季雨雪天气，或寒冷天气往树上喷水，促使结冰后人工敲打枝条，使冰凌和虫体一起脱落。

⑤落叶后至发芽前喷 5%～10% 柴油乳剂。

⑥南方 5 月中下旬、北方 7 月份形成蜡壳以前喷 50% 敌敌畏乳油 1500 倍液，或 25% 亚胺硫磷乳油 400～500 倍液，或 50% 害扑威 800～1 000 倍液，或 30% 增效氰戊菊酯 5 000 倍液。

7. 果实采收

（1）采收时期。采收应选择晴天进行，避免阴雨天或雨后立即采收，以防贮藏运输中腐烂变质。

①涩柿品种。若作为硬柿鲜食（脆柿），应在果个大小已固定、果皮变黄而未转红、种子转褐色时陆续采收，需脱涩后上市。加工柿饼用的以果实黄色减退稍显红色采收最好，北方约为农历霜降前后。作为软柿鲜食（烘柿）的，应在果实充分成熟变红呈现本品种固有色泽时采收。

②甜柿品种。用于鲜食，一般在果实表现出该品种固有色泽时采收，直接上市；用于贮藏的甜柿果实应适当早采。

（2）采收方法。

①摘果法。用手摘或采果器采收，有利于果实贮藏保鲜，商品价值高，可保留粗壮结果枝顶部的花芽，但容易使结果部位外移。采果器是用 8～12 号铁丝弯成的圆圈，直径 20 厘米，圈的对口处捏一对小钩，铁圈下缝一布袋，缚在长杆顶端，采果时用圈套住果实一推一拉即使果落入袋内。

②折枝法。用竹制的夹杆或铁制的捞钩，将柿果连枝折下采收。折枝后能刺激枝条基部副芽萌发，下年产生粗壮结果母枝，有利后年增产，也能控制结果部位外移，起到粗放修剪作用，但也将结果枝顶端的花芽一起折下，影响下年产量。折枝时注意不

要折断 2～3 年生枝。

为了提高经济效益，对矮化树以及乔化大树中下部的果实，最好用摘果法采收，高大树的上部果实可以用折枝法采收。采收时也可用采果剪自果梗部剪下。因为柿的果柄和果蒂干后很硬，容易扎伤其他果实。故最好在采收时随时剪去果柄，分级时摘去翘起的萼片。

8. 果实脱涩 柿果实中含有大量可溶性鞣酸物质，食用时有强烈的涩味，因此普通柿子采收以后必须进行脱涩，将可溶性鞣酸变为不溶性鞣酸，方可鲜食。常用的脱涩方法有：

（1）温水浸泡法。把柿果倒入 40℃左右的温水中浸泡 10～24 小时，即可脱涩。

（2）石灰水脱涩法。把柿果浸入 3％～5％的石灰水中，经3～4 天即可脱涩。

也可用苹果、梨放入置柿果的密闭容器中，5～6 天后，苹果或梨呼吸放出的乙烯气体可使柿果脱涩。

二、石榴丰产技术

（一）经济价值

石榴果实外形美观，色泽艳丽，籽粒似玛瑙水晶，营养丰富，风味甜酸适口，汁液多、性清凉，是中秋节的佳品，还可加工果汁饮料。多年来其果实和果汁畅销国内和东南亚地区。石榴果皮、根皮可入药，可提炼鞣质，在医药、印染、制革工业中大有用途。石榴花红似火，夏季具有观赏价值，石榴叶片对二氧化硫及铅蒸汽吸附能力较强，可净化空气，有利人们身体健康。

石榴主要分布在温带及亚热带地区，我国长城以南地区多有栽培。著名产区有陕西临潼、新疆叶城、四川会理、云南蒙自、安徽怀远、山东峄城等地。石榴适应性很强，不择土壤，广植于山区地埂及干旱瘠薄阳坡地上；石榴栽培容易，结果早，耐贮运，用途广，因地制宜发展石榴生产，可成为农民脱贫致富的支柱产业。

（二）优良品种及生长发育特性

1. 优良品种

（1）泰山红。果实近圆球形，平均单果重 400 克，最大 750 克，果面光洁鲜红，籽粒大、鲜红，百粒重 54 克，汁多味甜，核软可食，品质优，耐贮藏，当地 9 月下旬至 10 月上旬成熟。采收期遇阴雨裂果轻。

（2）大红甜。大红甜又称大红袍，陕西临潼著名良种。果实圆球形，浓红色皮较厚，平均单果重 300 克，最大 750 克；籽粒鲜红色，百粒重 37 克，汁多味香甜，品质优，当地 9 月上中旬成熟。采收期遇连阴雨裂果较轻。

（3）新疆大籽。新疆叶城优良品种。果实圆球形，果面光洁鲜红色，平均单果重 450 克，最大 1 000 克，籽粒鲜红色，百粒重 52 克，汁多渣少味甜，品质优，在陕西临潼 9 月中下旬成熟。

（4）玉石籽石榴。安徽怀远优良品种。果实圆球形，有明显棱，平均单果重 250 克，最大 550 克，果面底色黄白，阳面粉红色，果皮薄，籽粒大、青白色，百粒重 60 克，核软可食，汁多味甜，当地 9 月上中旬成熟。易裂果，不耐贮藏。

（5）开封大红一号。河南开封优良品种。果实近圆形，单果重 500～800 克，最大果重 1 600 克。果实美观，成熟时果有纵棱，底色黄白，阳面彩色浓红、光洁艳丽。籽粒大、色浓红，风味浓甜而香，在开封地区 9 月中旬成熟。

（6）冠榴。山东枣庄优良品种．果实近圆球形，平均单果重 630 克，最大单果重 1 820 克，果面紫红色，有少量锈斑，籽粒红色或浅红色。室温下货架期 2 个月左右。在山东省枣庄 9 月中旬成熟。

（7）巨籽蜜。山东枣庄大籽型优良品种。果实近圆形，平均单果重 596.4 克，最大果重 738.6 克，果面光亮，底色黄绿，

80％果面鲜艳、红色。籽粒口感甜酸适口，浆汁浓郁。普通室温下采取塑料袋包装，贮藏至翌年 3 月份果皮、籽粒颜色仍新鲜如初，风味不减。该品种耐贫瘠、耐寒、抗裂果，早果丰产性强，是一个大籽型优良品种。

（8）江石榴。山西地方优良品种，果实近圆形、端正，果个较大，平均单果质量 550 克，最大 1 800 克，果皮厚、隔膜薄，籽粒晶莹红亮，味甜微酸，食之爽口。10 月上旬成熟，果实耐贮运，在普通室温下保鲜袋包装可贮藏 3 个月。抗病、耐干旱、耐瘠薄，对土壤要求不严，但以红垆土最好。适宜在阳坡及平川地栽植，近成熟期多雨易裂果。

（9）软籽石榴。果实圆球形，果皮底色黄绿，有水红条纹，萼筒基部细长，萼片 6 裂反卷，果基平，果肩齐而圆滑。一般单果重 151～250 克，大者 400 克，籽粒大而整齐，长形，青白色，放射线明显，排列紧密，种皮软，味甘甜，仁软可食，是种子退化变软的结果。软籽石榴为晚熟品种，由于籽粒大，核软，是石榴中的稀有品种，被人们称为珍品。

（10）陕西大籽石榴。陕西礼泉、乾县优良品种。果实扁球形，平均单果重 1 200 克，最大单果重 2 800 克，果皮粉红色，表面棱突明显，红玛瑙色，呈宝石状，汁液多，香味浓，风味酸甜，品质上等。抗裂果，10 月中下旬成熟，为鲜食和加工品种。

此外，还有四川会理红皮、云南会泽火袍、豫石榴 1 号、峄城软籽、青皮软籽、临选 1 号、峄红 1 号等优良品种。

2. 生长发育特性

（1）根系。石榴为浅根性树种，根系主要分布在 15～45 厘米深的土层中，水平分布为树冠直径的 1～2 倍，吸收根主要分布在树冠垂直投影边缘 30 厘米深的土壤中。在河南开封，石榴根系一年有 3 次生长高峰，第一次在 5 月 15 日前后，第二次在 6 月 25 日前后，第三次在 9 月 5 日前后。近地表的根易生根蘖，可分株繁殖。

（2）枝芽。

①长枝和徒长枝。石榴枝条生长初期呈四棱形，停长后呈近圆形。长枝和徒长枝先端多自枯或变为针刺，没有顶芽只有侧芽，中上部生长充实的侧芽当年又萌发出二次枝，二次枝生长量很小形成针刺，与一次枝几乎成直角且对生。长枝15厘米以上，多数为营养枝，是构成树体骨架和结果枝组的基础。徒长枝80～150厘米，但组织不充实。

②中枝和叶丛枝。中枝长度7～15厘米，当年易转化为结果母枝。叶丛枝长度小于2厘米，节间极短，无明显侧芽，先端有1个顶芽，如果当年营养充足顶芽可形成花芽，变为结果母枝，次年抽生结果枝。短枝长度为2～7厘米，多数为针刺枝，少部分当年可转化为结果母枝。

③结果母枝和结果枝。顶端着生花芽的枝条称结果母枝，次年抽生结果枝开花结果，通常结果母枝很短，多为春季生长的一次枝或初夏生长的二次枝。结果枝指着生果实的新梢或一年生枝。

④枝芽特性。石榴枝条极性明显，萌芽率高，成枝力强，一年多次分枝，具有韧性，但层性不明显，树冠易郁闭，造成结果部位外移。石榴花芽肥大，为混合芽，通常着生在枝条顶端，也有腋花芽；叶芽较小，着生在枝条的顶端或侧面；潜伏芽寿命长，有利更新复壮。

（3）开花结果。石榴花为两性花，常1～9朵着生在结果新梢顶端及顶端下面1～4节叶腋间。石榴花因雌蕊发育程度不同可分为两种：

①完全花。完全花又称筒状花，花冠大，萼筒壶肚状或上下等粗呈筒状，子房肥大，柱头高于或平于花药，受精后子房发育成多室多籽的浆果，食用部分为多汁的外种皮，内种皮角质较坚硬，有的退化变软为软仁石榴。

②退化花。退化花又称钟状花，花冠小，萼筒呈喇叭形或钟形，子房瘦小，柱头低于花药，畸形或萎缩，不能坐果。

石榴花量大，花期长，退化花多。完全花 5 月中旬开始落蕾，5 月下旬至 6 月上旬头茬花脱落，6 月下旬二茬花大量脱落，为全年落花落果高峰。完全花自花授粉坐果率仅 7.9%，异花授粉坐果率 21.2%，人工授粉坐果率高达 45.8%。石榴果实发育分幼果期、硬核期、采前果实膨大转色期。果实成熟依地区和品种而有差异，四川、云南 7 月中下旬成熟，陕西、河南、山东、安徽 9～10 月上旬成熟。

（4）花芽分化。石榴花芽分化开始于 6 月中旬，一直延续到 9 月中旬，正直开花坐果与果实生长期。全树分化期长达 8～10 个月。石榴花芽分化持续时间长，并且多次分化。

（三）丰产栽培技术

1. 石榴对环境条件的要求

（1）光照。石榴是喜光树种，在光照良好的地方，完全花比例高，果实色泽艳丽，籽粒含糖量高，丰产优质。否则退化花多，坐果率低，着色不良，品质差，产量低。一般阳坡石榴着色好于阴坡，树冠阳面好于阴面，树冠外围好于内膛。

（2）温度。石榴喜温暖怕严寒，要求年平均气温 12℃以上，≥10℃ 以上活动积温 4 000℃ 以上。生长期内有效积温应在 3 000℃ 以上，冬季－19℃ 以下低温就会使地上部冻死。

（3）水分。石榴耐干旱，但在生长季节需要充足水分，特别在幼树期应保证水分供应。石榴不耐涝、不耐阴湿，土壤长期处于水饱和状态，会严重影响其生长发育；花期连续阴雨，影响授粉、受精，导致枝叶徒长及花蕾脱落；成熟期雨水过多，引起落果，着色不良。我国石榴分布在年降水量 55～1 600 毫米地区。

（4）土壤。石榴耐瘠薄，对土壤要求不严，在多种土壤上均可健壮生长；对土壤酸碱度的适应范围大，pH4.5～8.2 的土壤均可栽培，但以沙壤土或壤土为宜。过于黏重的土壤墒情足树势旺，果皮厚着色不好，成熟前易裂果。山坡下部土层深厚处树势强健，生长旺盛，完全花比例大，果大、皮薄、着色好，高产、优质；山坡上部土壤瘠薄处反之。

2. 扦插育苗技术 石榴主要用扦插繁殖，也可以压条或嫁接繁殖。扦插分为硬枝扦插和绿枝扦插。

（1）硬枝扦插。春季萌芽前，从优良母株上剪取生长健壮的1～2年生枝，或结合冬季修剪选取的贮藏在湿沙中的插条，先剪去茎刺和失水干缩部分，再将其剪成12～15厘米长带有2～3节芽的插条，于芽眼上端0.5～1.0厘米处剪齐，在插条下端近节处剪成光滑斜面，立即将斜面浸入清水中泡12～24小时，使插条充分吸水，或浸入ABT 2号生根粉50毫克/千克溶液中2小时，然后按照12厘米×30厘米的株行距插入土中，上端芽眼高出地面1～2厘米，插完后顺行踏实、浇水、过7～10天后浇第二次水，等地皮稍干时松土保墒。也可浇透水后，覆盖地膜、碎草或麦糠保墒。

（2）绿枝扦插。在生长季节进行，利用木质化或半木质化绿枝进行扦插，插条长15～20厘米，保留上部一对绿叶，从上端芽1厘米处剪成平茬，下端剪成光滑斜面，在清水或生根粉溶液（同上）中浸泡1～2小时，用湿布包好，尽快插入有遮阳设备以河沙为基质的苗床中，每天早晚各洒水一次，待插条生根长出枝叶后逐步撤除荫棚。安徽多在6月梅雨期进行，四川、云南7～8月雨季进行，陕西多在8～9月进行。

3. 园地规划与建设

（1）园地选择。石榴建园地区冬季极端最低气温不能低于−17℃，地下水位在1米以下。园址宜选在坐北朝南、光照充足，排水良好、没有冻害的地方，以pH在6.5～7.5沙壤土最好。平原沙石滩地、沙荒地、海涂盐碱地、丘陵干旱地、北方海拔高度不超过800米、坡度不超过20°的山地，经土壤改良后都可栽培石榴。山地以5°～10°阳坡最适宜。

在石榴栽培的北缘地带，选择背风向阳山坡中上部的小气候山窝地建园较好，因为冷空气不易聚集，冻害较轻。平地、山谷下部和谷底，尤其是槽形谷地和盆地，容易聚集冷空气产生冻害，应避免建园。

（2）园地规划。石榴园的规划应注意，同一园中要选花期相同或相近的2～3个品种，以利于相互授粉提高坐果率。株行距以（2～3）米×（3～5）米为宜，也可以搞计划性密植。

（3）栽植技术。栽植坑长、宽、深各80厘米左右，施足底肥。山坡地可用爆破方法打坑整地，无灌溉条件的地方应提前一年爆破整地，经过雨季蓄水保墒，翌年春栽大苗，或雨季扦插绿枝（长80～100厘米）建园。有灌溉条件的地方也可以在春季直插硬枝（每穴3根插条），也可雨季直插绿枝建园。

南方地区可在9～10月落叶前带叶栽植，北方地区适宜春栽，黄淮地区多在3月上中旬至4月中旬进行。

石榴苗栽前用清水浸泡12～24小时，修平伤根，根系蘸泥浆，以保护细小须根，栽后灌水保墒，在距地面5～10厘米处截干平茬。秋栽灌水平茬后在根际封土堆保墒，萌芽前扒开，或者栽后灌水覆盖地膜及碎草，可提高成活率。山地等高栽植，扦插苗较小时也可采用2～3株丛植法，成活后用多主干整形法快速形成树冠，以提早进入丰产期。

4. 土肥水管理技术

（1）土壤管理。石榴土壤管理包括山地修筑梯田或鱼鳞坑，沙石滩地淘沙取石客土改良，种植绿肥，扩挖树穴，全园深翻，施农家肥，果园覆盖，树盘培土，化学除草，中耕保墒，行间合理间作等。盛果期以前宜间作草莓、花生、豆类、薯类及中药材，但不宜间作小麦。

（2）施肥。石榴萌芽至显蕾初期追施尿素（旺树不追或少追）适当配合磷肥；花期叶面喷施0.2%～0.3%硼砂，并喷施2～3次（间隔7～10天）0.3%～0.5%尿素；幼果膨大期（陕西6月下旬至7月上旬）追施氮、磷速效肥，适当配合钾肥；果实转色期（采收前1个月左右）追施磷、钾肥。果实膨大期与果实转色期多次喷施 0.2%～0.3%的磷酸二氢钾（间隔 15～20天）。采果后结合深翻改土施基肥，并及时叶面喷施 0.5%尿素加 0.3%磷酸藏钾，增加树体贮藏营养。

（3）水分管理。冬灌封冻水，春灌萌芽水，夏灌（6～7 月）膨果水。开花期避免人为不当灌水，防止花果脱落。无灌水条件的果园要加强保墒措施，推广地面覆盖技术，提高天然降水的利用率。雨季注意及时排水防涝。平地和盐碱地可根据地势在果园四周与园内开挖排水沟；在降水量大易积水的地方采用高畦法栽植，畦高于路，畦间开深沟，畦面中间高两边低，灌排兼用；山地园在梯田内侧或围山转内侧修排水沟迂回排水，减低流速以保持水土，雨季将多余的水引入蓄水池或水库内，以用于干旱季节灌溉。

5. 整形修剪技术

（1）丰产树形。石榴丰产树形主要有自然开心形、双主干 V 形、三主干开心形、多主干半圆形（即自然丛状半圆形）等。

自然开心形为单主干，全树 3 个主枝，3～6 个侧枝，20～30 个大中型结果枝组，干高 30～70 厘米，树高 2.0～2.5 米。双主干 V 形的两个主干顺行间相对着生，与地面夹角为 40°～50°，方位角 180°，每主干有 2～3 个主枝，第一主枝距地面 60～70 厘米，第二、三主枝相距 50～60 厘米，全树 15～20 个大中型结果枝组。三主干开心形与地面夹角为 40°～50°，方位角互为120°，共有 6～12 个主枝，45～60 个大中型结果枝组。

（2）修剪技术。石榴枝条柔软，大量结果后易弯曲下垂，幼树整形时只对骨干枝短截，主枝角度不宜过大。石榴修剪时期分冬剪和夏剪，北方为安全起见多于春季萌芽前进行冬剪。修剪时以疏剪为主，一般不宜短截，可以拉枝、甩放、回缩、环割、环剥、摘心、抹芽、除萌蘖、疏蕾、疏花、疏果、局部断根。

6. 主要病虫害防治技术

（1）石榴干腐病。主要为害果实，也侵染花器、果台、枝干和新梢。防治方法如下：

①秋末冬初或初春摘除树上干僵病果、剪除病枝、刮净病皮，烧毁或深埋。

②萌芽前喷 3～5 波美度石硫合剂。

③开花前后各喷一次 1：1.5：160 倍波尔多液，或 50％甲基托布津可湿性粉剂 800～1 000 倍液；坐果后果实套袋。

（2）石榴早期落叶病。石榴早期落叶病包括褐斑病、圆斑病和轮纹斑点病，为害叶片，造成早期落叶。防治方法如下：

①秋冬清除园内落叶，集中烧毁或深埋。

②加强综合管理，合理修剪，改善树冠内通风条件。

③从麦收前开始喷 2～3 次 1：2：200 倍量式波尔多液，或 50％甲基托布津可湿性粉剂 800 倍液，或 50％多菌灵 600～800 倍液。

（3）桃蛀螟。桃蛀螟是石榴的重要害虫，6 月上中旬，初孵化幼虫在萼筒内或果面啃食果皮，2 龄后蛀入果内食害幼嫩籽粒，蛀孔外堆积大量虫粪。防治方法如下：

①冬季刮净树干老翘皮，清除僵果销毁；随时摘除拣拾虫果集中处理。

②从 4 月下旬起挂黑光灯、糖醋液盆、性诱芯等诱杀成虫。

③花期喷 20％杀灭菊酯 2 000 倍液或 20％甲氰菊酯 2 500 倍液消灭越冬代成虫。

④从 6 月中旬起树干绑草把诱集幼虫和蛹，然后烧毁。

⑤从 6 月起果园放养鸡群，啄食幼虫。

⑥当果实如核桃大时，用药棉或药泥堵塞萼筒防虫蛀果，常用药剂有 90％敌百虫、50％辛硫磷 1 000 倍液浸棉球，50％辛硫磷 50 倍液制泥团，用药棉或药泥堵塞萼筒的同时，摘除覆盖果面的叶片，防成虫产卵，然后往树冠喷一遍杀虫剂，再进行果实套袋；8 月下旬至 9 月初果实着色期在阴天或傍晚除袋，以后再喷 1～2 次 50％敌敌畏 1 000 倍液保护。

（4）桃小食心虫。桃小食心虫又称桃蛀果蛾，简称桃小。幼虫多从果实胴部或低部蛀入果内，纵横穿食为害，虫道弯曲，充满红褐色虫粪形成"豆沙馅"。幼虫老熟后多从果实胴部脱果，脱果孔外常有新鲜虫粪。防治方法如下：

①结合深翻施基肥，将越冬幼虫较集中的树盘表土深埋，减少来年虫口密度。

②随时摘除拣拾树上地面虫果深埋处理。

③堆果场地面铺沙四周挖沟，沟内铺沙或灌水诱杀脱果幼虫。

④5月上旬树盘喷施5%高效氯氰菊酯1 500倍液，消灭越冬幼虫。

⑤结合防治桃蛀螟树上喷布2.5%氯氟氰菊酯乳油3 000～4 000倍液。

7. 花果管理与采收

（1）促花技术。石榴促花技术途径，一是加强土肥水管理，深翻施肥、覆盖保墒、根外追肥；二是合理修剪，拉枝开张角度，大枝环剥、环割、纵割、局部断根、喷生长抑制剂；三是保护叶片，防治病虫为害。

（2）保果技术。石榴保果技术途径，一是花期放蜂，人工授粉，喷硼喷尿素，花枝基部环剥，提高坐果率；二是疏蕾疏花疏果，叶面喷肥喷药喷生长素，增大果个，防病虫防裂果防大小年；三是摘叶套袋转果，地面铺设反光膜，提高果实品质。

（3）果实采收。石榴多在9月中下旬成熟，采收时期由品种特性、市场需要、各年的气候条件和贮藏销售情况而定。可以分批采收、适当提前采收或延期采收，以满足市场供应，提高经济效益。采收时，用采果剪紧贴果实剪下，果梗不能长留以免刺伤别的果实，防止碰掉萼片，以免影响果实商品价值。为了提高工作效率，采前要准备好采果篮、采果袋、采果凳、采果梯、装果箱等物品。采收后及时运往堆果场分级包装，防止暴晒或淋雨。

三、枣丰产技术

（一）经济价值

枣是我国重要的木本粮食树种。枣果营养丰富，分析表明，鲜枣含糖量为 25%～35%，干枣含糖量为 60%～75%，特别是维生素 C 的含量丰富，每 100 克鲜枣果肉维生素 C 含量达 400～800 毫克；同时含有大量的药物成分，如环磷酸腺苷、环磷酸鸟苷及黄酮类物质，具有很高的医疗保健价值。枣果既可鲜食，又可制干，还可作为工业原料加工成各种食品和饮料。

枣树在我国分布很广，东经 76°～124°、北纬 23°～42.5°的广大地区，无论平川还是山区均有栽培。枣可分为北方和南方两大栽培区系，北方区系指秦岭、淮河以北的地区，包括冀、鲁、豫、晋、陕五个枣产量最多的省份，枣果品质优良，是我国红枣的主要生产基地；南方区系多在丘陵地区零星栽培，由于降水量大、温差小，品质相对较差，多栽培鲜食和加工蜜枣的品种。

（二）优良品种及生长发育特性

1. 优良品种

（1）普通枣。按果实大小和形状分为长枣、圆枣、缢痕枣、小枣等类型，通常根据用途分为鲜食、制干、蜜枣、鲜干兼用等品种群，主要优良品种见表 8-1。

表 8-1　枣树的主要优良品种

品种	熟期	主要特征	备注
金丝小枣	9 月中下旬果实成熟	小果型，平均单果重 4～6 克，果实光亮，肉厚皮薄，质地致密，汁多味甜，品质极上，耐贮运，为驰名中外的鲜食制干兼用品种。树冠较小，树势较弱，耐盐碱，喜水肥。此品种中尚有人工选育的优良早实品系金丝 1 号、金丝 2 号、金丝 3 号、金丝 4 号等	主产于山东北部乐陵、无棣与河北南部沧州一带

（续）

品种	熟期	主要特征	备注
赞皇大枣	9月下旬成熟	果实较大，平均单果重约17克，肉质致密，汁少味浓，品质上等，适于制干。适应性一般。该品种自花授粉结实力低，需配置授粉树，为鲜食、制干兼用品种	产于河北赞皇等地
灵宝大枣（屯屯枣）	9月中下旬成熟	果实较大，平均重16～18克，果皮较厚，肉厚核小，质地粗硬，味甜酸，为优良制干品种，适应性较强，丰产	分布于山西平陆、芮城及河南灵宝等地
板枣	9月中下旬成熟	平均单果重8～10克，果皮中厚，核小肉厚，肉质致密而脆，味极甜，品质极上，鲜食制干兼用。树势较强，喜肥沃的沙壤土，较耐旱，抗涝，耐盐碱，丰产稳产，但抗枣疯病能力较差	主产于山西稷山县
相枣（贡枣）	10月上旬成熟	果实卵圆形，果形端正，个头特大，平均单果重25克，特大果重36克以上，果皮深红色，皮薄肉厚核小，鲜枣脆甜可口，品质特优。干枣含糖量高，具光泽、有弹性，用手拉开可拉出丝，耐贮运，压扁后能较快恢复原状，宜出口外销。树势中庸，树姿开张，早实、丰产、稳产。较耐旱，抗逆性中等，要求温暖的气候和比较肥沃透气良好的土壤，但不抗枣疯病，成熟期遇雨易裂果	主要分布于山西运城市的北相镇一带，曾为历代皇帝作过贡品，生食和制干兼用
骏枣	9月中下旬成熟	果实大，柱形或长倒卵形，单果平均重31.05克，最大果重62.9克。果肉厚，肉质较脆，味甜多汁，品质上等，鲜食、制干兼用，是山西省加工蜜枣的主要品种之一，也是做酒枣最好的一个品种。适于平川、旱地、边山、丘陵、沙地栽培	主产于山西交城县，清徐县、文水县也有少量栽培

（续）

品种	熟期	主要特征	备注
壶瓶枣	9 月中旬成熟	果实大，长倒卵形或圆柱形，大小不均匀，单果平均重 19.7 克，最大单果重 25 克。肉质脆而较松，味甜，汁液中多，品质上等，鲜食、制干、加工蜜枣、制酒枣兼用。多雨年份成熟期裂果严重，应提前采收加工蜜枣，可在山坡、丘陵、平川、水地、旱地栽植	分布于山西太谷、清徐、交城、榆次、平遥等地
梨枣（临猗梨枣）	9 月下旬成熟	果实特大，平均单果重 25 克，皮薄肉厚，肉质松脆，味甜汁液较多，鲜食品质上等。适应性较强，但在水肥充足下才易表现出其优良性状，属鲜食品种	原产于山西临猗、运城等地
尖枣	9 月下旬脆熟期	果实尖柱形，单果重 10.3 克，大小均匀，果皮深红色，果顶尖，果肉厚，味甜汁多，品质上等，为优良鲜食品种。树势中庸，树姿半开张，丰产。鲜枣耐贮藏，裂果轻，适应性和抗逆性强	分布于山西平陆县洪池岳村、城关茅津渡一带
灰枣	9 月中下旬成熟	果实中大，长圆形，平均单果重约 12 克，果实肉厚、质地细脆，味浓甜，品质上，适于制干和鲜食。树势强，树姿开张，较丰产，耐干旱和瘠薄，较耐盐碱，抗枣疯病能力较差，属制干品种	分布于河南新郑、中牟一带
鸡心枣	9 月中下旬成熟	果实较小，倒卵形或长圆形，形似鸡心，平均单果重 4.9 克左右，大小整齐，果皮薄、深红色、有光泽，果肉中厚，汁中多，肉致密，味极甜，是优良的制干品种。树势较旺、树姿直立，发枝力强，适应性强，丰产稳产，抗干旱、耐盐碱、耐瘠薄、抗干热风、抗病虫能力强，特别是抗枣缩果病	原产河南新郑市、中牟县等地，是我国红枣出口的拳头产品之一

（续）

品种	熟期	主要特征	备注
晋枣	9月下旬成熟	果实大型，平均果重34克，大小不一致，果皮薄、核小肉厚，汁液中多，味极甜，品质极上，鲜食制干兼用品种。树势强，树姿直立，较丰产，喜水肥	产于陕西彬县、长武一带
鸣山大枣	在甘肃敦煌9月上旬成熟	果实近圆柱形，平均果重23.9克；果皮厚、红褐色，果肉致密、细脆、多汁。树体较大，树姿开张，发枝力中等。抗寒，抗旱，成熟期抗风性差。结果较早，丰产，鲜食和制干品质均为上等。干枣耐贮运，亦可加工蜜枣和酒枣	由甘肃敦煌大枣中选出
赞新大枣	9月底至10月上旬成熟	果实大，倒卵圆形，平均单果重24.4克，最大果重30.1克。果肉质地致密、细脆，汁液中多，味甜，略酸，适宜制干，品质上等。为阿拉尔农业科学研究所从引入的赞皇大枣苗中选出的优良株系	产于新疆阿克苏地区
冬枣（鲁北冬枣）	10月上中旬成熟	平均果重10～13克，大小均匀，果皮薄，果肉较厚，质地细嫩、酥脆，品质极上，为优良的晚熟鲜食品种。树体较小，树势较弱，适应性强，较耐盐碱，不易裂果	分布于山东德州、沾化，河北黄骅、盐山等地
大白铃（鸭蛋青、馒头枣）	9月上中旬成熟	果椭圆形或近球形，少数呈馒头形，平均单果重24.5～25.6克，特大果60～80克。果肩斜，稍耸起，有多条浅沟经肩部延伸到胴部，肉质松脆略粗，汁中多，味甜口感好，品质上中，成熟期遇雨基本不裂果。当年发育枝形成的1年生枝系，有很强的成花结果能力。较耐干旱，适应性强	分布于山东夏津、临清及河北省献县等地

（续）

品种	熟期	主要特征	备注
泗洪大枣	9 月中下旬成熟	果实卵圆形或长圆形，平均单果重 50 克，最大果重 107 克；果皮中厚、紫红色；果肉酥脆、汁液较多、风味甘甜，品质优。树势强健，树姿开张，发枝力强；适应性强、抗旱、耐涝、抗风、耐盐碱。结果较早，丰产、稳产，不裂果，鲜食和加工蜜枣品质均为上等	1982 年江苏省泗洪县上塘乡发现的优异特大枣自然变异单株
义乌大枣	8 月中下旬白熟时采收	平均单果重约 17 克，大小整齐，肉质疏松，汁少味淡，是加工蜜枣的优良品种。树势中庸，丰产，但自花结实力低，需配置授粉树	产于浙江义乌、东阳
南京枣	8 月中旬进入白熟期开始采收	果实圆柱形，平均单果重 19.0 克，最大果重 39.5 克。果肩平圆，有 4～5 条浅细的辐射沟纹。果面平整、稍有粗糙感，果皮白熟期呈乳白色，完熟后果皮呈暗紫红色。果肉白色，质地致密、较脆，汁液中多，鲜食味甜，适宜制作蜜枣，品质上等	产于浙江兰溪，有 300 多年栽培历史
湖南鸡蛋枣	8 月中旬成熟	果实阔卵形，平均果重 19.4 克，最大单果重 33.4 克。果肉质地疏松、较脆，汁液较少，味甘甜，鲜食品质中上等。成熟较早，适宜鲜食和加工蜜枣。生理落果重，不抗风害，抗裂果，较丰产、稳产	原产湖南溆浦、麻阳、衡山、祁阳等地
宣城圆枣（团枣）	8 月中旬白熟，9 月上旬脆熟	果实大，近圆形，平均单果重 24.5 克。果皮薄，质地致密细脆，汁液中多，脆熟期味甜略酸，鲜食品质中上。适应性较强、耐旱、不耐涝，对枣疯病有一定抗性，较丰产稳产，为优良的蜜枣和鲜食品种	主要分布于安徽宣城水东、孙埠、杨林等乡镇

（续）

品种	熟期	主要特征	备注
宣城尖枣（长枣）	8月下旬进入白熟期，9月上旬开始着色	果实长圆柱形或长卵圆形，果顶凸出尖形。果形大，平均单果重22.5克，果皮薄，肉质疏松，汁液少，微甜，采收加工期为乳黄色，很少裂果，适合加工蜜枣，肉厚核小，品质上等，多用于出口	主要分布于安徽宣城、宁国等地
秤砣枣	8月下旬成熟	果实长圆形，平均单果重18克，最大果重22克，果肉厚，质地疏松，汁液少，适合加工蜜枣。树势强，树姿开张，适应性强，较丰产。单株产量100～150千克，最高产量250千克	主产于湖北随县
灌阳长枣（牛奶枣）	8月中旬至9月上旬成熟	平均果重约14克，可食率95.6%，肉质脆而较细，汁液中多，味甜，品质上等，主要用于加工蜜枣，也可鲜食和制干	主产广西灌阳、全州、金县、临桂
伏脆蜜枣	8月中旬成熟	果实短圆柱形，平均单果重16.2克，最大果重27克。果皮鲜红色，果面光滑洁净，极美观。果肉酥脆无渣，汁液丰富，成熟期鲜果含糖量36%，可食率96.5%，鲜食品质极上。树势较强，树姿较开张，对气候、土壤适应性强，较耐旱，果实生长期很少落果，果实丰产性较强	主产于山东枣庄
乳脆蜜枣	8月中下旬成熟	果实纺锤形，单果重14.7克，果实紫红色；果肉酥脆，无渣，汁液丰富，品质上等；脆熟期可溶性固形物含量25.5%，可食率95.7%	主产于山东枣庄

（续）

品种	熟期	主要特征	备注
七月鲜枣	8 月底脆熟，9 月上中旬完熟	果实卵圆形，果面平整，果肩棱起，平均单果重 29.8 克，最大果重 74.1 克，整齐度一般，果皮薄、深红色，表面蜡质较少，可溶性固形物含量 28.9%，可食率 97.8%，味甜，肉质细，汁液含量中等，品质上等，适于鲜食。树势中庸，树姿开张，树冠自然圆头形。该品种适应性强，适宜在一般枣产区发展	主产陕西省合阳县
长红枣	9 月上、中旬成熟，	果实扁柱形或马牙形，平均单果重 10 克左右，最大果 20 克以上。果肉中厚，较松脆，汁中多。可溶性固形物含量 31.7%，生食味甜而脆。晒制红枣制干率 45%～47%，红枣含糖量 75%～79%。成熟期遇雨不裂果	主要分布于山东、河北等省，在山东省枣庄市自然分布较多
大瓜枣	9 月中旬至 10 月上旬	果个特大，近球形，大果略扁，平均单果重 25 克，最大 50 克，大小、形状整齐；果面平，果皮较薄，光亮鲜艳，白熟时乳白色。着色期呈片红，后全面转浅红色；果肉厚、乳白色，质地细细，酥脆，甜味浓，含可溶性固形物 32%～34%，可食率 97%，品质上等。为中晚熟鲜食品种，可制作蜜枣。该品种适应性较强	主产山东东明县
相枣 1 号	10 月初成熟（晚熟品种）	果实扁卵圆形，平均单果重 33.4 克，最大单果重 78 克，果实紫红色；果皮较厚，果肉致密，硬度大，粗纤维含量高，汁液少，风味甜，果实含水量少，适宜制干；鲜枣可食率 98.5%	主产山西运城

（续）

品种	熟期	主要特征	备注
颖秀	10月下旬果实成熟	果实圆形，平均单果重26.8克，最大单果重51克，果面光滑、皮薄、肉厚、核小，质地细密酥脆，汁液多，鲜食口感爽脆香甜，可溶性固形物含量33%，可食率95.1%，制干率53.3%，品质上等；为优良的鲜食、制干兼用品种。树势中庸，树姿开张，丰产性强。不抗枣疯病	主产于河北行唐
沧蜜1号'	9月成熟	果实长圆形，平均单果重17.2克，最大35.2克，果面平整光洁，果皮薄；果肉绿色，肉质疏松，汁液少，可食率97.7%，可溶性固形物含量20.0%左右。可加工，抗逆性强，耐盐碱、耐瘠薄，抗病、抗浆烂能力强，丰产稳产性	主产河北省沧县、青县
中秋酥脆枣	9月中下旬成熟	果实椭圆形或长圆形，最大果重25.7克，平均单果重13.2克，平均果形指数为1.21，可食率97.1%，早果性强，耐贮运，适应性广	主产湖南祁东

（2）毛叶枣。毛叶枣优良品种主要有高朗1号、新世纪、玉冠、脆蜜、大世界、蜜枣、五千种、碧云种、肉龙种、特龙种、黄冠、金龙种、中甲种、红云种、福枣、泰国蜜枣、长果毛叶枣、圆果毛叶枣等，均属鲜食品种，我国台湾省栽培较多，近几年在云南、四川、海南、福建、广东、广西等省（自治区）有少量发展。

2. 生长发育特性

（1）根系。枣树的水平根发达，分布范围超过树冠的3～6倍，大树可长达18米，但分枝能力不强，常1～2米无分枝。水平根可向下分生垂直根，垂直生长较弱，分布深度因土壤条件而有较大的差异，深者可达3～4米。着生在水平根和垂直根上的侧根延伸能力亦不强，一般长度仅1～2米。细根多数着生在侧根上，数量大、分枝多，是主要的吸收根，长 10～30 厘米，经一个生长季节后绝大多数死亡。枣树根系分布虽广，但约有50％的根系分布在树冠下，远处根系稀少。在侧根和水平根的连结处常抽生根蘗，根蘗繁殖是枣树的传统繁殖方法。

（2）芽。枣树的芽为复芽，分为主芽和副芽两种，着生在同一节位上。

①主芽。着生在枣头和枣股的顶端以及各类枝条的叶腋间。枣头顶端的主芽萌发后抽生新枣头，连续延伸多年，当长势变弱后萌发形成枣股。枣股顶端主芽萌发后当年仅生长 1～3 毫米，只有受到刺激后才能萌发成为枣头枝；枣股的侧生主芽多不萌发而成为潜伏芽。枣头主轴（一次枝）上的主芽多成潜伏芽，数年后才形成枣股或枣头。结果基枝（二次枝）上的主芽则在第二年全部萌发形成枣股。

②副芽。位于枝条各节的侧上方，属早熟性芽，当年萌发。枣头主轴上的副芽形成结果基枝（永久性二次枝）或枣吊（脱落性二次枝）。结果基枝上的副芽形成枣吊（三次枝）。枣股上的副芽多萌发成枣吊（二次枝）。

（3）枝条。枣树的枝条分为枣头（发育枝）、枣股（结果母枝）和枣吊（结果枝）3 种。

①枣头。由主芽萌发而成，生长能力很强，可连续延伸多年，是形成树体骨架和着生结果基枝的枝条。新生枣头在延伸过程中其各节位上的副芽随即萌发形成二次枝，最下面的几个二次枝常发育成枣吊（脱落性二次枝），其他二次枝形成永久性二次枝，即结果基枝，健壮枣头一般可形成 10～20 个结果基枝，每个结果基枝有 5～10 节，其各节上的副芽当年萌发出枣吊（三次枝），主芽则在第二年萌发形成枣股。结果基枝当年停止生长后不形成顶芽，以后不再延长生长，也很少加粗生长。

②枣股。由枣头一次枝（主轴）和结果基枝上的主芽生成，以结果基枝上着生最多，结果能力也最强。枣股是一种短缩性枝

条，顶芽萌发后仅生长 1～3 毫米，随即封顶，其副芽萌发抽生数个枣吊，是枣树上抽生枣吊的主要部位。枣股的寿命一般 6～15 年，以 3～8 年时抽生枣吊最多，结果能力最强。

③枣吊。通常是枣树的结果枝，由副芽萌发而成。着生在枣股和枣头主轴基部的枣吊为二次枝，而着生在新生枣头永久性二次枝上的枣吊为三次枝。枣吊长度一般 8～12 节，各节叶腋间着生聚伞花序。因枝条细软，结果后下垂，秋季脱落，故称"枣吊"或"脱落性枝"。枣股上抽生的枣吊，发枝早、数量多，结实能力强。枣树大部分叶片着生在枣吊上。

（4）花芽分化和开花授粉。

①花芽分化。枣树花芽当年分化，多次分化，分化速度快，单花分化期短，整体持续时间长。当年春天，随着枣头和枣吊的延伸，由下向上不断在每个叶腋间进行着花芽分化，直到枣吊停止生长而结束，枝叶生长与花芽分化同步进行。单花完成分化需 5～8 天，一个花序需 8～20 天，一个枣吊持续 1 个月左右，全树则持续 2～3 个月。

②虫媒花。枣花为虫媒花，单花开放持续 12～18 小时，授粉期 1～3 天。花芽分化完成后即行开放，因此全树花期亦长达 2～3 个月，但以枣股上的枣吊开花数量多，开花早，质量好，坐果率高，是构成产量的主要部分。枣树坐果率很低，应合理配置授粉树。

（5）果实发育。果实发育可以分为幼果速长期、缓慢生长期和熟前增长期 3 个时期。幼果速长期需要大量的营养物质，常常由于营养供应不足，加之粗放管理和不良气候条件的影响，出现大量的落果现象，在熟前增长期降水过多则会出现裂果、烂果现象。

（三）丰产栽培技术

1. 枣对环境条件的要求

（1）光照。枣为喜光树种。据河北农业大学李保国、李树林等人研究，枣树的光补偿点为 400～1 200 靳克斯，光饱和点为 30 000～43 000 靳克斯。如果栽植密度过大，树冠郁闭，或栽植在光照度不足的地方，主芽抽生枣头的能力大为减弱，枝条生长细弱，结果基枝短小，花芽分化量少、质差，落花落果严重，果实品质差。因此，要合理密植，科学整形修剪，保持良好树体结构，满足枣树生长发育对光照条件的要求。

（2）温度。枣树喜温，春季日平均气温达到 14℃ 以上时芽开始萌动，气温 17℃ 以上枝叶开始生长，花芽分化，20～22℃ 时开花，盛花期需 25℃ 左右，否则难于正常授粉、受精。果实发育期则要求 25℃ 以上，积温应达到 2430～2480℃，积温不足时，结果少、果实小、品质差。秋季气温下降到 15℃ 时即开始落叶。休眠期耐寒能力强，在 −30～−35℃ 的极端低温下能安全越冬。

（3）水分。枣树对水分条件适应能力比较强，耐旱又耐涝，在南方年降水量 1000 毫米以上和北方年降水量仅 100～200 毫米的地区都有枣树分布，在干旱的山坡地和地面有短时间积水的地方都可正常生长。然而，花期则要求较高的空气湿度（相对湿度为 75%～85%），否则，影响花粉发芽，授粉、受精不良，坐果率低。果实成熟期降水过多会引起落果、裂果、烂果，降低果实品质。

（4）土壤。枣树对土壤和地形的适应能力很强。只要不是通透性太差的重黏土，其他质地类型的土壤都能栽培，在 pH5.5～6.0 的酸性土或 pH7.8～8.2 的碱性土上均可正常生长。枣树虽耐瘠薄，但要达到丰产、优质的目的，则以土层深厚肥沃的土壤为宜。

（5）风。休眠期抗风能力很强，生长期抗风能力弱，花期大风会降低坐果率，果实发育期遇大风则引起落果。所以要选避风地段建园，大面积栽培要建防风林。

2. 常用育苗技术

（1）分株育苗。

①断根促生根蘗。人工断根方法有两种，适用于根系分布较浅的枣园。

a. 全园断根。在冬春季节浅刨枣园 15～20 厘米，截断表层根系。

b. 开沟断根。在春季发芽前于树冠外围开宽 30 厘米、深 50 厘米的沟，切断一些直径 2 厘米以下的根，并削平断茬，然后覆湿土盖住茬口。

②根蘗苗培育。抽生的根蘗有就地培育和归圃培育两种培育方法。

a. 就地培育。发出根蘗后间去过密弱株，加强肥水管理，直至成苗。此法简便省工，但培育的苗木常大小不一，根系不发达。

b. 归圃培育。归圃培育也称二级育苗，就是将萌生的幼小根蘗苗集中移入苗圃地中继续培育。归圃培育春、夏、秋都可进行。苗圃地事先翻耕并施足基肥，做成低床。为了提高成活率，起苗时应带 10 厘米长一段母根，春、秋两季移植时可以留 5～10 厘米截干，夏季则应剪叶。苗木应分级移栽，栽植前浸根 24 小时，最好用生长调节剂加以处理，株行距一般 25 厘米×50 厘米。栽植后浇透水，春、秋季节起垄封土，春季有条件时也可以用地膜覆盖，出苗后及时破膜放苗。当苗高 10～15 厘米时抹芽定株，加强肥水管理和病虫害防治。

（2）嫁接育苗。枣树嫁接育苗，有利于良种的迅速推广，是目前采用较多的繁殖方法。

①主要砧木。酸枣，是普通枣的原生种，多野生，分布广泛，为普通枣和毛叶枣的良好砧木。毛叶枣，分布于台湾、海南、云南、四川、福建等地，也可作砧木。铜钱树，为鼠李科马甲子属的落叶大乔木，适应性强，繁殖容易，生长快，根系发

达，抗病虫害。嫁接枣树成活率达 80% 以上，但不抗寒，可用于长江以南雨量充沛的地区。

酸枣的核壳坚硬，春播前必须进行低温层积处理（5℃左右）3 个月以上，秋播则不需层积。未进行低温层积的种子春播时，先用开水烫种后再用凉水浸泡 2～3 天，接着高温层积（20～25℃）25 天左右，待大部分种核开裂时才可播种。有条件的地方可用破壳处理代替层积处理，机械破壳好种率可达 90% 以上，出苗率高、出苗整齐、生长较快。通常采用开沟点播，苗床做成平床或低床，并杀虫灭菌。株行距 15 厘米×50 厘米或用 70 厘米和 30 厘米的宽窄行播种，每 2～3 粒种子播于一处，覆土 1.5～2.0 厘米。苗高 3～5 厘米时，间苗定苗，如果管理得好，当年秋季即可进行芽接。

②嫁接方法。枝接的接穗采用 1～2 年生枣头枝或 3～4 年生结果基枝，最好进行蜡封。劈接、舌接、切接、切腹接宜在春季萌芽前进行，也可以在夏末秋初砧木不离皮时进行；插皮接、单芽腹接在萌芽前后和枣头旺盛生长期，即砧木离皮时进行。

采用方块芽接，在 5～6 月进行，接穗选 1 年生枣头下部侧旁没有永久性二次枝的主芽；5～7 月采用带木质部 T 形芽接，接芽用 1 年生或当年生的枣头一次枝上的主芽，甚至可用当年生未木质化的枣头一次枝上的主芽。

3. 园地规划与建设

（1）园区规划。枣树栽培方式很多，农田林网式栽培是平川地区的主要栽培方式，栽培密度为株距 3～4 米，行距 20 米左右，行向南北，将来控制树高 4.5～6.0 米。普通园片式栽培，可在平川旱地和山区坡地选用，栽植生长势较弱的品种时，株行距为（3～4）米×（6～7）米，345～555 株/公顷；生长势强的品种（5～6）米×（8～9）米，180～240 株/公顷。平地采用长方形栽植，山区坡地沿等高线栽植，梯田顺地边单行栽植。

矮化密植方式是许多地方枣树栽培的发展方向，一般在立地条件较好的地方实行集约化管理时采用，株行距（2.0～2.5）米×（3.0～3.5）米，1140～1 650株/公顷，树高2～3米，平地南北走向。

（2）品种选择。在交通方便的地方，宜栽培鲜食品种；一般地区以鲜食制干兼用品种为宜；交通不便的地方应以制干品种为主。确定了主栽品种之后，还应配置一些成熟期和用途不同的品种。自花授粉坐果率低的品种，需要配置授粉树，如山东的梨枣配置金丝小枣，浙江义乌大枣配置马枣，河北赞皇大枣配置斑枣等，配置比例以1：（3～4）为宜。

（3）栽植时期。南方可以秋季栽植，北方冬季寒冷，秋栽越冬后易抽梢，以春栽为宜。枣树萌芽晚，春季栽植过早会由于干旱多风而使苗木失水死亡或出现假死现象，应在芽萌动时栽植并及时浇水，能明显提高成活率，即"萌芽栽枣"。

（4）栽植要求。

①选用优质壮苗。首先应选用优质壮苗，其次必须做好根系的保护和处理工作，比如修根、浸水、蘸泥浆、生长调节剂处理等都可获得满意的效果。据报道，用50毫克/千克的ABT生根粉3号水溶液，掺以黄土调成泥浆蘸根，效果相当好。

②高标准整地。采用大穴定植，并施足基肥。丘陵山区建园，往往没有灌溉条件，通过预整地保持水土、拦蓄地表径流，可提高成活率。定植穴的直径和深度应在80～100厘米，定植时，先在穴底均匀掺入适量枝叶、杂草等有机物，以疏松、熟化土壤，每穴施厩肥或堆肥20千克。

栽植后要及时浇水，浇后最好用地膜或杂草、树叶等进行树盘覆盖，未覆盖者应注意浇水以确保土壤湿润。

4. 整形修剪技术

（1）丰产树形。枣树主要有主干疏层形、自然圆头形、自然开心形、小冠疏层形、圆柱形和纺锤形、Y形等。

（2）主干疏层形幼树整形。

①主干疏层形的树体结构。主干高度 1.0～1.5 米，主枝 6～8 个，分 3～4 层，第一层 3～4 个主枝，以 80°的基角、50°～60°的梢角向外延伸，每个主枝配置 2～3 个侧枝，侧枝间距 70～80 厘米，背上斜生。二、三、四层的主枝和着生其上的侧枝数量依次递减，第一、二层的层间距 1.2 米左右，其他的层间距相应缩小。

②定干。定干包括清干法和剪截法，可选择其中任何一种进行。

a. 清干法。幼树定植后不剪截，每年冬剪时自下而上逐渐清除主干上的二次枝，直到清出所需的主干高度，清除范围掌握不超过树高的 1/3～1/2，同时在准备培养主枝的主芽上方进行目伤。

b. 剪截法。在干径达到 2 厘米时在定干高度留出整形带，短截枣头主轴，并疏去剪口下第一个二次枝，使主芽萌发成中心干；其下生长粗壮（直径 1 厘米左右）的 3～4 个二次枝，各留 1 节短截，从萌发的枣头中选出第一层主枝。整形带以下的二次枝原则上可以保留。

③骨干枝培养。骨干枝延长枝每年冬季剪留 60～70 厘米，长度不足时不短截。也可在枣头停长前，对骨干枝的延长梢留 60～70 厘米摘心，以充实枣头上的主芽，冬剪时再疏除摘口下第一个二次枝，其下 3～4 个二次枝若粗壮，留一节短截，若细弱则从基部疏除，其余二次枝均应保留；用撑、拉等方法调整骨干枝角度。也可在需要萌发的主芽上方目伤或环剥，使主芽萌发以培养主、侧枝和结果枝组。

④结果枝组培养。对欲培养为枝组的枣头枝每年夏季摘心，冬季疏除其下 1～2 个二次枝；当枝组无空间延伸时，只进行夏季摘心，冬季不再疏二次枝，使其封顶停止延伸。要注意结果枝组与骨干枝的从属关系，同侧枝组需保持 60 厘米的间隔，过密者疏除。

⑤辅养枝处理。交叉、重叠、细弱、徒长枝和病虫枝应及早疏除。早期所留的辅养枝，应遵照"有空就留，无空疏缩"的原则加以处理。

（3）盛果期树修剪。

①调整骨干枝。对先端下垂的骨干枝，应及时回缩到向上的枝条上进行更新，每次回缩长度30～50厘米，不可过长，以免影响当年产量。

②清理无效枝。发芽后至开花前抹芽、疏梢2～3次；对于树冠外围长度不超过30～40厘米只有1～2个纤细二次枝甚至无二次枝的细弱枣头，予以疏除；及时处理改造内膛徒长枝，对交叉、重叠、并生和密挤的枣头酌情疏除。

③更新复壮结果枝组。枣股一般在6～10年后结果能力开始下降，应根据空间大小，有计划地轮流对结果枝组进行更新复壮。有两种方法：

a. 先养后去。在枝组后部或附近骨干枝上选一新枣头，或用造伤法刺激后部萌生新枣头培养成结果枝组，然后去掉原枣头，适用于树势较强、发枝多的树。

b. 先去后养。对已衰老的枝组直接回缩，刺激后部或附近骨干枝上隐芽萌生新枣头，培养新枝组，适用于树势较弱、自然发枝较少的树。

（4）衰老树更新复壮。

①回缩大枝。对于衰老程度较轻、只是结果枝组衰弱的树，冬剪时可以只回缩结果枝组的1/3～1/2，二次枝少的结果枝组可从基部疏除或保留2～3个枣股，促发新枣头，培养新枝组。对衰老程度较重、结果枝组大部分衰亡、骨干枝先端开始干枯的树，应对骨干枝按主、侧枝层次，回缩其全长的1/3～1/2，但剪、锯口直径不宜超过5厘米，剪口应距其下第一个枝条或隐芽5厘米。因枣树修剪反应不敏感，回缩应一次完成。

②调整新枣头。回缩更新后会萌发大量新枣头，要进行有计

划的疏间。选留方向好、长势壮者作为各级骨干枝的延长枝，重新培养骨干枝，其余作为辅养枝培养结果枝组，过于密挤者适当疏除一部分。

5. 土肥水管理技术

（1）土壤管理。春季土壤解冻后至萌芽前应抓紧春耕松土，行间休闲的枣园要进行耕翻，深度以 20 厘米左右为宜，翻后及时耙耱保墒。中耕除草，中耕一般在降雨后、灌水后以及干旱季节进行，深度为 6～10 厘米。改土扩穴，春秋季深翻扩穴，放树窝可加深活土层，为根系伸展创造良好条件。在距树干 60～100 厘米处开始，逐年向外挖 70 厘米深的环状沟，直至全园疏通。扩穴时注意保留 1 厘米以上的粗根。树盘覆草，覆草前浇一次透水，然后将 5～15 厘米长的玉米秸、豆秸、高粱秸、麦秸、绿肥作物等覆盖材料，均匀撒于树盘，厚 10～20 厘米，上面撒些碎土压住，防风吹起。水土保持，山地枣园，围绕树干修鱼鳞坑或水簸箕，蓄水保肥；丘陵坡地整修梯田，防止水土流失；沟谷地修坝垒堰、拦蓄雨雪、淤积泥沙；平地园应全园深翻。

（2）科学施肥。

①深施基肥。基肥于采果后或发芽前施入，其用量占全年施肥总量的 50%～70%，以有机肥为主，适量掺入磷肥及部分氮、钾肥，在树冠下挖宽 40 厘米、深 15～20 厘米的施肥沟，长与冠径相近，距树干 50 厘米左右。秋施基肥应与深翻扩穴、全园耕翻相结合。常见的施肥方法有环状沟施法、穴状沟施法、放射状沟施法、井字形条状沟施法以及全园撒施等。常用的有机肥料有堆肥、绿肥、人粪尿等种类。施肥时加入一些磷肥为好，可补充北方土壤中有效磷之不足。施肥原则是大树多施、弱树多施，小树少施、壮树少施，低产树适量增施。每株用量 100～150 千克，每 0.5 千克果需施 1 千克肥。

②追施化肥。追肥以萌芽前后和幼果速生期为主。尤以萌芽前后最为重要，每次施肥量占总施肥量的 10%～20%。春季一

般每株大树追施人粪尿 50～100 千克，速效氮肥 0.5～1.0 千克，小树追施人粪尿 25～50 千克，速效氮肥 0.25～0.50 千克，采用冠外挖深 40～50 厘米环状沟或放射沟施入，也可采用冠下穴状施肥法，每株挖 5～6 穴即可。盛花后期追肥，其用量占全年施肥总量的 30%～50%。在树冠下挖放射状沟，深 10 厘米，宽 30 厘米，每株挖 2～4 条，施入氮素和钾素化肥或草木灰，可减轻生理落果。

幼果生长期是氮磷钾三要素吸收最多的时期，及时追施尿素、硝铵、磷酸二氢钾、过磷酸钙、硫酸钾、草木灰以及多元复合肥，如硝酸磷肥、硅酸钙肥、钙镁磷肥等，以利枣果发育。追肥以氮肥以主，适当增施磷、钾肥，以保证幼果生长发育的需要，促进果实膨大和根系生长，尽量减少生理落果。如果叶片出现缺铁黄化现象，可喷 0.3%～0.5%硫酸亚铁，使叶片转黄为绿，提高光合效能。

③叶面喷肥。枣花前、花期、幼果期、生长后期，根据情况用 0.3%～0.5%尿素或磷酸二氢钾以及 3%～5%的草木灰浸出液等进行根外追肥，都能取得良好效果。枣树花期喷肥间隔 5～7 天，共喷 3 次；盛花期喷 30 毫克/千克硼酸溶液或 50 毫克/千克硼砂溶液，能提高坐果率。果实采收后，间隔 1 周喷 1～2 次 0.4%～0.5%尿素，能减缓叶片组织的衰老，提高光合效率和树体贮藏营养水平。

（3）合理灌水。枣树大树抗涝能力强，幼树根系小、分布浅，抗涝能力相对较差，雨季要注意排涝。

①灌催芽水。北方枣区一般春旱严重，萌芽前灌水，有利于根系生长，可显著提高坐果率和产量。常见的灌水方法有树盘灌水、分区灌水、开沟灌水，山坡旱地宜采用穴灌。近年来，先进枣园采用喷灌、滴灌，旱地枣园结合埋草把进行灌水等，效果良好。

②花期灌水。花期干旱时浇水，可增产 23.1%～39.7%。

枣树花期正值北方干旱少雨季节，有时还刮干热风，蒸腾量很大，很容易出现所谓焦花（即花朵枯焦）落花现象。花期灌水，可明显增加坐果率和产量，使土壤含水量达田间最大含水量的75％即可。若旱期较长，间隔 10 天再灌水一次。据有关资料，花期每株喷水 15 千克左右，一般可增产 15％以上。

③浇促果水。果实生长后期果面由绿变白时，结合施肥浇变色水，能加速果实细胞体积的膨大和重量的增加，促进丰产。北方枣区 6～8 月处于高温季节，应注意浇水；南方枣区 7～8 月往往干旱缺水也要及时浇水。每次灌水量，以土壤 0～30 厘米主要根系分布层的田间持水量达 65％～70％为宜。

④浇封冻水。秋季施肥后至土壤封冻前，浇灌一次透水，可促进根系吸收养分，提高树体越冬抗寒能力，加速有机质的腐烂，减轻生理干旱。

⑤积雪保墒。北方干旱山区及缺乏水源的枣园，可在冬季下雪以后，往树盘积雪、积冰块，使冬水春用，对于新栽幼树的成活有很大作用，也可促进大树来年丰产。

6. 保花保果

（1）摘心。密植枣园，结果枝组一般无须生长过长，对于非骨干枝枣头在末花期摘心，结果基枝长到 8 节左右时摘边心，终止其延长生长，集中营养供应，可显著提高坐果率。

（2）环剥和环割。对枣树进行主干环剥，称为开甲或枷树，增产效果显著。对于辅养枝和一些长势过强、结果少的骨干枝根据情况进行环剥或环割，也可提高坐果率实现早期丰产。

枣树开甲应在树龄 13～14 年，胸径达到 10 厘米以上，树冠基本形成以后进行。在一年中的适宜时期是盛花期，落花严重的品种宜在盛花初期，落花轻而落果重的品种以盛花末期为好。第一次开甲在离地面 25 厘米处，每年一次，每次间隔 4～5 厘米，当接近第一主枝时再由下而上重复进行。开甲时先刮去宽约 1 厘米的一圈老皮，露出粉红色韧皮部，然后平行切割两圈，深达木质部，扒掉韧皮部。下刀时，上刀口垂直切入，下刀口斜向上切入，甲口宽度 3～7 毫米，根据树龄、树势、枝干粗度灵活掌握，伤口最好能在 1 个月内完全愈合，不能过窄或过宽。开甲后要注意伤口保护，以减少伤疤、避免感染病虫害。当虫害严重时，可用辛硫磷或 25％西维因等涂抹伤口数次，每 6～7 天一次。

（3）喷激素和微量元素。在盛花期喷布 10～15 毫克/千克的赤霉素可提高坐果率 150％～500％，增产 30％～120％。喷赤霉素和开甲二者选其一即可，无须兼用。花期喷布硼酸钠、高锰酸钾、硫酸亚铁、硫酸锌等 300 倍液也有明显效果。

（4）喷水增湿。花期干旱时，于盛花期选择晴朗无风的傍晚或上午 10 时前，向树上均匀喷洒清水，共喷 3～4 次，每次间隔 3～4 天，有利于授粉、受精，提高坐果率。

（5）枣园放蜂。枣树是很好的蜜源植物，花期放蜂，既有利于授粉、受精，又能收获蜂蜜。

7. 主要病虫害防治技术

（1）桃小食心虫。桃小食心虫又称桃小、枣蛆。主要分布北方枣区，以幼虫在果内绕核串食，粪便留在果肉内，为害果肉。防治方法有以下 3 种：

①消灭越冬茧。在晚秋幼虫脱果入土做茧后，将树干周围表土铲起撒于田间，使其长期暴露而死，或在春季解冻后至幼虫出土前在树干根颈周围挖取 10 厘米厚表土，筛出虫茧进行销毁。

②毒杀出土幼虫。在越冬幼虫出土期，于地面喷洒 50％辛硫磷 500 倍液，药液渗下后耧耙一遍，使药液均匀分布。

③树上喷药。在幼虫蛀果期（7 月中下旬和 8 月下旬），树上喷布 2.5％溴氰菊酯加 20％灭扫利 3 500～4 000 倍混合液。

（2）枣尺蠖。枣尺蠖又名枣步曲，以幼虫危害叶片、嫩芽和花蕾，常使枣树大幅度减产，甚至绝产。防治方法如下：

①挖蛹。在秋季和早春成虫羽化前，翻动树冠下 10 厘米厚土层，拣出虫蛹。

②诱杀雌蛾。于早春在树干基部绑一圈 7～10 厘米宽塑料薄膜，用湿土压住下缘 1～2 厘米，以阻止雌蛾上树产卵，并使其集中于树下，每天早晨捕杀之。

③杀卵。也可在草绳上喷以杀卵药剂以杀之。

④树上喷药。在幼虫 3 龄前树上喷布 2.5％溴氰菊酯 4 000～5 000 倍液。

⑤生物防治。用青虫菌、杀螟杆菌等进行生物防治和用抗脱皮激素类进行防治。

（3）枣黏虫。枣黏虫又名黏叶虫、卷叶虫、包叶虫等，以幼虫为害幼芽、花、叶，并蛀果，导致枣花枯死，枣果脱落。防治方法如下：

①刮树皮、堵树洞。在 11 月至翌年 2 月底，刮掉树干和大枝上的翘皮并销毁，用黄泥堵塞树洞。

②喷药防治。在发芽展叶期，用 80％的敌敌畏 800～1 000 倍液或 2.5％的溴氰菊酯 3 000～4 000 倍液等喷洒 1～2 次。

③性信息激素诱杀。在每代成虫交尾前用性信息激素诱杀老熟幼虫。

④主干束草诱杀。在每代成虫交尾前在主干上部束草诱杀老熟幼虫。

⑤生物防治。在第二、三代产卵期释放赤眼蜂进行生物防治。

（4）枣龟甲蚧。枣龟甲蚧又名龟蜡介壳虫、日本龟甲蚧等，以若虫和成虫固着在叶片和 1～2 年生枝上，吸食汁液，其排泄物布满全树枝叶，雨季感染霉菌，使树体衰弱大量落果。防治方法如下：

①剪除虫枝。在冬春季节进行。

②刮刷成虫。在冬春季节刮刷越冬成虫。

③树干喷药。冬季在树干上喷 10％～20％柴油乳剂或 6 倍松脂合剂。

④树冠喷药。6 月底至 7 月初若虫孵化期，用 50％西维因可

湿性粉剂 400～500 倍液等喷洒树冠。

（5）枣疯病。枣疯病又称丛枝病，发病后出现花柄加长、萼片和花瓣变成绿色小叶，树体枝干上抽生大量稠密细小的黄绿色枝丛，数年后死亡。防治方法如下：

①选用抗病品种。以防为主，在分株繁殖和嫁接繁殖时要注意选择无病母树，建园时注意选用抗病品种。

②挖除病株。当发现病株时要及时挖除，并刨掉直径 0.5 厘米以上的大根。

③喷药防治。在中国拟菱纹叶蝉等传病害虫第一代成虫羽化盛期，于树冠上喷布 20％氰戊菊酯 2 000 倍液加乐果 1 000 倍液。

（6）枣锈病。主要发生在叶片上，叶片早落，产量减少或绝产。主要防治方法如下：

①加强枣园管理。通过肥水管理增强树势，适当整形修剪改善通风透光条件，还要避免土壤过于潮湿。

②消灭病源。清除枣园落叶，集中深埋或烧毁。

③药剂防治。在 7 月中旬左右，树上喷一次 1∶1.5∶160 倍波尔多液。

8. 果实采收

（1）加工蜜枣的品种。宜在白熟期采收，此期皮薄质松汁少，含糖量低，最宜加工蜜枣。

（2）鲜食或用作加工乌枣、醉枣、南枣原料者。宜在脆熟期采收，此时果皮变红，果肉脆甜多汁，风味最好。

（3）晒干枣。宜在完熟期采收，此期果肉开始变软，含水量降低，含糖量增加，制成的红枣品质最佳。

（4）传统采收方法。生产中一般采用手工采摘和竹竿振落法。手工采摘不伤树、不伤果，果实易贮藏，但费工费力，适用于矮化枣园和一些商品价值高的鲜食品种。竹竿振落法容易伤损枝条，影响来年产量。

（5）乙烯利催落法。近年来，用做加工干枣者或虽用于鲜食但果皮较厚、成熟较晚的品种，可采用乙烯利催落法采收。于采收前 6～7 天用 200～300 毫克/千克的 40％乙烯利水溶液，在中午气温较高时喷布树冠，采收时轻摇树冠即可全部脱落。

四、山楂丰产技术

（一）经济价值

山楂属于蔷薇科山楂属经济树木，是原产我国特有果树之一。山楂果具有丰富的营养价值和多种药用价值，除鲜食外，更适宜加工成山楂糕、糖葫芦、罐头、果冻、果酱、果汁、汽水、蜜饯等，目前市场销售的山楂加工制品达 100 余种。山楂产品色泽艳丽、甜酸爽口、风味独特、老幼皆宜，深受广大消费者欢迎。

我国山楂主产区包括山东、辽宁、河北、河南、山西、北京、天津、吉林、陕西、云南、广西等省（自治区、直辖市），其中山东省栽培最多。山楂栽植后 2 年见花，3 年结果，4 年获利，8 年左右进入盛果期。在适度密植条件下，盛果期每667 米^{2}产量超过 1500 千克。山楂经济寿命可达百年以上，果实极耐贮运，适宜边远山区发展。无论山地、丘陵、沙荒、平原，还是酸性、微碱性土壤都有适宜的砧木和品种供生产使用。

（二）优良品种及生长发育特性

1. 优良品种　山楂又称山里红，山楂的变种大果山楂又称红果，通常称为山楂，是我国目前的主要栽培种。现将部分优良品种介绍如下：

（1）金星。主产于山东平度、临沂，果实扁圆形深红色，平均单果重 16 克以上，果点特大、黄褐色，故称大金星。果肉厚粉红色，味酸甜品质上，10 月中下旬成熟，贮藏后品质变佳，适于鲜食和加工。是全国稀有的大果厚肉品种，加工制品色香俱佳。

（2）豫北红。河南省太行山区主栽品种，主产于辉县市、林州市。果实近圆形，平均单果重 10 克以上，果皮光滑、大红色，有少量果粉，果点灰白色，果肉粉红色，肉质松软，味酸稍甜，品质中上等，10 月上旬成熟，较耐贮藏，适合于鲜食和加工。

（3）泽州红。主产于山西晋城市。果实近圆形，朱红色有光泽，果点大而稀，灰白色，平均单果重 8.6 克，肉较厚，质地松软，粉白色至浅粉色，酸甜适口，品质中上等，10 上旬成熟，适合于鲜食和加工。

（4）辽红。主产于辽宁沈阳、抚顺等地。果实中大、长圆形、五棱突出，平均单果重 7 克以上，果皮深红、光亮，果点明显黄白色，肉质致密、深红色，味酸稍甜，品质上等，10 月上旬成熟，耐贮藏，适合于鲜食和加工。

（5）京短 1 号。系敞口山楂的优良短枝芽变品种，北京地区有栽培。树姿开张，树体矮小，树高为一般品种的 1/2 左右，呈自然半圆形，适合于密植栽培。果实扁圆或近圆形，单果重 10 克以上，最大 17.4 克，果皮大、红色、有光泽，果点较大、黄褐色，果肉厚、质地细密、绿白色至黄白色，味酸稍甜，品质中上等，较耐贮藏，10 月中旬成熟。适宜于加工果脯和干片等。

（6）软核山楂。分布于辽宁西丰、鞍山、辽阳等地。果实很小，扁圆形，平均单果重 1.5 克，果皮鲜红色，果点圆形、灰褐色明显，有蜡质光泽，萼片很长，开张平展；果肉粉白或浅粉红，甜酸适口，肉质细软，果核皮质半木拴化，质软可食。

（7）敞口。主产于山东益都、临朐、青州等地。果个大，平均单果重 10～11 克，果实扁圆形、深红色，果点密集、黄白色，果皮较粗糙无光泽，因萼筒大而深，萼片开张故称敞口。果肉白色青筋，肉质致密，味酸稍甜，品质上等，10 月中旬成熟，耐贮藏，适合于加工山楂干片。树势强健，适应性强，耐旱、抗碱，结果早，丰产、稳产。

（8）燕瓤红。燕瓤红又名粉红肉，河北省西部、北部主栽品种，主产于承德、兴隆、涞水等地。果实倒卵圆形，果皮深红、有光泽，果点较多、黄褐色，平均单果重 7 克以上，肉较厚、呈红色，味酸甜，品质上等，10 月中旬成熟，耐贮藏，适合于鲜食和加工。较抗寒，抗旱，较丰产、稳产。

（9）艳果红。主产于山西绛县、夏县、垣曲、闻喜等地。果实长圆形，浅紫红色，果点灰褐色，单果重 8.7 克，果肉红色，酸甜适口，品质上等，10 月上旬成熟，较耐贮。耐干旱，丰产稳产。适合于鲜食和加工。

（10）集安紫肉。主产于吉林省集安县岭南地区。果实近圆形，果皮鲜紫红色、有光泽，果点小、黄褐色，细密不显著，单果重 8 克，果肉较厚、深红色，肉质致密，味甜酸，品质上等，10 月上旬成熟，耐贮藏，适合于鲜食和加工。较抗寒，丰产。

（11）中田大山楂。主产于广西等地。果实长椭圆形，果皮青黄色，光滑，平均单果重 100 克，最大果重 225 克，果肉白色，甜酸适度，山楂香味浓郁；在桂东地区 10 月下旬至 11 月上旬成熟，较耐贮藏。该品种抗寒、抗旱、抗污染能力强，对盐碱性土壤的适应性较强，但忌水涝。凡有南方野山楂分布的区域皆适宜种植，尤其山区、冷凉地区更佳。

（12）沂蒙红。主产于山东等地。果实大，扁圆形，平均单果重 19.37 克，最大 27.3 克。果实顶端萼筒大，果皮深红色，颜色鲜艳，果面光滑、富光泽。果肉乳白色、质地致密，风味酸甜浓郁，在山东省的临沂地区 10 月上中旬果实成熟，适于加工和鲜食。抗干旱，耐瘠薄，适应性强。

（13）大五棱。大五棱别名五棱红，果实倒卵圆形，果皮全面鲜红色。果肉粉白至粉红色，肉质细密，甜酸可口，有香味。平均单果重 16.6 克，最大单果重 35 克。该品种树势中庸偏强，树姿开张。早实，丰产，果实可食率为 94.7%，10 月中上旬成熟，果实耐贮藏。该品种耐旱、耐瘠薄，较抗花腐病。近几年，中原栽培区、冀京津栽培区和辽宁省，已引入该品种进行栽培。

（14）白瓤绵球。主产于山东半岛福山、莱西等地。果实圆形，果皮深红或大红色；果肉白色至绿白色，肉质细、较绵软，甜酸适口，成熟期为 10 月中旬，耐贮藏。果枝连续结果能力强，结果早，丰产性好。该品种适应性强，耐瘠薄。负载过重时，有隔年结果现象。

（15）大绵球。主产于山东费县、平邑、蒙阴和临沂等地。该品种树势中庸，树姿较开张。早实丰产，果实扁圆形，果皮橙红色、有光泽。果肉浅黄或橙黄色，肉质细而绵，甜酸适口，平均单果重 14.5 克左右，9 月中旬成熟，贮藏性差。该品种较耐瘠薄，适应性较广。

2. 生长发育特性

（1）根系。山楂多为浅根系，主要分布在 20～50 厘米土层内，水平分布常为树冠的 3～5 倍。山楂根系萌蘖力强，地表下 5～25 厘米处的根易产生不定芽，萌生根蘖苗，可利用其分株繁殖砧木。一年中根系有 3 次生长高峰，第一次在 3 月下旬至 5 月上旬，第二次在 7 月份，第三次在 9 月上旬至 10 月下旬。

（2）枝芽。

①芽。山楂花芽为混合芽，着生于枝条顶端及其以下数节。花芽肥大，先端钝圆，萌发后抽生结果枝。进入结果期的枝条顶芽大多是花芽。潜伏芽寿命长达 20～60 年。

②枝条。山楂发育枝停长早，没有分生二次枝的习性，大树上的发育枝多在开花前就停止生长。多数品种萌芽率高，成枝力差，特别是进入盛果期后多发生中短枝和叶丛枝。结果枝由混合花芽萌发而成，顶端着生花序开花结果。结果母枝即着生混合花芽的枝条，来年抽生结果枝。健壮的发育枝顶芽和其下数个腋芽都可形成花芽，转化为结果母枝；粗壮的结果枝于顶端开花结果的当年，在结果部位以下数个腋芽也能形成花芽，成为新的结果母枝而连续结果。但结果枝在果实采收后顶端枯死，冬剪时应剪掉枯桩。

（3）开花结果。山楂为伞房花序，着生于结果枝的顶端，一般每花序有花 14～25 朵，花期 7～10 天，自然授粉坐果率可达 62.7%～71.2%。山楂果实发育分为 3 个阶段：幼果速生期在 5 月中下旬至 6 月上中旬，缓慢生长期即果核硬化期在 6 月中旬至 7 月中下旬，二次速长期在 8 月上旬至采收。

（4）花芽分化。山楂一般 8 月下旬至 9 月上旬进入花芽形态分化，越冬前多数花芽出现花蕾原始体，翌春芽萌动开始继续分化，经历 5 周完成其他花器分化。山楂落花落果严重，一年有 2 次高峰，第一次在谢花后 10 天左右，第二次在麦收前后。缺肥少水，严重干旱，花期连续阴雨会加剧落花落果。

（三）丰产栽培技术

1. 山楂对环境条件的要求

（1）光照。山楂为喜光树种，对光照要求比较敏感，光照充足枝条粗壮，花芽饱满，果个大，色泽艳丽，产量高。若树冠内膛光照不良，结果部位外移现象明显。

（2）温度。山楂生长发育要求最适年均温 11～14℃，冬季的极端低温不宜低于－30℃。我国山楂主产区年均温 4.7～15.6℃，年积温 3 000～4 500℃。

（3）水分。山楂耐干旱，也比较抗涝，对土壤水分适应性较强。其生长发育要求年降水量 200～1 140 毫米，一般在 500～700 毫米地区表现良好。为了取得较高经济效益，不宜栽培在地下水位过高的地方或低洼地。

（4）土壤。山楂对土壤条件适应性强，以土层深厚的中性或微酸性的沙壤土最适宜。在轻度盐碱性土壤中也能正常生长发育，但幼苗易发生黄叶症。所以在酸碱性过高的地方不宜栽培山楂。

2. 嫁接育苗　山楂主要采用嫁接育苗，一些优良品种也可进行断根分株繁殖。

（1）主要砧木。

①山里红。产于吉林、辽宁、内蒙古、河北、河南、山东、

山西、陕西等省（自治区），果实圆球形，果皮鲜红色、有光泽，9月中下旬成熟，味酸稍甜，可鲜食入药，内有种子3～5粒，可作为栽培品种的砧木。

②湖北山楂。原产湖北省，河南、江西也有分布，果实球形暗红色，有显著斑点，8～9月成熟，肉较厚可鲜食可加工，较抗黄叶病，种子含仁率高，出苗率较高，也是良好的砧木。

③野山楂。野山楂又称小叶山楂、红果子等，分布于河南、湖北、江西、福建、贵州、广东、广西等省（自治区），果实小、猩红色或黄色，可食用，种子可培育砧木，具有矮化效应。

（2）砧木苗培育。砧木繁殖主要采用播种育苗，根系发达，适应性强，适合于大面积育苗，技术要点如下：

①适时早采种。山东、河南在8月下旬至9月上旬，当果面1/3～1/2转红或转黄时采收种仁饱满的种子。

②浸水暴晒开裂种壳。将种子浸泡于冷水中1～2天，充分吸水后摊在水泥地面上薄薄一层进行暴晒，气温30℃以上经2～3小时即有部分种子开裂，将开裂的种子拣出，其余种子重新浸泡和暴晒，直到70％以上种壳开裂为止。

③及时层积处理。将种壳裂口的种子进行沙藏处理180天以上，适宜温度在5℃左右，种沙比例1：（3～5），湿度以手握成团、松开轻压即散为宜。第二年春天3月中下旬至4月上旬种子发芽率达40％左右时条播畦内。一般每667米² 播种量为13～15千克，可出苗12 000～15 000株。幼苗出土后加强管理，以便秋季嫁接。

（3）嫁接技术。山楂嫁接方法分为枝接和芽接两种。枝接在春节后至萌芽前进行，芽接多在7～8月进行。枝接包括切接、劈接、插皮接、腹接、双舌接等；芽接包括T形芽接、嵌芽接等，嫁接步骤同一般树种。

3. 园地规划与建设

（1）园地选择。山楂园地以光照充足、背风向阳、土层深厚、排水良好、地下水位较低的中性沙壤土最为适宜。山地应搞好水土保持工程，河滩地应修筑台田挖排水沟，土质条件差的应种植绿肥或施足底肥改良土壤。

（2）栽植密度。平地沃土长方形栽，植株行距（4～5）米×（5～6）米；计划性密植株行距 2 米×3 米或 1.5 米×2 米；山地等高栽植株行距（3～4）米×（4～5）米；瘠薄山地（2～3）米×（3～4）米。

（3）栽植时期。南方适宜秋栽；北方以秋栽为好，也可春栽；冬季严寒地区以春栽为宜。

（4）其他事项。现代山楂集约化栽培，建园时要选择优良品种，合理密植，适当配置授粉树，搞好园地规划设计，挖大坑，多施肥，掏石换土，灌足定植水，树盘覆盖地膜保墒，及时定干。

4. 土肥水管理技术

（1）土壤管理。山地瘠薄山楂园要搞好水土保持，每年秋季深翻改土（60～80 厘米）或换客土，熟化土壤，加深土层厚度，结合深翻施有机肥并清除多余的根蘖。落叶后刨园（深 20 厘米）耙平；早春树盘覆草或盖地膜；雨季及时中耕松土除草或喷化学除草剂。平地园也要改良土壤，种植绿肥或合理间作。

（2）注重施肥。山楂宜在秋季果实采收前后施有机肥，每株 50～150 千克，保证 1 千克果 1 千克有机肥，并加入适量氮磷钾速效肥料。全年追肥 2～3 次：萌芽前追施速效氮肥，株施尿素 0.3～1.0 千克；谢花后适量追施氮肥、磷肥和钾肥；果实着色前追施磷、钾复合肥。另外，可在生长期叶面喷施 0.3%～0.5%尿素溶液、磷酸二氢钾溶液等。

施肥方法有环状、沟状、放射状、穴状等。施基肥沟深为 40～50 厘米，可与深翻改土结合进行，追肥可浅为 10～20 厘米。

（3）水分管理。山楂耐干旱，适量灌水可提高产量。有灌溉条件的山楂园，可结合追肥于萌芽开花前、谢花后、果实膨大着色期灌 3 次水，另外灌 1 次封冻水，浸透土层 50～80 厘米，灌水方法有沟灌、穴灌、树盘灌水等。无灌溉条件的地方，应进行树下覆草或覆盖地膜，雨后中耕保墒。

5. 整形修剪技术

（1）丰产树形。山楂的丰产树形有主干疏层形、双层开心形、自然开心形等。

①主干疏层形。干高 60 厘米，主枝 6～7 个，分 3 层排列，一、二层间距 80 厘米，二、三层间距 60 厘米，第一层主枝各有 3～4 个侧枝，二、三层主枝各有 1～2 个侧枝。该形树体高大，株产较高，适用于一般山楂园。

②双层开心形。干高 50～60 厘米，主枝 5～6 个，分两层排列，层间距 60～70 厘米，每主枝上有 2～3 个侧枝。该形光照条件较好，树体较小，适用于中等密度园。

③自然开心形。干高 50 厘米，主枝 3～4 个，每主枝上有 3～4 个侧枝。该形树体矮小光照好，适用于瘠薄山地或密植园。

（2）幼树整形。骨干枝的延长枝以轻短截和中短截为主，利用撑拉开张主枝角度达到 60°～70°；山楂树中心干易偏斜生长，短截时应留内侧芽，保证中心干直立生长；辅养枝多留少疏，养根壮树，以不剪甩放或拉枝变向为宜，发芽前多道环割可提高萌芽率，随树龄增长酌情疏缩过密枝。

（3）结果树修剪。

①初果期树修剪。继续短截培养骨干枝，甩放中庸、水平、斜生枝，疏除密生、重叠、交叉、细弱、竞争枝，回缩过长的连续结果枝。夏季修剪，进行摘心、拉枝，促进花芽分化；7 月下旬至 8 月上旬短截背上直立旺长新梢或竞争新梢，剪留 20～30 厘米长，剪口下 1～3 芽当年可形成花芽；6 月下旬至 7 月上旬对旺树旺枝进行环剥，可促进花芽分化。

②盛果期树修剪。回缩或疏除临时性大枝，疏除树冠外围过密的强枝，三叉枝去中心，燕尾枝去一留一，改善内膛光照，调

整结果枝与营养枝的比例，密处疏稀处留，老枝组及时回缩更新，内膛枝短截培养新枝组，疏除弱枝组，保留壮枝组。徒长枝过密者疏，有空者拉平甩放或短截培养结果枝组。

（4）放任树修剪。山楂放任树的修剪主要是进行树体改造，改善光照条件，培养结果枝组，提高产量。

6. 主要病虫害防治技术

（1）山楂白粉病。为害叶片、新梢和花果，病叶、病梢满布白粉，花瓣狭长扭曲，果实向一端弯曲，严重时从果梗病斑处脱落，或果面形成红褐色粗糙病斑。防治方法如下：

①及时清扫苗圃与果园，铲除根蘖与野山楂，清除落叶落果，剪除病枝，烧毁或深埋，清除病源。

②发芽前喷一次 5 波美度石硫合剂。

③花蕾期喷洒 0.5 波美度石硫合剂。

④坐果期喷 0.3 波美度石硫合剂或 50％托布津可湿性粉剂500 倍液，或 25％三唑酮可湿性粉剂 1 500 倍液。

（2）山楂花象甲。为害花蕾和幼果，引起花蕾脱落，果实伤疤累累。防治方法如下：

①秋冬刮树皮，消灭越冬幼虫，春季早上傍晚振落捕杀成虫，及时清除被害花蕾。

②6 月上旬成虫发生期，喷 50％辛硫磷乳油 1 000～1 500 倍液，或 80％敌敌畏乳油 1 000 倍液。

（3）山楂木蠹蛾。为害枝干，幼虫孵化后从树皮缝中蛀入，树干木质部被蛀成纵横交错的坑道，并排出锯末状虫粪和木屑，树势极度衰弱，甚至大枝死亡。防治方法如下：

①人工捕杀成虫，秋季或早春刮树皮消灭在浅层越冬的小幼虫。

②虫孔注射 50％敌敌畏 20 倍液，然后用黄泥封闭虫孔。

7. 花果管理　花量少的山楂树，在盛花期喷布30～50 毫克/千克赤霉素，可提高坐果率 10％～20％，提前成熟 10～15 天。

花量过大的山楂树，应在花序分离前至开花期疏花序，去弱留壮、留前去后，使结果枝与营养枝的比例达到 1∶1～2，可防止大小年结果。

8. 果实采收　山楂采收期一般在 10 月上旬至 10 月下旬，当果面充分着色有光泽，果点明显、果柄微黄时采收。用于贮藏或加工罐头的可适当早采。

采收方法有手摘法、木杆振落法、化学药剂催落法。化学药剂催落法是在采前 7～9 天往树冠喷布 40％乙烯利 1 000～1 500倍液，达到树下微滴水为度，采收时在树下铺一布帘或草席，轻轻摇动树干或树枝，果实即可落下，然后收集包装。

五、猕猴桃丰产技术

（一）经济价值

猕猴桃为藤本果树，又名奇异果、藤梨、毛梨、阳桃等，原产我国。猕猴桃营养全面、丰富，其果实中维生素 C 含量特别高，每 100 克鲜果中含维生素 C 100～400 毫克、蛋白质 0.8 克、碳水化合物 14.5 克、膳食纤维 2.6 克、维生素 A22 微克、胡萝卜素 130 微克、硫胺素 0.05 毫克、核黄素 0.02 毫克、烟酸 0.3毫克、维生素 E2.43 毫克、钙 27 毫克、磷 26 毫克、钾 144 毫克、钠 10 毫克、镁 12 毫克、铁 1.2 毫克、锌 0.57 毫克、硒0.28 毫克、铜 1.87 毫克、锰 0.73 毫克等。因其营养价值高，医疗保健作用好，被人们誉为"维生素 C 之王""长生果""美容果"等。

我国是猕猴桃的原始起源地，除青海、新疆、内蒙古外，其他各地都有猕猴桃的分布。其中陕西（秦岭和大巴山区）、河南、湖南、湖北、安徽、江西、四川、广西、江苏、浙江、贵州、云南、上海、北京、重庆、山东、广东等省（自治区、直辖市）是我国猕猴桃的主要栽培区。猕猴桃早结、丰产，嫁接苗定植第二年即可结果，第四年进入盛产期，每 667 米^2 产量可超 2 000 千克，经济效益显著。

（二）优良品种及生长发育特性

1. 优良品种

（1）中华猕猴桃。

①金霞。树势健壮。果实近圆柱形，平均果重 85 克，最大果重 134 克。果肉淡黄色，汁多味甜，含维生素 C 1 100 毫克/千克，可溶性固形物 15％，总糖 7.4％，有机酸 0.95％，总氨基酸 0.603％，品质上等。早结、丰产，定植后第二年始果，最高株产 80 千克。在武汉，果实 9 月中下旬成熟，耐高温、干旱，抗风能力强，耐贮性强，适于鲜食和加工。

②金桃。树势中庸。果实长圆柱形，平均果重 82 克，最大果重 121 克，果肉金黄色，质地脆、细多汁，酸甜适中。含维生素 C 1 470～1 520 毫克/千克，可溶性固形物含量 18％，有机酸 1.69％。在武汉，果实 9 月中下旬成熟，常温下可贮藏 40 天左右。抗病虫能力强。

③金早。树势中庸。果实卵圆形，平均果重 102 克，最大果重 159 克，果肉黄色、质细、汁多、清香，品质佳，可溶性固形物含量 13.3％，维生素 C 1 240 毫克/千克，总酸 1.7％。果熟期 8 月中旬。嫁接苗定植第二年有 76％的植株开花结果，最高株产 4.5 千克。

④鄂猕猴桃 2 号。树势较强。果实广椭圆形，平均果重 80 克，最大果重 135 克，果肉金黄色，汁液多，具芳香，肉质细腻，酸甜适度，品质上。可溶性固形物含量 14.3％～15.2％，维生素 C 6 548～9 390 毫克/千克，总糖 6.93％～8.90％，可滴定酸 1.25％～1.68％。常温下可贮放 10～15 天，冷藏可达 30 天。在武汉，果实 8 月中下旬成熟，可挂果至 9 月下旬采收；3 年生平均株产 7.14 千克。具有较强的抗病虫、抗干旱能力。

⑤鄂猕猴桃 3 号。生长势较强。果实长圆柱形，平均单果重 85 克，最大果重 155 克，果肉金黄色，肉质细腻，酸甜适度，可溶性固形物含量 15.0％，维生素 C557 毫克/千克，总糖

5.81%，可滴定酸 1.42%，品质上。在武汉地区，果实 9 月上中旬成熟，在树上可挂果至 10 月国庆期间采收。果实常温下可贮放 15 天，冷藏达 50 天。

⑥皖翠。树势中庸。果实圆柱形，平均果重 110～125 克，最大果重 200 克，果肉翠绿色，细嫩多汁，香味浓，可溶性固形物含量 15.5%～17.5%，总糖 13%，总酸 1.35%，维生素 C 650～780 毫克/千克。在皖中地区，果实 10 月下旬成熟，果实耐贮藏。不落果，丰产、稳产，抗逆性强。

⑦中猕 1 号。树势强，果实椭圆形，平均果重 83.0～95.0 克，最大果重 137.8 克，果肉绿色，细嫩多汁，味甜；总糖含量 10.4%，总酸 2.23%，可溶性固形物含量 16.1%；维生素 C 740 毫克/千克。在郑州地区，果实 10 月下旬至 11 月初成熟。丰产、稳产，栽培适应性强。

⑧华光 2 号。果实椭圆形，平均果重 60 克以上，最大果重 114.5 克。果肉浅黄色至金黄色，肉质细，多汁，味酸甜，富有浓香，品质上等。含可性固形物含量 13%，维生素 C 1 167.7 毫克/千克，加工与鲜食俱佳。

⑨魁蜜。生树势中庸。果实扁圆形，平均果重 130.4 克，最大果重 183 克。果肉黄色或绿黄色，质细多汁，酸甜或甜，风味浓，具较浓清香或微香。可溶性固形物含量 13.4%～16.7%，维生素 C 1 195～1 476 毫克/千克。果实 9 月中旬成熟，室温下可存放 12～20 天。早结、丰产、稳产，适应性广，在微酸至微碱性土壤上均可栽培。

⑩早鲜。树势较强。果实圆柱形，平均果重 83.4 克，最大果重 132 克。果肉黄色或绿黄色，质细、多汁，酸甜适口，风味较浓，微清香。可溶性固形物含量 12.5%～16.4%，维生素 C 735～1 128毫克/千克。果实 8 月中下旬至 9 月初成熟，室温下可存放 10～15 天。较丰产，为目前国内早熟品种中栽培面积最大的一个品种。

⑪庐山香。树势较强。果实长圆形,平均果重 87.5 克,最大果重 140 克,果肉淡黄色,味甜多汁,有蜂蜜型香气,可溶性固形物含量 13.5%～168%,维生素 C 1 590～1 706 毫克/千克,品质上等。果实 10 月中旬成熟。早结、丰产,对生态环境要求较高。

⑫金丰。树势较强。果实长椭圆形,平均果重 88 克,最大果重 163 克。果肉黄色,质细多汁,味酸甜,微有清香。含可溶性固形物含量 10%～15%,维生素 C 710～1 030 毫克/千克。果实 9 月下旬至 10 月上旬成熟,较耐贮运,室温下可存放 30 天左右。丰产、稳产,适应性广,抗逆性强,且耐粗放管理,加工鲜食兼用。

⑬红阳。树势强旺。果实短圆柱形,平均果重 68.8 克,最大果重 87 克。果肉美观,沿果心有放射状紫红色条纹,果汁多,香甜味浓。可溶性固形物含量 16%,维生素 C 2 500 毫克/千克。果实 9 月上旬成熟,耐贮性强,可贮至翌年 2 月。

⑭Hort-16A。新西兰选育。果实倒圆锥形或倒梯形。平均果重 80～105 克。果肉金黄色,质细多汁,极香甜,维生素 C 1 200毫克/千克,鲜食和加工兼用。

除上述品种外,还有华优、富华、金农、琼露、怡香、素香、金阳、武植 2 号、建科 1 号、丰蜜晓、桂海 4 号、红花、楚红等中华猕猴桃品种。

(2) 美味猕猴桃。

①海沃德。为目前国际市场上的主栽品种,树势中庸。果实宽椭圆形,平均果重 100 克,最大 160 克,花与果单生。果肉绿色,甜酸适度,风味佳,香气浓郁。可溶性固形物含量为 14.8%左右,维生素 C 600～1 300 毫克/千克。果实 9 月下旬至 10 月上旬成熟,耐贮,货架寿命长。

②秦美。果实椭圆形,平均果重 102.5 克,最大果重 204 克,果肉绿色,肉质细嫩、多汁,酸甜适口,有香味。可溶性固形物含量 10.2%～17%,维生素 C 1 900～3 546 毫克/千克。果

实 10 月上中旬成熟。早果、丰产、抗性强，适应性广，果实耐贮性、货架期较长。

③鄂猕猴桃 4 号。树势极强。果实圆柱形，平均果重 91 克，最大果重 140 克。果肉绿色，质细汁多，甜酸适度，风味浓。维生素 C 581.9 毫克/千克，可溶性固形物含量 13%～16%，可溶性糖 7.84%，可滴定酸 1.55%。在湖北省兴山县，9 月中下旬成熟。较耐瘠薄，对高温干旱有较强的耐性。

④米良 1 号。树势强。果实长椭圆形或圆柱形，平均果重 86～96 克，最大果重 162 克。果肉黄绿色，肉质细嫩多汁，酸甜适口，有香味，品质上等。可溶性固形物含量 16%～18%，维生素 C 1 000～4 000 毫克/千克。早结、丰产、稳产，果实 10 月上旬成熟，室温下可贮藏 50 天左右。鲜食加工两用。果实外观不端正是其主要缺陷。

⑤川猕 2 号。树势旺。果实短圆柱形，平均果重 95 克，最大果重 183 克，果肉翠绿色、汁多、味甜、微香。可溶性固形物含量 16.9%，维生素 C 1 240 毫克/千克。早结、丰产，果实为 10 月上旬成熟，在常温下可存放 15～20 天。

⑥金魁。又称为鄂琳猴桃 1 号，生长势强。果实圆柱形，平均果重 100 克，最大果重 175 克。果肉翠绿色，质细多汁，风味浓郁，品质上等，可溶性固形物含量 18%～22%，维生素 C 1 000～2 420 毫克/千克。果实室温下存放 50 天。早结、丰产、稳产、适应性广，抗逆性较强。

⑦徐香。果实圆柱形，单果重 70～110 克，最大果重 137 克，果肉绿色，酸甜适口并具有草莓等多种果香味。可溶性固形物含量 15.3%～19.8%，维生素 C 994～1 230 毫克/千克。果实 10 月上旬成熟。

⑧亚特。植株生长健壮。果实短圆柱形，平均果重 87 克，最大果重 127 克。果肉翠绿色，可溶性固形物含量 15%～18%，维生素 C 1 500～2 900 毫克/千克。早果性较差，但进入结果期

后很丰产。抗逆性强，耐旱、耐高温、耐瘠薄。

⑨徐冠。生长健壮。果实长圆柱形，平均果重 102 克，最大果重 180.5 克。果肉绿色，肉质细嫩多汁，酸甜适口，有香气。可溶性固形物含量 12%～15%，维生素 C 1 070～1 200 毫克/千克。10 月上中旬成熟，常温下可贮存 30 天以上。耐旱、耐高温、耐瘠薄和土壤高 pH。

⑩实美。生长势较强。果实近长圆柱形，平均果重 100 克，最大果重 170 克。果肉绿色，汁液多，酸甜适口，有清香。可溶性固形物含量 15%，维生素 C 1 380 毫克/千克。果实 9 月下旬至 10 月上旬成熟。

此外还有皖翠、山峡 1 号、沁香、翠香、金香、青翠、川猕 3 号、川猕 4 号、红美等美味猕猴桃品种。

（3）观赏猕猴桃。

①金玲。树形紧凑，树姿婆娑，节间短。雌花常单生，花瓣 6～8 枚、白色、芳香。果实未成熟时绿色，成熟时逐渐转为橘黄色，卵圆形或圆球形，顶端有乳头状的喙，果面光滑美观无斑点，平均果重 20～25 克。果肉橘黄色，果心小，汁液少，风味麻辣，果实仅供观赏。4 月下旬至 5 月上旬开花，8 月下旬果实成熟，可延迟至 9 月中旬不落果，观果期 6～9 月。抗逆性强，适应性广，尤其对高温、干旱、短时间渍水的抗性较强，抗叶蝉危害能力亦较强。用于盆景栽培具有半矮化效果。

②江山娇。中华猕猴桃×毛花猕猴桃远缘杂交育成的观赏品种。一年中约开花 6 次，第一次开花结果后，结果母枝又陆续抽出新的结果枝，不断地现蕾、花开、结果。每年开花约 5 次，每次花期 7～10 天，最长可达 20 天。花冠为玫瑰红色，平均果重 30 克，维生素 C 含量为 8 000 毫克/千克。同时，在杂种一代中出现雌雄同株，可作为观赏用。

③重瓣。中华猕猴桃×毛花猕猴桃远缘杂交育成的观赏品种。花为重瓣，花瓣多在 10 片左右，呈 2～3 轮排列，花大而娇

艳。维生素含量为 7 350 毫克/千克，而且果实中种子少、风味佳美。该品种节间短、株型紧凑，可供盆栽。

④满天星。中华猕猴桃与毛花猕猴桃远缘杂交观赏新品种，来源同江山娇。该品种为雄株，花瓣大，水红色。花着生在 1～6 节上，每花序有 3 朵花，一个开花母枝约有 60 朵花，花开时宛如繁星闪烁，是庭院垂直绿色的优良品种。

（4）授粉品种。

①马图阿（Matua，又译为马吐阿）。由新西兰引入。花期较早，为早中花期美味和中华猕猴桃雌性品种的授粉品种，树势较弱。花期长达 15～20 天，花粉量大。可用作艾伯特（Abbort）、阿利森（Allison）、蒙蒂（Monty）、徐冠、徐香、青城 1号、郑州 90－4、魁蜜、早鲜、怡香、通山 5 号、武植 3 号、武植 2 号和 93－01 等品种、品系的授粉品种。

②阿木里（Tomuri，又译为图马里、唐木里等）。由新西兰引入。花期较晚，为晚花型美味和中华猕猴桃雌性品种的授粉品种。花期为 5～10 天，花粉量大。可用作海沃德、秦美、秦翠、东山峰 79－09、东山峰 78－16、川猕 1 号、川猕 3 号、庐山香和郑州 90－1 等品种、品系的授粉品种。与陶木里品种授粉近似的品种，有 B1（M51）、郑雄 3 号和湘峰 83－06，可替代使用。

③郑雄 1 号。由中国农业科学院郑州果树研究所培育。每个花序常有 3 朵花，最多达 6 朵，以中长花枝蔓着花为主，花粉量大，花期 10～12 天，在郑州为 4 月下旬、5 月上旬开花。用其做琼露等早中期开花的中华猕猴桃雌性品种的授粉树，花期正好。与该品种同花期的还有郑雄 2 号。

④岳－3。植株生长势中庸，萌芽率为 44％～67％，花枝蔓率为 90.7％～100％，平均每个母枝蔓着花枝蔓 6.8～9.0 个，每个花枝蔓着 17～22 朵，花粉量大，每朵约有 170 万粒花粉。在岳阳，其花期为 4 月下旬到 5 月上旬。可作为庐山香等中晚期成熟的中华猕猴桃和美味猕猴桃的授粉品系。

⑤厦亚 18 号。由福建省亚热带植物研究所从中华猕猴桃中选出，原代号为 79 - 18。花粉量大。其花期在厦门为 3 月中旬到 4 月上旬，为 20 天左右，花量大。可作为早、中、晚期中华猕猴桃和美味猕猴桃的授粉品种。

⑥磨山 4 号。由中国科学院武汉植物研究所培育。每个花序常有 5 朵花，最多达 8 朵，以短花枝蔓着花为主。花期 20 天左右，作为武植 3 号的授粉树有较强的花粉直感效应，可增大果个，提高果实维生素 C 含量，使果色美观，种子数减少而千粒重增加。该品系花期长，可作为早中期乃至晚期中华猕猴桃和美味猕猴桃的授粉品系，目前，是国内选出的最好的雄性品系之一。

⑦秦雄 401。秦美的授粉雄株，花期较早，可作为早中期开花的雌性品种的授粉树。花期长，花量大，树势旺。

此外，软枣猕猴桃中的魁绿、毛花猕猴桃中的华特等品种在生产上也有所发展。

2. 生长发育特性

（1）根系。猕猴桃的根为肉质根，其导管特别发达，输导水分、养分的能力很强，多伤流。初生根含有大量淀粉和水分，不耐干旱。根系在土壤中的分布随土质、土层不同而异。土层深厚、土质疏松、肥沃，根系分布深广，可达 4 米以上。而在土层浅的果园中，大部分根系分布在距地表面很近的区域，70% 的根分布深度不超过 30 厘米，1 米以下很少有根系分布。一般集中分布在 20～60 厘米深土层中。水平分布范围为树冠直径的 3 倍左右。

根系在土温 8℃时开始活动，25℃时进入生长高峰期，30℃时新根生长基本停止。在温暖地区，只要温度适宜，根系可常年生长而无明显的休眠期。根系生长有 2 个高峰期。第一次生长高峰期出现在新梢迅速生长后的 6 月份，第二个高峰期在果实发育后期的 9 月份。

（2）芽。猕猴桃的芽着生在叶腋间隆起的海绵状芽座中，芽外包裹有3～5片黄褐色鳞片。每个芽座通常有3个芽，中间较大的为主芽，两边较小的是副芽。主芽分为叶芽和花芽。叶芽萌发生长为发育枝制造营养；花芽为混合芽，一般比较饱满，萌发后先抽生枝条，然后在新梢中下部的几个叶腋间形成花蕾开花结果。开花结果部位的叶腋间不再形成芽而变为盲节。副芽通常不萌发，成为潜伏芽，寿命可达数十年，当主芽受伤、枝条重短截或受到其他刺激后，常萌发生长为发育枝或徒长枝，个别也能形成结果枝。

猕猴桃的芽为早熟性芽，往往当年生新梢上的腋芽提前发育成熟、萌发抽枝，形成二次枝、三次枝。二次枝发生过多，会减少下年的花芽数量和花芽质量。

（3）枝（蔓）。猕猴桃的枝又称为蔓，具逆时针方向缠绕性。蔓可分主蔓（主干）和侧蔓两种。侧蔓是主要的结果母枝。雌株以它的结果母枝中下段第3～10个芽位着生结果枝，而雄株却自1～9节抽生花枝而不结果。枝条有营养枝和结果枝之分。营养枝根据其生长势强弱，可分为徒长枝、发育枝（营养枝）和短枝。徒长枝多从主蔓上或枝条基部隐芽发出，生长极旺，直立向上，节间长，毛多而长，芽不饱满，很难形成花芽，有的生长量可达7米以上；发育枝多从枝条中部发出，生长势较强，这种枝可成为次年的结果母枝；短枝多从树冠内部或下部枝上发出，生长衰弱，易自行枯死。结果枝又可分为徒长性结果枝（50～150厘米）、长果枝（30～50厘米）、中果枝（10～30厘米）、短果枝（1～10厘米）和短缩果枝（1厘米以下）等。

（4）花。猕猴桃为雌雄异株植物。花为完全花，只是雌花中雄蕊花粉无生活力，雄花中雌蕊的柱头基本消失。故人工栽培时须配置授粉树。雌花多数单生，着生在结果枝2～7节叶腋间。雄花以聚散花序为主，雄花着生在1～9节叶腋间，无叶节也能着生。花初开时为白色，后逐渐变为淡黄色至橙黄色，花谢后变为褐色。在浙江，一般 4 月下旬开花，花期 4～5 天，5 月上中旬谢花。同一品种，一般南方比北方开花早，雄花比雌花早 3～5 天，但终花期却基本一致。高海拔地区比低海拔地区开花迟。

（三）丰产栽培技术

1. 猕猴桃对环境条件的要求

（1）光照。猕猴桃耐阴、喜光、怕暴晒，在年日照 1 931～2 090 小时生长良好。但树龄不同也会有所区别。一般幼龄期喜阴凉，怕强光直射。成年树喜阴湿，但又需较多的光照，怕暴晒。

（2）温度。猕猴桃自然分布范围属于中亚热带、北亚热带和暖温带气候区，主要分布在北纬 18°～34°的广大山区，气候温和、雨量充沛、土壤肥沃、植被茂盛。极端最高温度 42.6℃，冬季极端低温－20℃。人工引种驯化栽培的最适宜气候为：温暖湿润，夏无酷热，冬无严寒，年均温在 15.0～18.5℃，≥10℃ 有效积温 4 500～5 200℃，无霜期为 210～290 天的山区。

（3）水分。猕猴桃喜湿润，在空气相对湿度为 70%～80%，年降水量 1 000 毫米以上的条件下，生长良好。不耐干旱，不耐积水，耐性比桃还弱，最长抵抗期 4～5 天，弱地表积水 1 周，大部分树会淹死。

（4）土壤。猕猴桃喜欢土壤疏松、不易积水、有机质丰富、pH5.5～6.5 的沙质壤土或砾质土。

（5）其他。猕猴桃新梢肥嫩，叶大而薄，易遭风害，应注意避风或防风。

2. 嫁接育苗

（1）实生砧木苗的培育。

①种子采集。于每年 9 月下旬至 10 月上旬选择充分成熟、无病虫害的果实采集种子。先将果实堆积，变软后装入袋中揉碎搓烂，压尽果汁，然后放入盆中用清水冲洗干净，放在室内阴干，再装入布袋内放在干燥处备用。

②种子沙藏。猕猴桃种子播前必须沙藏，并有利于提高发芽率。把种子用温水浸泡 1～2 小时或用冷水浸泡 1 天。按 5 份种子 1 份湿沙混合装入袋子中，将袋子平放在上下铺湿沙的木箱、花盆或地坑内，最上面盖稻草帘等遮盖物，保持湿度，温度以保持在 14℃为宜。每隔 10～15 天检查 1 次，防止霉烂和鼠害。一般沙藏时间 40～60 天，到第二年露白时就可以下种。也可采取冰箱变温处理（5℃冰箱中 2～3 周，然后再放入 10～20℃的温度中）和冬前 12 月直接播在苗床中越冬处理，同样达到提高发芽率的效果。

③苗床准备。在播种前，应该整理好苗床。苗床宜选择灌溉方便、排水良好、土壤肥沃而疏松，呈微酸性或中性的沙壤土。播种前半个月，进行深翻，平整细耙，施足底肥。底肥以腐熟畜禽粪等有机肥为主，每公顷可施 1 500 千克，然后做畦，畦面宽 0.8～1.0 米，高 15～20 厘米。因猕猴桃苗易受立枯病和猝倒病菌感染，所以最好在播种前用托布津或多菌灵等，对土壤进行消毒灭菌处理。

④播种。播种期依地区气候不同有早有晚，多数地区以春播为主，我国中部、南部地区在 3 月下旬播种，北部地区播种稍晚。一般日均气温达到 11.9℃左右时播种较为适应。播种前 3～7 应浇透水，待土壤湿度适宜时播种，并轻压实土壤。播种方法可采用条播和撒播。撒播，就是直接将种子和混合的沙，撒播在准备好的畦面上，一般每平方米播种量为 3～5 克。播种后，再用木板轻轻压实畦面，再用细筛筛一层草皮灰覆盖种子，厚 2～3 毫米，以盖过种子为准。上面再盖一层稻草，并浇透水。条播，就是先开宽约 3 厘米的平底浅沟，沟深约 1 厘米，行距约 10 厘米，将种子带沙均匀地播入沟内，再用细筛筛一层草灰覆盖种子，厚 2～3 毫米，上面再盖一层稻草等秸秆物，淋透水。

⑤苗期管理。

a. 浇水。猕猴桃种子播种浅，易受外界环境影响，因此，必须经常浇水保持苗床湿润，以利于整齐出苗。

b. 间苗和移苗。幼苗长出 4～6 片叶时移苗成活率最高。移栽苗栽植行距 12 厘米，株距 4 厘米。这种距离长出来的苗健壮，当年可以嫁接。移栽后要及时浇透水，同时要搭上遮阳棚或搭遮阳网。棚顶离地面高 50 厘米，遮阳度以有 40%～50% 的透光性为宜。太阴时，苗木徒长，细长而不粗壮，当年很难嫁接。

c. 幼苗管理。小苗期要经常浇水，保持土壤湿度。小苗施肥，可以通过浇水施入经发酵尿水。不能施肥过量，否则容易出现烧苗。当幼苗长 20 厘米时进行摘心，将基部发的芽及时抹除，使小苗长粗，到秋季能嫁接。

（2）嫁接技术。

①接穗选择。接穗要选择品种纯正、生长健壮、芽眼饱满、无病虫害的 1 年生枝条。冬剪时，将接穗收集、登记、挂牌沙藏，以备来年使用。

②嫁接时间。猕猴桃嫁接时间比较长，一年中除寒冷的冬季、炎热的夏天及伤流期不能嫁接外，其余时间均可进行；若有温室条件，只要有接穗，全年都可以嫁接。

③嫁接方法。猕猴桃嫁接方法有芽接、枝接等，但最简便常用的是带木质芽接法。此法目前应用广泛，一年四季都可采用。具体方法：首先，选砧木离地面 5～10 厘米光滑处，在下部成 45°角向下切一刀，长度 0.3～0.4 厘米，深度为砧木直径的 1/4～1/5；再从其正上方约 2 厘米处向下斜切至第一刀处，去掉切块。其次，用同样的方法切削接芽。在接穗饱满芽上、下方各 1 厘米处下刀，切出带木质芽块，其大小尽量与砧木上的切口一致。再次，将切好的芽块插入砧木切口，插紧插正，至少使一边形成层对齐。最后，用弹性塑料条将所有伤面包严绑紧，防止水分散失。上半年嫁接时，接芽可露在外面，有利于成活后立即萌发。但秋季嫁接则要包住接芽，以防冬前萌发。此法的优点为操作快，嫁接成活率高。

（3）嫁接苗管理。

①剪砧。剪砧主要指腹接苗，春季嫁接的在嫁接成活后立即剪砧，促使接芽生长。夏季接芽成活后可先折砧。秋季嫁接成活后不剪砧。

②除萌。嫁接成活后，接口以下萌发的不定芽必须及时剪除，如果未成活，应选留 1～2 个枝条，以备补接。

③早搭架。猕猴桃嫁接成活后，新梢生长很快，嫁接结合处不牢固，加之叶片很大，极易被风从基部吹劈断裂，致使嫁接前功尽弃。必须尽早设立支柱。

④松绑。在嫁接成活后，为了不妨碍苗木的加粗生长，在嫁接后 2 个月左右应解绑。松绑最好用刀片在绑扎处竖切一刀，使塑料条随着枝条的加粗生长慢慢撑开。在不妨碍苗木生长的前提下，解绑宜晚不宜早，但要注意防止塑料条勒入皮层影响营养运输。

⑤摘心。当幼苗生长到 20～60 厘米时，应及时摘心，以促进组织充实和枝干的加粗生长。

⑥中耕除草。嫁接苗在生长季节也是各种杂草旺盛生长的时期，所以要适时中耕除草，保持土壤疏松、无杂草。

3. 园地规划与建设

（1）园地选择。根据猕猴桃对生长环境（喜温暖、喜潮湿、喜肥、喜光、怕旱涝、怕强风、怕霜冻）的要求，按照水果无公害生产标准，选择土层深厚、肥沃、通透好、腐殖质含量高、土壤 pH 在 5.5～6.5 的沙质壤土，且避风向阳、排灌方便、交通便利处建园。

（2）栽植密度。一般篱架株行距为（3.0～4.0）米×（2.5～3.0）米，每 667 米^2 栽植 56～89 株。T 形小棚架为（3.0～4.0）米×（3.0～4.0）米，每 667 米^2 栽植 42～72 株。水平大棚架为 5.0 米×5.0 米，每 667 米^2 栽植 27 株。

（3）栽植时期。北方地区在落叶后萌芽前栽植，冬季严寒地区以春栽为宜。南方地区冬季温暖,以秋冬栽植为好,也可春植。

(4) 雌雄株配置。猕猴桃为雌雄异株植物,需配置授粉树。授粉品种要求和雌株品种花期一致、花期长、花粉量大、花粉生活力强。雌雄株配置比例以 (5~8):1 为好 (图 8-1)。

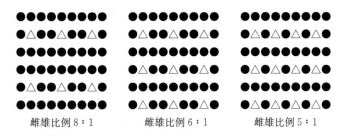

雌雄比例 8:1   雌雄比例 6:1   雌雄比例 5:1

图 8-1 猕猴桃不同雌雄比例定植图

注:●代表雌株,△代表雄株。

4. 土肥水管理技术 土壤的状况与猕猴桃生长结果的优劣关系极为密切,只有加强果园的土壤管理,培肥地力,才能为猕猴桃实现安全、优质、丰产奠定坚实基础。

(1) 土壤管理。猕猴桃喜土层深厚、土质疏松、有机质含量高的肥沃土壤,因此,建园后的前几年,结合秋季施基肥对果园土壤进行扩穴深翻改良,熟化土壤。幼龄果园可采取生草、覆盖、绿肥还田等,可有效防止水土流失,减少水分蒸发,抑制杂草生长,增加土壤有机质,提高土壤肥力。过沙或过黏的土壤还应采用客土法、增施有机肥等进行土壤改良。

(2) 施肥。猕猴桃园的施肥应根据叶片分析和土壤分析等营养诊断结果进行平衡施肥,以有机肥为主,化肥为辅,基肥与追肥、土壤施肥与根外追肥相结合。基肥也称秋肥,于 9 月下旬至 10 月上中旬施入,以农家有机肥料为主,施肥量占全年的 60%~70%。追肥在生长期因树制宜施 2~4 次,要贯彻"看树施肥"的原则,即树势弱、挂果多者要增加施肥次数和施肥量;树势旺者要减少施肥量,特别是要控制氮肥用量。追肥的适期为萌芽前、开花前、谢花后和果实膨大期。

(3)水分管理。猴桃需水量大,根系不耐渍、分布浅。其需水期与需肥关键期相似,即萌芽前后、开花前、谢花后、浆果膨大及成熟期和采果后。在这些时期如土壤干旱应及时灌水,但注意灌水不要过多,以免引发根腐病。雨季应及时排水。

5. 整形修剪技术

(1)丰产树形。猕猴桃本身不能直立生长,需要搭架支撑才能正常生长结果;猕猴桃的结果量可以超过每 667 米^2 2 500 千克,加上生长季节枝叶的重量,如果遇上大风,会产生很强的摆动量。因此使用的架材一定要结实耐用。目前栽培猕猴桃采用的架型主要有单臂篱架、T形小棚架和水平大棚架 3 种(图 8-2、图 8-3、图 8-4)。

①篱架。架面与地面垂直成篱状。行距 2.0 米,支柱高 2.6 米,埋入土中 0.6 米,地上部高 2.0 米。每隔 4.0～6.0 米立一支柱,支柱上拉 3 道铁丝,第一道铁丝距地面 60 厘米,铁丝间间距 0.60～0.65 米,最上端留 10 厘米。

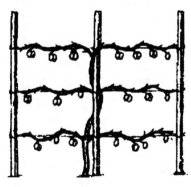

图 8-2 双臂三层篱架

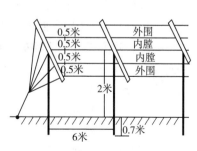

图 8-3 T形架

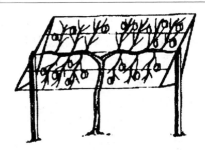

图 8-4　水平棚架

②T 形架。T 形架是在支柱顶部设置一横梁，形成 T 字样的支架，顺树行每隔 6.0 米设置一个支架。立柱全长 2.8 米，地面上一般高 2.0 米左右，地下埋入 0.8 米；横梁全长 2.0～2.5米，上面顺行设置 5 条 8 号铅丝，中心一条架设在支柱顶端。

③水平棚架。在支柱上纵横交错地架设横梁或拉上铁丝，呈网格状，形似大荫棚。棚架支柱高 2.8 米，埋入土中 0.8 米，地上部 2.0 米，支柱间距 5.0 米×5.0 米，支柱间每隔 0.6 米拉一道 8 号铁丝。

（2）幼树整形。幼树整形修剪以促进树体健壮生长、增加枝量、扩大树冠、培养树形，早上架、早结果为目的。篱架单主蔓上架后，每层留 2 个侧蔓向两边延伸，侧蔓上每隔 40～50 厘米留 1 个结果母枝。T 形小棚架单主蔓上架后，采用 Y 形向架两边分头延伸主蔓，每隔 30～50 厘米留 1 个侧蔓，并兼做结果母枝。结果母蔓上每隔 30 厘米左右留 1 条结果蔓。当侧蔓超过横梁最外端，让其下垂。大棚架，可采取双蔓或三蔓上架，架上侧蔓向四个方向分头延伸，侧蔓上每隔 45～50 厘米留 1 个结果母枝，均匀分布在架面上。

（3）结果树修剪。

①冬剪。冬剪又称休眠期修剪，在落叶后 2 周至早春枝蔓伤流前 2 周进行，一般从 12 月中下旬至翌年 2 月上中旬。冬季修剪的主要任务是配备适宜的结果母枝，同时对衰弱的结果母枝进

行更新，使结果部位能够始终保持在距离主蔓较近的区域，保证树体持续丰产、稳产。主要采用短截与疏剪相结合，长、中、短枝混合修剪相结合的方法。一般徒长性结果枝在结果部位以上留6～8芽短截，长果枝留4～6芽短截，中果枝留4～6芽短截，短果枝及短缩果枝不剪。对当年生营养枝留4～10芽短截，使其翌年成为优良的结果母枝。若营养枝数量过多，可将其一部分留2～4芽短截作为预备枝。对密生枝、细弱枝、枯枝、病虫枝、交叉枝、重叠枝、下垂枝等进行疏除，使枝蔓分布均匀合理，上下不重叠，左右不拥挤，前后不交叉，通风透光良好。

对结果多年已衰老的结果母枝应及时回缩更新。回缩更新时应尽量避免结果部位的上升和外移，同时注意控制产量的突然下降。对于结果母枝基部有生长充实的结果枝或发育枝的，可回缩到健壮部位；若结果母枝生长过弱或其上分枝过高，应将其从基部潜伏芽处剪掉，促使潜伏芽萌发，选择一个健壮的新梢作为明年的结果母枝。

②夏剪。夏剪又称为生长期修剪，主要包括以下措施：

a. 抹芽。抹除刚萌发的位置不当芽、双生芽、三生芽、过密芽、萌蘖芽、瘦弱芽、叶簇芽等。一般健壮结果母蔓上留4～6个结果枝，每15～20厘米留1个结果枝芽，其余结果枝芽适当抹除。

b. 疏枝。当新梢长至20厘米以上、花序开始出现后，及时疏除细弱枝、过密枝、病虫枝、双芽枝及徒长枝等，结果母枝上每隔15～20厘米保留1个结果枝。

c. 摘心。摘心分为营养枝摘心和结果枝摘心。对选留的强旺营养枝要留15～18叶，以后萌发的枝留3～4叶反复摘心。中庸枝留8～12叶摘心，摘心后萌发的二次枝再留6～8叶摘心，以后萌发的三次枝、四次枝等留1～2叶反复摘心。花前对结果枝进行摘心，时间以花前1周至始花期之间，在结果部位以上留7～8叶摘心，二次枝、三次枝的摘心同营养枝。

③雄株修剪。雄株在冬季不做全面修剪，只对扭曲缠绕枝、交叉重叠枝、细弱病虫枝等作疏除、回缩修剪，使雄株保持较旺的树势，产生的花粉量大、花粉生命力强，利于授粉、受精。第二年春季开花后立即修剪，选留强旺枝条，将开过花的枝条回缩更新，同时疏除过密、过弱枝条，保持树势健旺。

（4）衰老期树更新复壮修剪。对老树和多年生蔓的更新，可分为全部更新和局部更新。植株全部老化时，可采用全部更新，宜分年或一年完成，但应预先培养新蔓。

6. 主要病虫害防治技术 猕猴桃枝、叶、果多绒毛，自然状态下病虫害较少。在栽培条件下，猕猴桃的生长环境发生了改变，一些危害传统水果和农作物的具有很强抗药力的病虫渐渐转移到猕猴桃上来。加之在栽培中逐渐形成了对化肥、农药的依赖，使其自身的抗性和免疫力开始下降。因此，猕猴桃的病虫害逐渐增多，危害日益严重。

猕猴桃常见病害主要有根腐病、溃疡病、花腐病、炭疽病等，常见虫害主要有蝙蝠蛾、东方小薪甲、吸果夜蛾类等。

（1）猕猴桃根腐病。发生较为普遍，复发率较高，根治困难，危害大。从猕猴桃苗期到成株期都可发病，发病部位均在根部，造成根颈部和根系腐烂，严重时整株死亡。该病主要由疫霉菌、密环菌等多种真菌侵入引起。病菌随耕作或地下害虫活动传播，从根部伤口或根尖侵入。

①加强果园管理，增强树势，结合土壤深翻和土壤药剂处理，用 40％安民乐乳油 400～500 倍液，或 40％毒死蜱乳油 400～500 倍液进行土壤处理，消灭其地下害虫，减少根部伤口，控制病害的扩展和蔓延。

②田间发现病株时，将根颈部土壤挖开，仔细刮除病部并用生石灰消毒处理，然后在根部追施腐熟农家肥，配合适量生根剂，以恢复树势。也可以选用 25％丙环唑乳油 3 000～4 000 倍或地菌净 800 倍液灌根加生根剂混合液灌根处理。

③发病严重的果园，要及时拔除田间病株，土壤中残留的树桩和侵染病菌的根系并要随时集中销毁。

（2）猕猴桃溃疡病。一种严重威胁猕猴桃生产的毁灭性细菌性病害，一旦发生则难控制。主要危害猕猴桃的主干、枝蔓、芽，其次为嫩梢、花蕾、花和叶。以危害 1～2 年生枝梢为主，一般不危害根和果实。

①加强管理增强树势是关键。

②药物防治。生长季节可选喷 20％乙酸铜 600～800 倍液、70％琥·乙磷铝可湿性粉剂 500～800 倍液、春雷霉素 500 倍液、菌毒清 400 倍液、丙环唑 2 000 倍液、氢氧化铜 800 倍液、噻菌铜 600 倍液、中生菌素 600 倍液；落叶后可选用 5 度波美石硫合剂、春雷·王铜 200 倍液、代森铵 100 倍液等，药剂要交替使用，每次间隔至 15～20 天。

③对局部发生溃疡病的病疤，应坚持早发现、早刮治、早涂药，控制扩展。涂抹的药剂有乙酸铜 20 倍液、过氧乙酸 100 倍液、5～10 度波美石硫合剂、氢氧化铜 20 倍液、噻菌铜 20 倍液，涂药前先用消毒刀具刮掉菌脓及菌脓处病灶（伤流期不能刮治），直接涂抹以上药液后，及时复查，及时涂药，涂药范围应大于病灶范围 2～3 倍。

④如发生在根部，则用靓果安 300 倍液灌于根部。

（3）猕猴桃花腐病。花期的一种重要病害，是难防治的病害之一。主要危害猕猴桃的花蕾、花，其次危害幼果和叶片，引起大量落花、落果，造成小果、畸形果，严重影响猕猴桃的产量和品质。防治措施：

①农业防治。冬剪后彻底清园；合理密植，多芽稀枝修剪，及时绑蔓；疏花疏果，合理负载，培肥土壤，增强树势，提高植株抗病性。

②化学防治。早春萌芽前，喷布 5 波美度石硫合剂，隔 7～10 天后再喷一次 0.7：1：100 波尔多液；开花前 20 天，在该病

初侵染阶段选喷 1 000 万单位农用链霉素 1 000 倍液或 1.5％ 菌立灭 2 号 500～600 倍液或过氧乙酸 300～400 倍液，每隔 7～10 天一次，连喷 2～3 次。

（4）东方小薪甲。猕猴桃主要虫害。以成虫危害猕猴桃果实，在两个相邻果或多个果实挤在一块时危害相挤果面，受害后果面出现针眼状虫孔，果面表皮细胞形成木栓化组织，凸起成痂。受害后表皮下果肉坚硬，果实失去商品价值。该虫一年发生 2 代，成虫先危害杂草、蔬菜，成虫往往几十上百只聚集在凋萎的猕猴桃雄花内，在猕猴桃果实迅速生长期开始为害果幼果。成虫喜群集在果柄周围、萼凹和两果相切处等隐蔽部位活动，是虫量较少时，一般不造成危害，数量大时可造成果面成疮痂状，严重影响猕猴桃商品果率。防治方法：

①农业防治。冬季彻底清园，刮翘皮，集中烧毁枯枝落叶；雄花凋萎后摘除烧毁；疏花、疏果时，注意果与果距离，尽量不要留双连果。

②化学防治。5 月下旬至 6 月上旬为防治适期，可选用 2.5％氯氟氰菊酯 2 000 倍液、48％毒死蜱 1 000 倍液、40％辛硫磷 1 000 倍液等喷雾防治，严重发生年份间隔 10～15 天连喷 2 次。

7. 花果管理 猕猴桃花粉粒大，在空气中飘浮的距离短，依靠风力授粉效果不好，必须依靠昆虫授粉或人工授粉。为提高果实坐果率、产量和品质，可采取以下措施：

（1）花期放蜂。由于猕猴桃的雌花和雄花都没有蜜腺，对蜜蜂的吸引力不大，所以用蜜蜂授粉时需要的蜂量较大，大到每 1334 米^2 猕猴桃园就应有一箱蜂，每箱中有不少于 3 万头活力旺盛的蜜蜂。在大约有 10％的雌花开放时将蜂箱移入园内。为了增强蜜蜂的活力，每 2 天一次给每箱蜜蜂喂 1 升 50％的糖水，蜂箱还应放置在园中向阳的地方。

（2）人工授粉。猕猴桃为雌雄异株，在按比倒配置授粉树后，如能配合人工辅助授粉，则可显著提高着果率。特别是花期气候不良时，人工辅助授粉是必不可少的，否则难以保证产量。

在授粉前选择花期稍早、花粉量多、与主栽品种亲和力强、花粉萌芽率高的雄性品种，采集含苞待放或初开放而花药未开裂的花，用镊子剥下花药，放在玻璃容器中置于恒温箱内用 $25\sim26℃$ 烘干，装入干燥的玻瓶内备用。待雌花开放时，将花粉用滑石粉稀释 $5\sim50$ 倍，可采用毛笔点授、简易授粉器授粉、喷粉器授粉等方法进行花粉。授粉时间宜选晴天上午 $8\sim10$ 时或下午 $3\sim5$ 时。

如需大面积生产用，可采取人工液体授粉，收集花粉时不必剥下花药，可将采集的含苞待放的花朵，盛于搪瓷盘内，放入 $25\sim28℃$ 的烘箱内连花丝、花瓣和花粉一起烘干。然后用 3 层纱布包好，于定量清水中反复揉洗，将花粉洗于清水中，同时在此花粉水中加入 0.2% 硼砂和 5% 的糖，搅拌均匀，用超微量喷雾器进行喷布。

（3）疏花疏果。猕猴桃花量较大，各种条件适宜时，坐果良好，且基本上没有生理落果。但坐果太多，给树体造成沉重负担，造成小果，并削弱营养生长，引起树体转弱，连续生产能力下降，从而影响丰产和稳产。

猕猴桃花期短、蕾期长，一般不疏花而提前疏蕾。疏蕾通常在 4 月中下旬侧花蕾分离后 2 周左右开始。先按照结果母枝上每侧间隔 $20\sim25$ 厘米留 1 个结果枝的原则，将结果母枝上过密的、生长较弱的结果枝疏除，保留强壮的结果枝，并将保留结果枝上的侧花蕾、畸形蕾、病虫危害蕾全部疏除，再按照结果枝的强弱调整着生的花蕾数量。强壮的长果枝留 $5\sim6$ 个花蕾，中庸的结果枝留 $3\sim4$ 个花蕾，短果枝留 $1\sim2$ 个花蕾。最基部的花蕾容易产生畸形果，疏蕾时先疏除，需要继续疏时再疏顶部的，尽量保留中部的花蕾。花蕾的大小和形状与授粉坐果后果实的大小和形状关系十分密切，疏蕾时要注意疏除较小的花蕾和畸形花蕾。

疏果应在盛花后 2 周左右开始，首先疏去授粉、受精不良的畸形果、扁平果、伤果、小果、病虫危害果等，而保留果梗粗壮、发育良好的正常果。根据结果枝的势力调整果实数量，海沃德、秦美等大果型品种生长健壮的长果枝留 4～5 个果，中庸的结果枝留 2～3 个果，短果枝留 1 个果。同时注意控制全树的留果量，成龄园每平方米架面留果 40 个左右，每株留果 480～500 个，按平均单果重 95 克计算，每 667 米² 产量 2 200 千克。疏除多余果实时应先疏除短小果枝上的果实，保留长果枝和中庸果枝上的果实。

（4）生长调节剂应用。猕猴桃品种海沃德谢花后 15～20 天用猕猴桃果实膨大剂 100～150 倍液浸渍幼果，果实纵横径及单果重可增加 50％以上。

（5）果实套袋　定果后，在 6 月下旬至 7 月上旬进行套袋。一般以在上午 8～12 时，下午 3～7 时套果为宜。果袋以黄色、透气性好、有弹性、防菌、防渗水性好的木浆纸袋为好。果袋的规格为长 190 毫米，宽 140 毫米。套袋前全园用 25％丙环唑7 500倍液加 40％毒死蜱乳油或 40％安民乐乳油 15 000 倍液加柔水通 4 000 倍液加海力威 600 倍液的混合药液喷一遍。采果前3～5 天，可将果袋去掉。也可以带袋采摘，采后处理时再取掉果袋。

8. 果实采收　适期采收是保证猕猴桃丰产、优质的重要措施。采收早晚对产量、风味、品质、贮藏性能与商品性能影响较大。由于猕猴桃果实成熟时，其外观颜色没有明显变化。因此，目前多以果实可溶性固形物含量的高低作为适期采收指标。一般中华猕猴桃果实可溶性固形物达 7.0％～7.5％，美味猕猴桃达7.5％～8.0％为其最佳采收期指标，可溶性固形物含量 6.5％为可采收期指标。

此外，在确定果实采收期时，还可以果实生长期、果实硬度、果梗与果实分离的难易及果面特征变化等作为参考指标。

六、瓯柑丰产技术

（一）经济价值

瓯柑为芸香科柑橘属水果，是我国浙江南部温州地区栽培的一个古老的地方特色柑橘品种，栽培历史有千年以上。瓯柑果实金黄鲜艳、清甜多汁，略带苦味，营养价值较高，富含维生素C、维生素D和果糖、柠檬酸及磷、钾、钙、镁、铁、锌、锰、纤维素等人体需要的无机物和有机物，以及抗衰老作用的过氧化氢氧化酶（POD）、超氧化物歧化酶（SOD）等物质，具有祛热生津、化痰止咳、清凉解毒等特殊的药用功效。果汁中的苦味物质橙皮苷和柚皮苷等具有降压、降温、耐缺氧、增加冠状动脉流量等药效作用。瓯柑果实极耐贮藏，常温下可贮藏至翌年5～6月，且风味不变。温州民间素有"端午瓯柑似羚羊"之说，每到端午佳节，家家户户以高出其他水果好几倍的价格去购买瓯柑。

瓯柑主要分布在浙江温州的瓯海、乐清、龙湾、瑞安、平阳等地，近年来，浙江丽水、云南和福建三明、南平、福州等地也有引种栽培。据不完全统计，全国瓯柑种植面积约3 000公顷，产量约6万吨，其中温州市就占了2 666.7公顷，产量5万吨。瓯柑属高产、稳产，抗性和适应性均强的柑橘品种，一般嫁接苗定植后3～4年就开始结果，每667米^{2}产量500～1 500千克；成年树每667米^{2}产量2 500～3 000千克，最高每667米^{2}产量可超5 000千克。

（二）优良品种及生长发育特性

1. 优良品种　瓯柑，因产瓯地（现温州）而得名，为芸香科柑橘属宽皮柑橘类柑。近年来，在普通瓯柑的基础上选育出了无籽瓯柑和青瓯柑，从而使瓯柑的品质得到提升，种植面积也得到进一步的扩大。

（1）普通瓯柑。灌木状小乔木，树势较弱，树姿紧密，呈圆头形。果形圆锥状圆球形，平均单果重150克左右，果面橙黄色，果皮稍厚，质较软，油胞大，较为粗糙，瓤壁薄，易剥离。肉质细嫩、多汁、化渣，风味甜酸适口，略带苦味，有籽。可溶性固形物含量 10.5%～11.0%，总糖为 8%～9%，总酸每 100 毫升含 0.07 毫克，瓤壁稍带苦味。花期 4 月中下旬，果实于 12 月上中旬成熟．但一般于 11 月下旬采摘，果实极耐贮藏，常温下可贮藏至翌年 5 月，且风味不变。

（2）无籽瓯柑。无籽瓯柑也称无核瓯柑，普通瓯柑田间芽变单株。果实无种子，其他同普通瓯柑。

（3）青瓯柑。普通瓯柑田间芽变单株。其果实采收时果皮青色，贮存至次年 5 月果色青色变淡，稍变青黄。极耐贮存，比普通瓯柑贮藏期长 3 个月以上，可贮藏至中秋。果实有种子，其他同普通瓯柑。

2. 生长发育特性　瓯柑一年能抽春、夏、秋 3 次梢，均能发育成结果母枝。春梢一般于每年 3 月抽发，梢长 12～17 厘米，具叶片 9～11 枚；叶小、色浓绿，长椭圆形，先端微尖。春梢生长整齐，枝条短小而充实，且不长刺，是全年中发生数量最多的一次梢。一般分为能开花结果的结果枝和不开花只长枝叶的发育枝两类。春梢的抽生与树势强弱、前一年产量有很大关系。壮年树能抽生强壮春梢和适量的正常花枝。夏梢于 6 月中旬至 7 月底 8 月初抽发。夏梢生长迅速，枝条粗壮，但前后参差不齐，枝条上常有刺。7 月初以前发生夏梢，常与幼果争夺养分，导致幼果掉落。而 7 月底 8 月初的夏梢抽生多且整齐，是理想的结果母枝。秋梢一般在 8 月份发生，发生数量较多而整齐，但少于春梢的发生量，叶片比夏梢叶略小而比春梢叶大，一般梢长 24～34 厘米，健壮的秋梢也是第二年良好的结果母枝。而 9 月份的晚秋梢较少发生，即使发生，因生长期间气温低，生长期短，枝条组织不充实，易遭受冻害，在生产上利用价值不大，一般剪除。

瓯柑花较小，4 月上旬为初花期，4 月中旬为盛花期。花枝分无叶花枝和有叶花枝两种类型。无叶花枝为退化花枝，长度不超过 1 厘米，不具叶片，仅有不明显的叶痕，常着生畸形花；有叶花枝具叶片 4～6 张，长度 4～8 厘米或更长。各种花枝的结果率，以正常花枝为高，短缩花枝次之，退化花枝较低。

（三）丰产栽培技术

1. 瓯柑对环境条件的要求　瓯柑最适宜的种植气候环境，要求年平均气温 17～20℃，极端低温 ≥ -7℃，极端高温 ≤ 38℃，≥10℃年有效积温 5 500～6 500℃，年降水量 1 500 毫米以上。

瓯柑对土壤适应性强，无论丘陵红黄壤与海涂地（瓯海地区）均表现生长良好。以海拔 300 米以下、pH5.5～7.0、有机质含量≥3％、地下水位≥80 厘米、土层深厚的水稻土或红黄壤土最为适宜。

2. 嫁接育苗　砧木最宜选用枳，在海涂地则应选用朱栾。

（1）主要砧木。

①枳。枳也称枸橘，灌木状落叶小乔木，多刺，三出掌状复叶。根系发达，喜微酸性土壤，抗盐碱力弱，耐湿，适于水分充足有机质丰富的壤土或黏壤土，抗脚腐、流胶、根线虫、速衰等病。嫁接成活率高，嫁接后结果早，前期丰产，较早熟，皮薄，色彩好，糖分高，耐贮藏，是瓯柑最常用的砧木。有大叶大花、大叶小花、小叶大花、小叶小花、多倍体枳等类型。

②朱栾。朱栾是温州柑橘产区海涂地普遍采用的砧木。

瓯柑高接换种时也可选用温州蜜柑、胡柚、椪柑等品种作为中间砧，高接亲和性好，丰产，果实风味佳。

（2）砧木苗培育。

①枳种子的采集。于 8～9 月在枳大树上采集充分成熟的枳果，或者自然落下的成熟枳果，经过水洗，除去果肉、果皮等杂质，取出种子洗净，待种子表面水分干后，直接播种或沙藏。

②层积处理。砧木种子第二年播种的需进行层积处理。在通风、干燥、避光的屋内地上铺一层 10 厘米左右的湿沙，沙的湿

度应掌握在手捏能成团，手松即散的标准。然后将种子与湿沙混合，上面再覆盖一层湿沙即可。

③整地。第二年播种的苗圃可以在上年 11～12 月进行整地，当年 10 月播种的可于当年 7～8 月进行。每 667 米^2 施入 5 000～10 000 千克土杂肥后深翻。次年 1～2 月再进行精细整地，可以适当施入复合肥或者尿素，每 667 米^2 40～50 千克。整地后备播。

④播种。当年 10 月份播种或第二年春分前后播种，采用条播。每 667 米^2 播种 25～30 千克。播种后应注意土壤湿度，土壤过干时，需要浇一些底水，以保证出苗率。

⑤管理和抚育。积出苗以后要及时清除行间杂草，以防杂草与苗争水争肥，影响枳小苗正常生长。苗与苗之间应该保持 3～5 厘米的距离。在枳小苗长到 5～10 厘米时，一般每 667 米^2 撒施尿素 3～5 千克或三元复合肥 3～5 千克。20～30 天雨后，再重复追施一次。当枳小苗长到 20～30 厘米高、地面以上 10 厘米处（嫁接口）的直径大于 0.5 厘米以上时，即可用于嫁接。

（3）嫁接技术。瓯柑嫁接主要采用切接、芽接、嵌芽接等方法。切接主要在清明前后前进行，嫁接成活率高；嵌芽接一年四季均可进行，但以 7～8 月芽接成活率为高。具体嫁接步骤可参考一般果树嫁接育苗技术。

3. 园地规划与建设

（1）园地选择。选择坡度 20°以下、光照充足、土层深厚、有机质含量高、湿润且排水性能好的低山、丘陵地南坡及平地建园。山地需修筑水平梯台，统筹修建道路、排灌水沟及蓄水池。

（2）栽植。一般在春季 3 月份栽植。如秋季雨水较多，也可在 9 月下旬种植。定植密度以 3.0 米×（3.0～4.0）米，每 667 米^2 栽 56～75 株为宜，平地可稍疏。定植穴规格为 1.0 米×1.0 米×0.8 米，穴施农家粪 50～100 千克、钙镁磷肥 2.5 千克作为基肥。

（3）其他事项。瓯柑能自花结实，无需配置授粉树。若与其他柑橘品种混栽时，无籽瓯柑也可产生少量种子。

4. 土肥水管理技术

（1）土壤管理。瓯柑园的主要土壤管理有中耕除草、套种绿肥、果园覆盖、深翻改土。中耕除草一般结合施肥进行，平原瓯柑园中耕除草应做到"冬深、春浅、夏刮皮"的原则，也就是说，春夏季节中耕宜浅（5～10 厘米），以防止伤根过多，冬季中耕可以深一些（10～15 厘米）；平原瓯柑园中耕除草时，应进行理沟、培土。山地瓯柑园中耕除草后，应进行果园覆盖、减少土壤水分蒸发，覆盖材料可就地取材，杂草、绿肥均可，覆盖物厚 10～15 厘米，并离主干约 5 厘米；往后每次结合施肥中耕时，先移开覆盖物，待操作完毕，再重新进行覆盖；冬季结合深翻将覆盖物埋入土中。幼龄瓯柑园套种矮秆作物，既可增加收入，又可提高土壤肥力。山地瓯柑园套种印度豇豆、苜蓿、箭舌豌豆等绿肥较好，平原瓯柑园可套种蔬菜和绿肥。平原瓯柑园在春季、初夏多雨水季节，一般不进行树盘覆盖，以防土壤水分过多而烂根；但在伏旱、秋旱时，应进行树盘覆盖，覆盖材料可就地取材，杂草、作物秸秆、凤眼莲、绿萍、栏肥等都可以，厚 10～15 厘米，离树干距离约 5 厘米。平原瓯柑园可于冬季挖塘河泥（河底淤泥）进行客土培肥果园。

（2）施肥。瓯柑全年施肥 4～5 次。春肥（萌芽肥）在 2 月下旬至 3 月中旬开浅沟施入，每株施腐熟稀人粪尿 25 千克加尿素 0.25～0.50 千克或三元复合肥 0.25～0.50 千克；夏肥（壮果肥）于 5 月下旬至 6 月下旬开浅沟施入，每株施腐熟稀人粪尿 25 千克加尿素 0.25～0.50 千克或三元复合肥 0.25～0.50 千克；秋肥结合抗旱浇水施入，于 8 月上旬至 10 月上旬每月 1 次，每次每株施腐熟稀人粪尿 10 千克加尿素 0.25 千克或三元复合肥 0.25 千克；采果肥在果实采收后 15 天内开深沟施入，每株施腐熟人粪尿 15～20 千克、优质腐熟栏肥 10 千克、腐熟饼肥 3 千克、三元复合肥 0.25～0.50 千克。此外，还可结合病虫防治时进行根外追肥，但总的浓度不要超过 0.5%。肥料种类有硼砂、硼酸、硫酸锌、尿素、磷酸二氢钾等。

（3）水分管理。山地瓯柑园在干旱季节、现蕾期要及时灌水。平原瓯柑园多雨季节要及时排除积水，伏旱、秋旱时要及时灌水。

5. 整形修剪技术

（1）幼树整形。根据瓯柑生长旺盛、发枝力强、徒长性夏梢结果母枝多、早结丰产性好、结果后枝群易衰老、内膛容易空虚、结果部位外移快、大小年结果明显等特性，瓯柑宜采用自然开心形树形。

具体方法：幼苗定植后在 40～50 厘米处短截定干，待第一次梢整齐长出后选留生长健壮、分枝角度好、方位分布均匀的 3～4 个枝作为主枝培养；及早抹除直立生长的幼嫩枝梢、过密枝、轮生枝、交叉枝、竞争枝；对着生位置合理的春、夏、秋梢，在其 10～15 厘米时进行摘心，培养成为结果枝组。待主枝 1.5 米长时，在主枝上选择一条斜生夏梢，培养其成为第一副主枝；以后视栽植密度，可在第一副主枝的相对面培养第二副主枝；待全树有 150 条健壮末级梢时，即可让其初次结果。

（2）结果树修剪。

①初果期树修剪。初结果树宜轻剪，适当疏除过密的枝芽，尽量保持有效能的枝叶，使树冠不断扩大，产量迅速提高。对结果后的枝组，适当疏删过密枝、弱枝，短截部分长枝，以促发强壮春梢。其间应注意控制中部顶端的强枝，压制顶端优势。

②盛果期树修剪。成年树修剪以保持树势、维持生长与结果的平衡为目标，以采果后至抽春梢前的冬春修剪为主，花期复剪为辅。冬春修剪主要疏剪树冠内外密生枝，剪除交叉重叠枝、衰弱枝、病虫枯死枝、扰乱树形的徒长枝和下垂倒地枝等；适当短截生长较弱的枝组与枝梢，以恢复其生长势。对部分结果部位外

移、内膛空虚的树，逐年回缩外围枝组，促发内膛或下部的新结果枝群，延长结果年限。在春梢抽发时，适当抹芽、疏梢，控制春梢数量，使养分相对集中，新梢更加强壮，提高优质果比率。花期根据全树花量情况进行复剪。多花树应疏删与短截相结合，疏除密生枝、细弱枝及病虫枝等，短截更新或疏删衰老枝群，短截徒长性结果母枝，促发健壮春梢用于来年结果；少花树则轻剪、少剪。

（3）放任树修剪。瓯柑放任树的修剪主要是进行树体改造，对扰乱树形、相互遮蔽的直立大枝进行短截或疏除，回缩徒长性结果枝，疏除交叉枝、病虫枝、衰弱枝、下垂枝、枯枝等，改善光照条件，培养结果枝组，提高产量。

6. 主要病虫害防治技术　瓯柑病虫害较多，病害主要有疮痂病、炭疽病、树脂病、黄龙病等，虫害主要有红蜘蛛、介壳虫、锈壁虱、潜叶蛾、粉虱、天牛、金龟子、蚜虫、凤蝶等，其防治方法与其他柑橘类果树相同。

（1）柑橘疮痂病。真菌性病害，瓯柑主要病害之一，极易流行，常引起落叶和异常落果，造成严重的经济损失。由于疮痂病菌只侵染幼嫩组织，以刚抽出而尚未展开的嫩叶、嫩梢及刚谢花的幼果最易受害。所以疮痂病的防治要抓早、抓好，主要保护幼嫩新梢及果实。一般要喷2次药：第一次在春芽萌发至1～2毫米时，第二次是在谢花三分之二时。有效的药剂有：75%百菌清可湿性粉剂500～800倍液，50%退菌特可湿性粉剂800～1 000倍液，50%托布津可湿性粉剂500～600倍液，50%多菌灵可湿性粉剂600～800倍液。

（2）柑橘红蜘蛛。以口器刺破寄主叶片表皮吸食汁液，被害叶面呈现无数灰白色小斑点，失却原有光泽，严重时全叶失绿变成灰白色，致造成大量落叶；亦能为害果实及绿色枝梢，影响树势和产量，堪称我国柑橘生产的头号害虫。

具体防治方法：以生物防治为核心，调查测报为依据，合理使用化学药剂防治，乃是综合治理柑橘红蜘蛛的正确策略。化学防治指标为春、秋梢转绿期平均每百叶虫数 100～200 头，夏、冬梢每百叶虫数 300～400 头。化学药剂有 20％杀螨酯 800～1 000 倍液；20％双甲脒、20％三唑锡、5％噻螨铜、50％苯丁锡或 50％溴螨酯 1 500～2 000 倍液；或 73％克螨特 1 000～3 000 倍液；或 20％速螨酮 4 000 倍液，连喷 2～3 次，每次间隔 5～7 天。注意不同药剂交替使用，以防红蜘蛛产生抗药性。此外，胶体硫、石油乳剂等也有很好的防治效果。特别是 0.25％～0.50％苦楝油、1％高脂膜对红蜘蛛效果良好，而对捕食螨等天敌的毒性很低，这对协调化学防治和生物防治的矛盾具有积极的意义。

（3）柑橘锈壁虱。柑橘锈壁虱又名锈螨、铜病。主要危害果实和叶片。以口针刺入瓯柑组织内吸取汁液，使被害叶、果的油胞破裂，溢出芳香油，经空气氧化后变为污黑色物质。

具体防治方法：以生物防治为核心，实地测报为依据，合理使用药物防治。当 20％的叶片和果实发现有锈螨；或 10 倍的手提放大镜平均每视野有虫 2～3 头，应即组织喷药防治，可选用：80％代森锰锌可湿性粉剂 600 倍液、或 65％代森锌可湿性粉剂 600 倍液、或 1.8％阿维菌素乳油 2 500～3 000 倍液、或 50％溴螨酯 1 500～2 000 倍液、或 73％克螨特 1 000～3 000 倍液等，连喷 2～3 次，每次间隔 10 天。

7. 花果管理

（1）保花保果。对生长势过强、花蕾少的结果树，可采用控新梢保果、大中型结果枝组环割保果、开花前喷硼砂（或硼酸）保果、花谢三分之二时喷 50 毫克/千克的赤霉素保果、谢花后喷 5 毫克/千克 2，4－D 或 30 毫克/千克赤霉素保果、第二次生理落果前喷 10 毫克/千克 2，4－D 或 30 毫克/千克赤霉素加尿素 0.5％等措施进行保果。

对花蕾多、生长势偏弱的结果树，花蕾露白期适施速效肥、开花前喷 0.2%磷酸二氢钾加 0.2%尿素加 0.1%硼砂混合液、花谢三分之二时喷 50 毫克/千克的赤霉素，可有效地提高坐果率。

（2）疏花疏果。瓯柑成花容易，花量多，徒长枝也能进行花芽分化成为结果母枝。幼龄树花量也很多，如果不打算让其结果，应在花蕾期全部疏除，以减少营养的消耗。花量太多的瓯柑结果树，在蕾期进行适度短截修剪，剪去过多的花蕾，对减少营养消耗、促发新梢、保持树势有一定的效果。

疏果一般在定果后的大暑前后分批进行。多果树应控果促梢。在芽前适度修剪，减少花量，促发新梢。在定果后按叶果比（40～45：1）进行疏果。疏除病虫果、畸形果、个别大果和小果。

8. 果实采收 瓯柑采收后，一般不马上食用，需贮藏一段时间后，待风味达到最佳时，才上市销售。因此，采收的好坏将直接影响贮藏保鲜的效果。一般在 11 月下旬（小雪节气前后 2 天）选晴天或阴天进行采收，采前 15 天停止施肥和浇水。采收时，采用二次剪果法，即用左手的食指、中指夹住果枝，其余 3 指托住果实，先用采果剪剪断食指、中指下部的果枝，然后，再齐果肩剪平。采下的果实要与病虫果、受伤果、落地果分开放置。

9. 贮藏保鲜 将无损伤的果实装在 20 千克左右的竹筐内，浸入装有 25%咪鲜胺 10 毫升加清水 10.0～12.5 千克混合液的桶中，或在柑橘专用贮藏保鲜剂科力鲜（由中国农业科学院柑橘研究所研制生产，每包 12 克加水 5 千克）溶液中浸 1 分钟，然后取出晾干，贮存入库。药液要当天配当天用，果实要当天采收当天浸，当天入库。贮藏库要提前 1 周做好清扫，堵塞鼠洞，并用 50%多菌灵可湿粉或 70%托布津可湿粉 500 倍液喷洒杀菌。然后在地面垫干燥的稻草等软物，将瓯柑果实轻轻地摆放其上，一般摆放高度 50 厘米左右。中间留出通道以便检查果实。

　　贮藏初期应注意降低库内温度和湿度，使库内空气相对湿度保持在 80％～90％，温度保持在 5～15℃。贮藏中期应注意防寒保暖增湿及通风换气。贮藏后期温度超过 16℃时，可利用晚上室外气温较低时进行通风换气，以稳定贮藏库的温度。贮藏 40 天后，瓯柑果实的皮色已由绿转黄，果实风味也渐入佳境，可分批出库销售。一般先出售容易枯水的松皮大果。并定期检查果实，发现烂果及时拣出，若烂果不多，应尽量少翻拣。

第九章
其他特色经济林树种丰产技术

我国地域辽阔，落叶果树、常绿果树种类繁多，有许多名特稀有经济林树种，现将其主要品种、生态习性、生物学特性、繁殖方法及栽培管理技术要点介绍如下。

一、常绿经济林栽培

（一）杨梅丰产栽培技术

杨梅是起源于我国南方的特产水果，果味甘如蜜，甜中沁酸，含之生津，余味绵绵，自古以来即是人们十分钟爱的水果，也是城市园林绿化的优良树种。

1. 优良品种　杨梅为杨梅科杨梅属常绿木本果树。主要优良品种有丁岙杨梅、东魁杨梅、晚稻杨梅、荸荠种杨梅、临海早大梅、深红种杨梅、水晶杨梅、兰溪早炭梅。

2. 生长结果习性　杨梅是典型的雌雄异株果树，雄树的花枝只开雄花不结果，杨梅的雄花芽是纯花芽，着生雄花芽的枝梢称为雄花枝。生产上种植的杨梅树绝大多数是雌树。杨梅雌树的花枝一般情况下只开雌花，能结果。杨梅的雌花芽是纯花芽，着生雌花芽的枝梢，称为结果枝；没有花芽的枝梢，称为生长枝或营养枝、发育枝。依结果枝的长度可分为短果枝、中果枝、长果枝和徒长性结果枝。

3. 生态习性　杨梅为喜温暖、较耐寒的常绿果树。在≥10℃的活动积温 4 500℃以上，年平均气温 14℃以上的山地均能正常生长发育，具有经济栽培价值。杨梅虽喜温暖，但也怕高温。在 5～6 月杨梅果实迅速生长发育至成熟期，特别忌高温；此时若气温达到 $30～35℃$，会导致果实糖分减少、酸度增加、果形变小、品质下降。杨梅为阳性植物，不宜长期在弱光生境下生长。杨梅的叶片对弱光利用效率高、对强光适应性强。杨梅耐阴好湿，雨水充足，气候湿润，则树体生长健壮，寿命长，开始结果早、产量高、果实大而味甜多汁。年降水量达 1 000 毫米以上，能满足杨梅树正常的生长发育。杨梅是非豆科木本固氮植物，树根部有放线菌共生形成的根瘤，在瘠薄的土壤里也生长较好，有"肥料木"之称。

4. 繁殖方法

（1）播种繁殖。杨梅播种繁殖主要提供嫁接的砧木，为培育壮苗做准备。野生和栽培杨梅的种子均可播种育苗，生产上常采用秋播。

①采种。采种时先将种子表面的果肉洗净，摊放在干燥通风处晾干种子表面水分后进行沙藏。一般 10～12 月播种，多用撒播，播种量每 667 米² 在 200～250 千克，播后覆一层 1 厘米厚的细土，再用稻草或其他遮盖物覆盖，保温保湿。

②苗期管理。播种 80 天后出苗，出苗率达 $50\%～60\%$，4 月下旬移栽，按株行距 10～25 厘米带土移栽，有利成活，8～9 月幼苗达 30 厘米以上时，浇施 1% 的尿素，促进生长。10 月以后实生苗高达 50 厘米、粗 0.6 厘米，次年春季可嫁接。

（2）嫁接繁殖。杨梅嫁接成活率较低，为了提高嫁接的成活率，应在树龄 7～15 年、生长健壮、无病害的母树上采用 2 年生生长良好的枝条作接穗。一般在 2 月中旬树液未开始流动时进行，嫁接以切接为主，一般接穗长 8～9 厘米。切接方法与其他果树嫁接相同。嫁接苗成活后，要注意除草和防治病虫害，以保证新梢健壮生长。

（3）压条繁殖。杨梅的压条繁殖与其他果树一样，一般采用低压法，将杨梅树基部的分枝向下压入土中，然后覆土，使压入土中的枝段生根形成新的植株，次年移栽。

5. 栽培管理技术要点

（1）科学施肥。定植前在定植穴内施足基肥，在未结果前每年要施肥 1 次，一般幼树萌芽前施，促进根系和枝叶的生长；成龄树每年施肥 2 次，第一次春季萌芽前，以速效肥为主，促进春梢开花和坐果及果实的发育，第二次在采果后进行，以有机肥为主，促进花芽分化，恢复树势，为次年丰产做准备。

（2）整形修剪。杨梅的常用树形有自然圆头形、自然开心形、疏散分层形、主干形等。

对结果枝的修剪要根据树势和不同长度结果枝的比例区别对待。生长势强、长果枝比例大，修剪时主要采用短截修剪，剪去长果枝顶端的叶芽，使长果枝美满结果。生长势中庸，短结果枝比例高，结果枝与营养枝比例相当，一般不进行修剪。

生长势弱，中短结果枝比例很高，结果枝的比例远远高于营养枝，修剪时主要以促进抽生健壮春梢为主，具体方法为：短截修剪剪去长果枝上所有花芽，仅留 5 厘米长的基部空虚无叶片部分，以刺激隐芽生长，促进抽生健壮春梢，以备次年结果；短截修剪中小型结果枝组，仅留结果枝组基部 5 厘米，以刺激隐芽生长，促进抽生健壮春梢，以备次年结果；总修剪量占全树结果枝的 $1/5 \sim 1/3$。

徒长枝一般疏除，若着生处光秃的，可用拉枝改变其着生姿势，促使其形成花芽用以结果和培养结果枝组；也可采用重短截、结合多次摘心培养成结果枝组。枯枝、重叠枝、交叉枝、竞争枝、病虫枝、细弱枝的修剪，一般疏除。

（二）蓝莓丰产栽培技术

蓝莓又称越桔、蓝浆果，为杜鹃花科越桔亚科越桔属落叶或常绿灌木小果类果树。

1. 主要品种

（1）兔眼蓝莓品种群。主要品种有灿烂（Brightwell）、蓝美人（Bluebelle）、杰兔（Premier）、顶峰（Climax）、巴尔德温（Baldwin）、蓝宝石（Bluegem）、粉蓝（Powderblue）、爱丽斯蓝（Aliceblue）、布莱特蓝（Briteblue）、园蓝（Gardenblue）、梯芙蓝（Tifblue）、乌达德（Woodard）、贝克蓝（Beckyblue）、巨丰（Delite）、考斯特（Coastal）等。

（2）高丛蓝莓品种群。

①南方高丛蓝莓。主要品种有佛罗达蓝（Flordablue）、布莱登（Bladen）、奥尼尔（O′Neal）、夏普蓝（Sharpblue）、薄雾（Misty）、海滨（Gulfcoast）、艾文蓝（Avonblue）、酷派（Blue-crisp）、乔治宝石（Georgia Gem）等。

②北方高丛蓝莓。主要品种有蓝丰（Bluecrop）、伯克利（Berkeley）、蓝金（Bluegold）、康维尔（Coville）、莱格西（Legacy）、达柔（Darrow）、蓝塔（Bluetta）、考林（Collins）、塞拉（Sierra）、公爵（Duke）、蓝光（Blueray）、布里吉塔（Brigitta）、埃利奥特（Elliott）等。

③半高丛蓝莓。主要品种有北陆（Northland）、北村（Northcountry）、北空（Northsky）、北蓝（Northblue）、北极星（Polaris）、圣云（St. Cloud）、巨人（Giant）等。

（3）矮丛蓝莓品种群。主要品种有美登（Blomidon）、斯卫克（Brunswick）、芬蒂（Fundy）、坤蓝（Cumberland）等。

2. 生态习性

（1）土壤条件要求。蓝莓是典型的喜酸植物，但不同蓝莓种类对土壤 pH 要求范围略有不同。有机质含量＞3％、pH4.0～5.2、通透性好的沙壤土，最适宜高丛蓝莓生长发育；兔眼蓝莓对土壤的适应性比高丛蓝莓强，在 pH4.2～5.5 的黏土或沙土上均能生长，在沙壤土中以 pH4.8～5.2 时最高产，在沙质黏壤土中以 pH5.0～5.5 时最好。

（2）气候条件要求。

①温度。兔眼蓝莓要求年平均气温在 15.0～20.3℃，高丛

蓝莓在美国、德国、新西兰平均气温 8.7～15.0℃ 的范围内都有栽培，兔眼蓝莓比高丛蓝莓更适合温暖地带栽培。蓝莓对低温时数（≤7.2℃）的要求，一般北方高丛蓝莓要求年低温时数800～1 200小时，南方高丛蓝莓要求年低温时数 200～500 小时，兔眼蓝莓要求年低温时数 400～600 小时，个别品种只需 250 小时即可。低温时数若不能满足，容易造成萌芽期延长或花芽萌发少于叶芽，导致营养生长与生殖生长失调。蓝莓耐寒性与品种、花芽的发育阶段有关。北方高丛蓝莓比兔眼蓝莓抗寒能力强。北方高丛蓝莓品种花芽在 −29℃、叶芽在 −34℃ 时受冻枯死，枝条基部的花芽比顶端的花芽抗寒性强；膨胀的花芽 −6℃ 的晚霜低温没有发生冻害，而鳞片已脱落、花房内露出小花时，遇到 −4℃ 的低温就会枯死；花房内的小花未完全开放时，遇到 −2℃ 的低温发生冻害，完全开放遇到 0℃ 就会有冻害发生。冬季低温 −12℃ 时，兔眼蓝莓的新梢发生冻害而枯死，冬季最低温度不低于 −10℃ 可避免冻害。

②水分。蓝莓一年内的生育期从 4～10 月需要降水量 700～1 400毫米，过少或过多需加强灌溉或排水措施。在蓝莓的几个类群中，兔眼蓝莓的抗旱性最强，半高丛蓝莓强于高丛蓝莓，矮丛蓝莓最弱。耐涝性较强的为兔眼蓝莓和高丛蓝莓，其次为半高丛蓝莓，最弱的为矮丛蓝莓。

3. 生长结果习性

（1）植物学特性。兔眼蓝莓树高一般 1.5～3.0 米，略强于高丛蓝莓，矮丛蓝莓树高一般不超过 1 米。高丛蓝莓和兔眼蓝莓栽培种，多从基部伸长出数个枝干以形成树冠，而矮丛蓝莓野生种多为簇生。高丛蓝莓和兔眼蓝莓新梢从中部到基部形成叶芽，上部形成花芽。休眠芽圆锥形，有 2～4 枚鳞片包裹，纵径长 3～5 毫米，在萌发前急剧膨大。蓝莓的叶为单叶，在枝干上互生，多为落叶。蓝莓的花一般为总状花序，在伸长枝上着生小花柄的花为单一花序，多数为顶腋生花序。通常，在叶腋处着生一个花序，但高丛蓝莓有时着生数个花序。花形状各异，多为球形、倒钟形、管形或凹斗形等。花冠多为白粉红色。花萼由 4～5 个萼片组成筒状，附在子房上。花子房下位，有 4～5 个子室，每子室内含有 1 至数个胚珠，胚珠发育成数十粒种子。雌蕊由柱头和花柱组成，周围有 8～10 个雄蕊，从花冠基部伸出，雄蕊由花药和花丝组成。花丝有毛，比花柱短。蓝莓果实为圆球形或扁球形浆果，成熟果实颜色多为浅蓝、深蓝或紫罗兰色，果面覆盖蜡粉，平均单果重一般为 1.0～3.0 克。蓝莓根多为细纤维根，根毛少，根与根常交织在一起，在土壤中伸长范围较狭窄，基本上与树冠大小一致，多集中靠近树干周围的土壤深度 10～40 厘米的范围。

（2）枝梢生长习性。蓝莓一般 3 月下旬至 4 月上旬萌芽，一年中有 2 次生长高峰，即 5 月上旬至 6 月上旬和 7 月中旬至 8 月中旬，在气候温暖地区兔眼蓝莓还可有第三次新梢生长。

（3）开花习性。蓝莓的花芽分化为光周期敏感型，花芽在12 小时以下的短日照条件下分化。品种不同，所需光周期时数不同，有 8 小时、10 小时或 12 小时不等，时间为 5～8 周。矮丛蓝莓在新梢停止生长约 1 周后即开始花芽分化，高丛蓝莓与兔眼蓝莓相对矮丛蓝莓花芽分化要晚，一般在 7 月上旬开始，持续到 9 月中旬。蓝莓花芽从萌动到盛开需要 1 个月左右，一般在 3月下旬至 4 月上旬开花，4 月中旬进入盛花期，花期一般 2～3周。花的开放，一般在同一枝上，先端的花序先开，下部的花序后开；在同一花序上，基部的花后开。

（4）结果习性。蓝莓大多数品种以二级梢结果为主，一级梢为辅，一年生末级梢均能成为结果母枝，以春梢母枝坐果率最高。蓝莓同一果穗上中部果实先熟，接着顶端和基部果实成熟。第一批采收的果实最大，以后愈来愈小。果实大小与枝条的生长势有关，粗壮的枝条上所结果实较大，靠近枝条基部的果实比距基部远的果实大。兔眼蓝莓大多数品种自交不孕，需要 2 个以上品种搭配种植。

4. 繁殖方法　蓝莓是多倍体杂交品种，播种繁殖的实生苗不能用于生产。目前，国内外蓝莓苗木培育主要采取硬枝扦插、嫩枝扦插和组织培养等无性繁殖方法。硬枝扦插适用于高丛蓝莓和矮丛蓝莓。绿枝扦插主要适合兔眼蓝莓、矮丛蓝莓和高丛蓝莓中硬枝扦插生根困难的品种。组织培养育苗增值速度快，适宜于蓝莓各种群品种工厂化大规模繁殖，还可以实现蓝莓苗木脱毒生产。

5. 丰产栽培技术

（1）科学建园。园地应选择交通便利、靠近水源、远离污染源的农业生产区域，环境条件（灌溉用水、大气和土壤）必须符合无公害食品生产规定的要求。以坡度≤20°的向阳缓坡为好，要求土层深厚、pH4.2～5.5、有机质含量≥3％，土壤质地以壤土或沙壤土为宜。山坡地按等高线修筑梯田，梯面宽度不小于2.5米。

（2）合理栽植。定植前挖好口径50厘米、深40厘米的定植穴，每穴分层施入腐熟的农家有机肥（畜禽粪肥、堆肥或厩肥等）5～8千克和草炭2千克。兔眼蓝莓行株距（2.5～3.0）米×（1.5～1.8）米，每667米^{2}栽150～180株；高丛蓝莓行株距（2.0～2.5）米×（1.2～1.5）米，每667米^{2}栽180～220株。裸根苗于落叶后至发芽前的半休眠或休眠期（12月上旬至翌年2月下旬）定植。容器苗定植不受季节限制，但以休眠期定植成活率最高，其他季节定植需加强水分管理。以阴天或晴天栽植为好，雨天影响栽植质量。

（3）土肥水管理。

①土壤管理。定植后1～3年幼树，及时人工铲除树盘杂草，防止发生草荒，避免杂草与幼苗争肥料。树盘1米^{2}范围内禁止使用除草剂。除树盘外，果园实行生草栽培或套作，套种作物应是与蓝莓无共生性病虫、浅根、矮秆的植物，以苜蓿、箭筈豌

豆、印尼绿豆、三叶草、花生等豆科植物为宜。夏季高温季节来临之前，刈割杂草或套种作物、或用蕨类植物、稻草、锯末等覆盖树盘，覆盖厚度15～20厘米，覆盖面积不小于树冠投影面积，也可实行全园覆盖，覆盖物腐烂后进行翻压。每年深翻扩穴一次，一般在枝梢停止生长后（11月中旬）进行，从树冠外围滴水线处开始，逐年向外扩展20～30厘米，深度以见到根系为宜，环状撒施腐熟有机肥后再回填土壤。

②水分管理。生长期尤其是花果期若发生旱情，会影响果实膨大、果实品质和枝梢生长，要及时灌溉。有条件的果园可安装喷滴灌设施。多雨季节和台风季节，要及时排水，防止积水。缺乏灌溉条件的山地果园，可施用保水剂。剂型选用3～5毫米粒径的聚丙烯酰胺型的保水剂。使用方法：在定植穴的底部和周边的有效根层，施入保水剂凝胶（保水剂吸足水后的胶状物，干颗粒剂为20克）后，再进行苗木栽植。有效期可长达3～4年。

③科学施肥。定植后1～2年的幼龄树，采用薄肥勤施，春梢萌芽开始每40天左右追施浓度0.5%的三元复合肥（N、P_2O_5、KO，15-15-15）1次，施用量2～3千克/株，至9月下旬停止施用速效肥，控制晚秋梢的抽发，以免冻害；冬季结合深翻扩穴再施一次腐熟有机肥料，施用量5～10千克/株。定植后第3～4年开始进入初果期，每年施好4次肥料，即3月份的春肥、4～5月的膨大肥、果实采收后的采果肥和冬季的有机肥，前三次肥料采用三元复合肥，每次施用量50克/株，冬施有机肥15千克。采果肥还可增加喷施叶面肥料一次，肥料采用0.2%磷酸二氢钾加0.3%尿素。第5年开始进入盛果期，年施肥次数相同，三元复合肥总用量按每100千克鲜果6千克计，并注重冬季饼肥的使用，以提高果实品质。施肥部位以树冠外围滴水线处最佳，有机肥料采用开环状沟深施，三元复合肥兑水浇施。

（4）整形修剪。定植后两年内进行整形，树形采用多主干自然形或丛生灌木形，培养主干4～6个，分枝离地面40厘米以上。12月下旬至翌年2月上旬进行修剪，营养枝群采取"三去一、五去二"原则处理；剪除枯枝、断枝、病虫枝、细弱枝、交叉枝和基部下垂枝；回缩衰老的大枝，短截顶部徒长枝。以形成疏密有致、通风透光、高度适中而丰满的树冠。衰老树要及时更新复壮，一般12月下旬至翌年2月上旬进行。更新复壮方法：留桩10～30厘米剪去地上部分，保留桩上侧枝作为辅养枝，重新抽发新梢培养树冠，一般第二年即可恢复结果。

（5）花果管理。定植后1～2年的幼树抹除全部的花蕾，以保证树体营养生长。初花期、幼果期分别叶面喷施一次0.2%硼酸和0.3%尿素加0.2%磷酸二氢钾进行保花保果，以提高坐果率。为提高果实大小和品质，可按叶果比2～3∶1的标准，人工疏除过密的花序、畸形果和小果。

（6）病、虫、鸟害防治。坚持"以防为主、综合防治"的原则，以农业防治和物理防治为基础，提倡生物防治，科学使用农药防治，有效控制病虫害。蓝莓主要病虫害有根腐病、枝条干枯病、灰霉病、铜绿丽金龟子（幼虫蛴螬）、果蝇、豹纹木蠹蛾等。蓝莓果园还要加强鸟害防治，方法有三：果实采收期全程全园覆盖尼龙网，支架采用水泥柱，高度2.0～2.5米；或在果园四周竖立防鸟网，支架采用竹子，高度6.0～8.0米；或采用太阳能12 000～25 000赫兹超声波驱鸟器防止鸟害。

（7）适时采收与采后处理。蓝莓果色浅蓝色至蓝色，果面包被一层蜡粉，达到品种原有的果实风味，即可采摘。晴天采收要避开上午10时至下午4时的高温和早上露水期，阴天可适当延长采摘时间，雨天不采摘。鲜食果宜采用人工分品种分批采摘，采摘时，工人要戴薄膜手套，轻采轻放，减少果实伤口。采摘的果实按果径＞1.80厘米、1.79～1.51厘米和＜1.50厘米分级；分级的果实采用PET塑料盒（125克）包装；包装好的果实放入1～3℃的小冷库或冷藏柜中贮藏；果实运输时，先用瓦楞纸箱进行外包装，然后选择清洁、无污染的运输工具，不能与其他有毒有害物混运，不能重压，轻装轻卸。

（三）枇杷丰产栽培技术

枇杷为蔷薇科枇杷属亚热带果树，也可作为庭院观赏树木栽培。

1. 主要品种　大多数学者把我国栽培的枇杷分为白肉类品种和红肉类品种。

（1）白肉品种群。主要品种有照种、软条白沙、白梨。

（2）红肉中果型品种群。主要品种有浙江大红袍、夹角、安徽大红袍、洛阳青。

（3）红肉大果型品种群。主要品种有解放钟、田中、早钟6号、大五星。

2. 生态习性　枇杷喜温畏寒，较耐阴，需要较多的雨量和湿润的空气，适宜在年均温 15～18℃、年降水量 1 200～1 500 毫米、雨水分布较均匀的地区经济栽培。光补偿点和光饱和点分别为 750 勒克斯和 18 000 勒克斯。对土壤的适应性很广。

3. 生长结果习性　枇杷幼树顶端优势明显，树冠层性明显，芽具有早熟性，全年抽梢 4～6 次。枇杷花芽分化在结果母枝的顶芽中进行，大多数枇杷可自花结实，子房和花托共同发育成假果。

4. 繁殖方法　枇杷可采用实生、嫁接、压条和试管育苗。砧木有本砧、台湾枇杷、石楠等，以小苗留叶切接和剪顶劈接法最常用，也可大树高位切接或嵌芽接。

5. 栽培管理技术要点

（1）栽植。南亚热带可春植或秋植，北亚热带以春芽萌动前栽植为宜。一般株行距 4 米×5 米，大树型品种株行距 5～6 米。为便于采收与田间管理，同一枇杷园应栽植 2 个以上品种。

（2）土肥管理。要做好土壤改良和树盘覆草工作，科学施用基肥和追肥，结果树每年在采果后、开花前、疏果后和幼果迅速膨大期施肥 4 次，以速效肥料为主，做到氮、磷、钾配合施用。

（3）整形修剪。树冠直立品种整形一般采用变则主干形，开张性品种采用双层杯状形。幼树可在春梢萌发前修剪，结果树在采果后和秋季刚抽出花蕾时修剪。

（4）花果管理。花果管理包括疏花穗、疏花蕾、疏果与套袋。树体保护主要是防寒、防风。可以应用植物生长调节剂控梢、促进花粉萌发、疏花疏果、保果以及诱导产生无籽果实。注意果实成熟时适期采收。

（四）番石榴丰产栽培技术

番石榴又名芭乐，为桃金娘科番石榴属常绿果树。

1. 主要品种　番石榴主要品种有胭脂红番石榴、新世纪番石榴、珍珠番石榴、水晶番石榴、四季番石榴、东山月拔。

2. 生态习性　番石榴 15℃ 开始营养生长，28℃ 为其最适温度，最低月平均温度 10～15℃ 才可经济栽培。耐湿性强，也很耐干旱；喜光，对土壤要求不严，在 pH4.5～8.2 土壤中均能良好生长。

3. 生长结果习性　番石榴根多而密，吸收力很强。芽具早熟性，成枝力强，幼树每年发梢 3～4 次，结果树 2 次，枝梢延伸生长能力强，顶芽有自枯现象。花芽分化对环境条件要求不严格。

4. 繁殖方法　繁殖方法有实生育苗、嫁接育苗、圈枝育苗和扦插育苗。嫁接可采用共砧芽接、枝接或靠接，扦插可采用枝插、根插。

5. 栽培管理技术要点

（1）栽植。一般以春植为宜。早熟品种及山地土质较差者株行距 4 米×4 米，中晚熟品种及平地土质较肥者 4 米×6 米或 4 米×5 米，密植园 2 米×3 米。

（2）施肥。定植前施基肥，以后春季萌芽前、果实发育期及采果后各施肥 1 次，根外追肥反应良好。雨季排水，旱季灌水。

（3）修剪。多采用曲枝整形法，定植后先任其生长，然后距地面40～50厘米处剪断主干，选择6～8条主枝，用塑料绳或竹片将主枝引向四面，斜伸45°至近水平，新梢长至30厘米左右摘心。结果树要合理修剪，注意疏花疏果、套袋护果等工作。

（五）百香果丰产栽培技术

百香果又名西番莲，为西番莲科西番莲属常绿攀援性藤本果树。

1. 主要品种　百香果主要品种有紫果西番莲、黄果西番莲、大果西番莲、樟叶西番莲、台龙1号、农林1号。

2. 生态习性　百香果喜欢阳光充足的环境，要求年日照时数2 300～2 800小时，年降水量不少于1 000毫米；最适生长温度20～30℃，8℃以下嫩芽出现轻微寒害，不抗霜冻。喜湿润、忌积水、怕干旱，对土壤要求不高，最适土壤pH为5.5～6.5。

3. 生长结果习性　百香果苗高50厘米以后生长迅速，分枝性很强，有多次副梢生长。采果后抽生的秋梢形成结果母枝，下年萌生结果枝在叶腋间开花结果。果实光滑卵球形，为浆果，成熟时果皮紫色或橙黄色。

4. 繁殖方法　播种育苗，应搭建荫棚或遮光网遮阳。扦插时苗床覆盖地膜可加快生长。嫁接可用劈接、侧接、舌接、倒T形芽接，也可组织培养育苗。

5. 栽培管理技术要点

（1）栽植技术。选择排水良好的缓坡地建园。定植株行距2.0米×3.0米或2.5米×4.0米。

（2）棚架整形。搭棚架整形的架式有平顶式、篱笆式、人字形、门字形、弓形等。篱笆式棚架，架高以1.8～2.0米为宜。苗木恢复生长后，插设支柱引导主蔓上架，适当抹芽，促使主蔓生长。在有台风或强风地区，宜用一字形、主干形整形，风小地区以篱架整形为主。采果后要尽早修剪，于10月上旬结束，重剪后的秋梢，能成为翌年的结果母枝。

（3）人工授粉。在上午10时花完全展开至当天下午4时之前进行，注意下午 1 时采集花粉较好。叶面喷施植物生长调节剂云大 120 的 600 倍液加 0.2‰硼砂，保果效果好。

（4）肥水管理。在春季萌芽前、果实发育期、采果后施肥 3 次，适时灌溉、排水、中耕，冬前全园翻土。

（六）番木瓜丰产栽培技术

番木瓜为番木瓜科番木瓜属多年生常绿草本果树。

1. 主要品种　番木瓜主要品种有香蜜红肉木瓜、新世纪木瓜、穗中红 48 号、园优 1 号、台湾红妃、蜜甜、夏威夷、美中红。

2. 生态习性　番木瓜喜高温多湿，不耐寒，遇霜即凋寒，因根系较浅，忌大风，忌积水。生长适温为 25～32℃，最适于年均温度 22～25℃、年降水量 1 500～2 000 毫米的温暖地区种植。番木瓜需水量大，但忌积水，对土壤适应性较强，但要求土质疏松、透气性好，地下水位低。在土层深厚肥沃、疏松、微酸性的土壤栽植为宜。

3. 生长结果习性　多年生常绿果树，叶大，簇生于茎的顶端，有 5～7 掌状深裂，花有单性或完全花，有雄株、雌株及两性株。浆果大、肉质，成熟时橙黄色或黄色，长圆形、倒卵状长圆形、梨形或近球形，果肉柔软多汁，味香甜；种子多数，卵球形，具皱纹，黄褐色或黑色。花果期全年。根为肉质根，主根粗大，须根多，茎干直、少分枝，成年的植株茎中空；顶芽生长正常时，侧芽受抑制，主干受伤，可促生侧枝。

气温下降到 10℃时生长受抑制，5℃以下幼嫩器官受害，0℃时植株会死亡，温度超过 35℃会引起大量落花落果。

4. 繁殖方法

（1）播种育苗。常用的为营养袋育苗。一般用直径 10～12 厘米、高 16～18 厘米的营养袋育，在底部开 2～4 个小孔，以便排水。袋泥应下足充分腐熟基肥。播前种子种子先用甲基托布津 500 倍液消毒，20 分钟后用清水洗净，再用 1％小苏打液浸种

4～5 小时，洗净后用清水浸种 20 小时，在 35～37℃下进行催芽，待种皮裂开见白的时候进行播种。播前先淋透杯泥，每杯播 2～3 粒种子于杯面，播种覆盖一层薄细泥土或火烧土，以刚覆盖种子为宜。播种后淋水，再盖薄膜，控制温度在 30～40℃。幼苗拱起后控制苗棚温度在 20～30℃为宜，并及时搭好小拱棚。广州地区，秋播苗于 10 月中下旬至 11 月上旬播种，苗期约 120 天。海南可全年播种。

（2）苗期管理。秋播苗必须经过越冬，到第二年春定植，故秋播苗的管理主要是控制好温、湿度及合理施肥喷药。番木瓜的生长温度范围为 5～35℃，因此冬季必须搭拱棚加盖薄膜防寒保温。播种后要经常保持土壤湿润。当幼苗长出 2～3 片真叶时，适当减少水分，防止徒长或感染病害。抽出 4～5 片真叶后开始施薄肥，每 10 天左右施一次，用 0.2%～0.3%浓度喷施或淋施，淋肥一般用复合肥，喷施一般用磷酸二氢钾或尿素。幼苗 5 片真叶后抗寒能力已逐步增强，故可开始逐步练苗。

5. 栽培管理技术要点

（1）栽植方式。宜采用宽行窄距，一般采用 2.5 米×1.5 米规格种植。若果园肥沃，可采用 2.5 米×1.8 米；较瘦瘠的园地，行株距可为 2.3 米×1.7 米。除秋播春植外，尚有春播夏植，于 2 月下旬至 3 月播种，4 月下旬至 5 月中旬定植。这两种办法有霜冻地区较少使用，或必须使用设施保暖才可越冬收获。

（2）主要管理技术。

①疏枝及疏花果。番木瓜叶腋处如有侧芽发生，应及时摘除。每一叶腋通常只留 1 个最多 2 个果，一般雌性株坐果率高，仅留 1 个果；长圆形两性株若间断结果明显，则可部分留 2 个果。计划只收当年果实的，留果至 9 月初即可，单株平均留果 20～25 个，以后的花果全部疏去。

②授粉。番木瓜人工授粉是在早上 10 时之前，用镊子将当天散粉花朵上的花粉收集于玻璃器皿上，然后用毛笔将花粉粘在

雌花或两性花柱头上，不用套袋。每天上午对当天开放的花朵进行授粉，下雨天通常不能进行授粉。

③防风。沿海地区在台风季节应重视防风，以尼龙绳或竹、木支撑加固，以减少台风出现时的损失。有的地区采用倾斜种植以降低其高度来增强其抗风力。

（七）杨桃丰产栽培技术

杨桃又名五敛子，酢浆草科杨桃属热带常绿果树。

1. 主要品种　杨桃主要品种有蜜丝甜杨桃、水晶蜜杨桃、大果甜杨桃 1 号、东莞甜杨桃、红种甜杨桃、台农 1 号、七根松杨桃。

2. 生态习性　杨桃喜高温多湿气候，不耐旱，不耐积水，不耐冷冻和霜雪。要求年均气温 22℃ 以上，年降水量 1 700～2 000毫米，适宜生长温度 26～28℃。喜阳光，忌烈日，较耐阴。对土壤适应范围较广。

3. 生长结果习性　杨桃根系发达，萌芽力强，成枝力强，每年抽梢 4～6 次。春梢和二年生下垂枝是主要结果枝。一年多次开花结果，常花果并存。肉质浆果长椭圆形、五棱，横截面呈五角星，果皮黄蜡色。

4. 繁殖方法　一般采用实生砧嫁接育苗。多用切接、补片芽接、劈接等方法。除 7～8 月高温季节外，2～10 月均可进行嫁接繁殖。

5. 栽培管理技术要点

（1）土肥水管理。杨桃园间作物应与树体保持一定距离，实时刈割。幼树定植成活并抽梢后，每月薄施腐熟人畜粪尿 2 次，半年后每月 1 次；11 月喷施 0.2％磷酸二氢钾，结合改土施用有机肥和磷肥。成年树每年施肥 5 次，多采用环状沟施或穴施法，深 15 厘米。及时做好灌水、排水工作。

（2）整形修剪。生产中整形以自然圆头形为多，也可采用自然开心形、双层开心形、改良疏散分层形。幼树轻剪，适当短截主枝，疏除扰乱树形的大枝，辅养枝采用拉枝、拿枝促早结果。成年强树旺树宜轻剪，弱树老树宜重剪。

（3）果实管理。杨桃果实管理包括疏花疏果、果实套袋和撑枝护果 3 个方面。

（八）黄皮丰产栽培技术

黄皮为芸香科黄皮属常绿果树，原产于亚热带地区。黄皮是群众喜爱的热带水果之一，具有较高的营养价值，用途非常广泛，是海南的特产水果。果实富含糖分、有机酸、果胶、维生素C、挥发油、黄酮苷等。

1. 主要品种 黄皮主要品种有岐山甜黄皮、龙山无核黄皮、钦州无核黄皮、长圆黄皮、大果甜黄皮、大鸡心黄皮、红嘴鸡心黄皮、圆梨黄皮、牛心黄皮、晚熟黄皮。

2. 生态习性 黄皮喜光，也耐半阴，但不能过于荫蔽；喜温暖气候，年均气温 20℃以上为适宜。需湿润环境和充足水分，以年降水量 1 200 毫米且分布均匀的地区为好，耐旱能力差，忌积水。对土壤要求不严，黏壤土、沙壤土以及砾质土都能适应。

3. 生长结果习性 黄皮一年可抽 2～3 次新梢，分为春梢和秋梢。生长充实的秋梢可成为翌年的结果母枝。混合花芽 3～5 月开花。自开花至果实成熟需 70～100 天，无隔年结果现象。花期连续低温、阴雨天、干旱天气，不利于坐果。果实成熟期不一致，果粒大小不均匀。

4. 繁殖方法 黄皮播种、嫁接、压条、扦插、组织培养均可。嫁接方法有切接、劈接、舌接、靠接、合接、芽片帖接、小芽腹接等多种，目前生产上以切接、劈接为主。

5. 栽培管理技术要点

（1）建园栽植。选择有水源、能灌溉的地方建园，无核黄皮可与适量有核品种混栽，以提高坐果率。一般栽植株行距4.0 米×5.5 米，矮化密植栽培3.0 米×4.0 米，计划性密植2.0 米×2.7米，以后疏株、疏行。

（2）土肥水管理。果园行间可间种绿肥作物或瓜类、豆类。在整个生长发育过程中，要认真做好科学施肥、合理灌水及排水工作。

（3）整形修剪。幼树整型修剪宜采用矮干圆头树冠，通过短截、摘心等修剪方法培养主枝、侧枝等骨干枝，疏除徒长枝、病虫枯枝。结果树主要在采果时或采果后修剪，及时将结果枝从基部2～3芽处短截，同时加强肥水管理，以促发健壮秋梢，形成结果母枝。冬剪时疏去过密枝、枯死枝及病虫枝。

（4）提高坐果率。花期喷50毫克/千克赤霉素，提高坐果率。谢花后25天左右疏果，每果穗留果30～50粒，4～5月喷施叶面肥进行保果。

（九）椰子丰产栽培技术

椰子别名胥余、越王头、椰瓢，为棕榈科椰子属常绿果树，产全球热带地区，是典型的热带经济林木，饮料类树种。我国海南、台湾及云南南部，2 000多年前就有栽培。现在广东、广西、福建及浙江南部均有栽培，我国最适栽培的地区只限于海南。

1. 主要品种　椰子主要品种有文椰2号、文椰3号、文椰4号。

2. 生态习性　椰子为热带喜光树种，在高温、多雨湿润、阳光充足和海风吹拂的条件下，果实生长发育良好。适宜的土壤是海淀冲积土和河岸冲积土，其次是沙壤土，再次是砾土，黏土最差；要求富含钾肥的土壤，地下水位1.0～2.5米，排水不良的黏土和沼泽土不适宜种植。根系发达，具有较强的抗风能力，6～7级强风仅对其生长和产量有轻微的影响。

3. 生长结果习性　椰子生长要求平均温度在24℃以上，温差小，全年无霜，最适生长温度为26～27℃。一年中若有1个月的平均温度为18℃，其产量则明显下降，若平均温度低于15℃，就会引起落花、落果和叶片变黄。

4. 繁殖方法　椰子采用种子繁殖，高种椰子每公顷 150～180 株，杂交种 200～210 株，矮种椰子 225～240 株。播种时应深种浅培土，以恰好盖至种果顶部为宜，不要将整个坚果用土覆盖，可用利刀削去芽眼附近外果皮，斜放苗床上，2 个月后发芽，适当遮阳，经移植后待苗长高至 1 米左右再定植；苗期对钾肥需求量大，要多施钾肥。植株 3 年生以前生长慢，抗性差，要及时除草施肥，防兽害。

5. 栽培管理技术要点

（1）栽植管理。椰子一般在小雨季或雨季开始定植，成活率高。栽植后应注意除草、中耕、培土和施肥。

（2）肥水管理。椰子定植后头两年，因根系不发达，扎根浅，吸收水分养分能力差，如果遇到干旱，势必影响椰苗生长。因此，要注意旱情，及时淋水抗旱，确保椰苗正常生长。植后第二年应以树为中心，半径 1 米内进行除草松土，每年 1～2 次；或者约 2 米宽进行带状除草。国外椰园大面积除草也采用化学除草剂，效果良好。

椰子树需施全肥，以钾肥最多，其次为氮、磷和氯肥，但必须注意平衡施肥。施肥时要以有机肥为主，化肥为辅，并施一些食盐。每年可在 4～5 月及 11～12 月施肥，在距离树基部 1.5～2.0 米处开施肥沟，效果较好。若用撒施法，应全面除草松土后再施肥。

（3）病虫害防治。椰子泻血病病症。茎干出现裂缝，渗出暗褐色黏液，干后呈黑色，裂缝组织腐烂。防治方法。凿除病部组织，涂上 10％波尔多液或煤焦油。红棕象幼虫钻柱树干，可使椰子树枯死，防治时在伤口处用柏油或泥浆涂封，严重时砍伐烧毁，以免传播。椰园蚧成虫和若虫在叶背及果面上吸汗，防治时喷亚铵硫磷、马拉硫磷、二溴磷等农药。

（十）油橄榄丰产栽培技术

油橄榄又名齐墩果，是世界著名的木樨科木樨榄属木本油料树种，至今已有 4 000 年的栽培历史。油橄榄主要分布地中海沿岸国家，主产国有西班牙、意大利、希腊、葡萄牙等。19 世纪初期，相继引种到北美洲、大洋洲和亚洲东部，迄今油橄榄已扩大到世界六大洲的 30 多个国家，遍布北纬 45°到南纬 37°的广大地区。橄榄油中含有 65.8%～84.9%的不饱和脂肪酸，每 100 克 0.03～0.36 毫克的胡萝卜素，1.2～4.3 毫克的维生素 E，及维生素 A、维生素 D、维生素 E、维生素 K 等多种脂溶性维生素，是人体器官必需的营养物质，因此当今医学界把橄榄油公认为最益于健康的食用油之一。我国大规模引种油橄榄始于 20 世纪 60 年代，近十年来，随着我国经济的持续发展和人民生活水平的不断提高，橄榄油消费需求快速增长，缺口连年增大，从而推动进口量的急剧增长。据统计，1999 年我国进口橄榄油只有 123 吨，至 2007 年达 1 0003 吨，首次突破万吨，2009 年更是达 1.4 万吨，创我国进口橄榄油最高水平。2007 年，国家林业局把油橄榄列为保证我国食用油安全的木本油料之一，并从战略高度把发展油橄榄产业列入了林业产业结构调整的重要内容。

1. 主要品种

（1）国外引进品种。主要有佛奥（Frantolo）、莱星（Leccino）、配多灵（Pendoline）、毛利诺（Maurino）、马拉约（Moraiolo）、皮瓜尔（Picual）、戈达尔（Gordal）、哥罗萨（Grossanne）、软阿斯（Ascolana Tenera）、科拉蒂娜（Coratina）、皮肖利（Picholine）、卡林（Kalinjot）、截风龙（Cipisino）、爱桑（Elbassana）、贝拉（Berat）、克里（Crimean）等。

（2）国内选育品种。主要有鄂植 8 号、中山 24、城固 32、城固 53 等。

2. 生态习性

（1）气温。地中海油橄榄生产热区年平均气温 15～23℃，中热区年平均气温 14～18℃，低热区年平均气温 12～17℃；最冷月平均气温 3～7℃，极端最低温 −12～−17℃，通常生产区域的界限以常年最低温－7～－8℃为标准。

（2）日照。油橄榄是一种喜光植物。在地中海盆地，日照较充足，尤其是夏半年干旱，日照更是充足。如西班牙的安达卢西亚和法国的科西嘉岛油橄榄产区，年日照时数可达 2 400 小时以上。我国日照不足现象比较明显，较大区域的年日照时数 <2000 小时，且表现出日照量北部较多南部较少。

（3）降水量。油橄榄起源于干旱亚热带，具有很强的耐旱能力。地中海一些集中产区，年降水量大部分在 500～800 毫米，在希腊、意大利和阿尔及利亚也有降水量超过 1 000 毫米的地方，其降水分布的共同特点是夏半年降水量都只占年降水量的 20%～40%。在这种情况下，为了获得丰产，夏季灌溉就显得很重要，地中海各国灌溉量一般均在 200～450 毫米。而冬半年的降水量大都在 300 毫米以上，多的可达 750 毫米。年平均空气相对湿度较低，均低于 65%以下。

（4）土壤。地中海油橄榄分布区的土壤可分为两类：一类是占主要的，pH 较高，碱性较强，质地疏松或稍黏，富含钙质；另一类是占少数的，土质黏重，呈酸性。但一般认为 pH7～8，富含钙质而质地较疏松的沙壤土、壤土或轻黏土栽培油橄榄最理想。

3. 生长结果习性

（1）营养生长习性。油橄榄的芽可分为叶芽、花芽和隐芽。叶芽正面卵形，先端较尖，侧面扁平，萌发后形成新梢；花芽卵圆形，先端较圆钝，侧面呈弧形，较叶芽饱满，萌发长成花序；隐芽位于腋芽的上方或枝干上，为一小突起，在正常情况下一般不萌发。油橄榄枝条根据萌发时间的不同，可分为春梢、夏梢和秋梢。枝条从 3 月下旬至 4 月上旬萌发，10～11 月生长停止，生长期 7～8 个月。一年中，枝梢有 2 个生长高峰，分别出现在 4～5 月和 6 月下旬至 9 月中下旬。油橄榄的叶为单叶对生，叶片全缘，呈倒卵状长椭圆形至狭长椭圆形，先端渐尖或钝尖，叶柄短；叶片寿命，在地中海地区可长达 2～3 年，在我国大部分地区为 1～2 年。

（2）开花习性。油橄榄的花为合瓣花，花瓣及萼片 4 裂，花冠辐射对称。油橄榄的花虽属两性花，但往往有一部分花由于雌蕊或雄蕊败育而成为单性花，称其为不完全花。油橄榄花序由 1 年生枝条叶腋内的花芽发育而成，每个叶腋着生 1 个花芽，花序为纯花芽。花序为圆锥状花序，有 10～30 朵的小花组成。花序的形状、大小、疏密以及花朵数，品种间都有明显差异。一个花序上开花先后次序，正常情况下着生在主轴中部的一对花最早开放，随后为主轴上部及侧轴顶端的花，然后其他的花相继开放。一般油橄榄开花期在 4 月底至 5 月初，一个品种的花期为 7～10 天。

（3）结果习性。油橄榄以 1 年生的夏梢和秋梢结果为主，1 年生春梢结果为辅，偶有 2 年生枝条结果。根据结果枝的长度不同，可分为长果枝（>25 厘米）、中果枝（10～25 厘米）和短果枝（<10 厘米）。各类结果枝所占比例，与品种特性、栽培管理条件、树龄密切相关。通常在夏雨型地区，油橄榄落果现象严重，在终花后至 7 月份出现 2 次或以上落果高峰，总落果率达 95% 以上。落果主要原因是无效花、授粉不良、营养不良或果梢矛盾等造成。油橄榄花量大而结实率低，通常认为开花结实率达到 1% 即可获得丰产。油橄榄大多品种采收期在 9 月底至 10 月份。

4. 繁殖方法　国内外油橄榄主要繁殖方法是绿枝扦插，其他还有嫁接、"挂包苗"繁殖等方法。扦插一般在 2 月份进行，插穗采自母树上的径粗 0.2～0.4 厘米木质化程度中等的当年生绿枝，采集的插枝要求生长健壮、无病虫害，剪成 10～12 厘米的枝段，剪口楔形且平整，保留上节位顶叶 2 张作为插条；将插条基部浸于 ABT 生根粉 500 毫克/千克溶液中 30 秒后再扦插；扦插基质为珍珠岩；扦插密度为 400 条/米^2，插条 2/3 插入基质，与地面成 60°的斜角，插后浇透水，搭小拱棚覆盖塑料薄膜和遮阳网，以后定期喷水以保证土壤水分和空气湿度。一般插条扦插后 16 天左右形成愈伤组织，21 天左右开始生根。生根后的扦插苗可移栽至塑料营养钵，培养成油橄榄容器苗，更利于移栽和提高成活率。营养土为 50％园土加 40％蘑菇栽培废料加 10％腐熟有机肥，扦插前用 0.3％高锰酸钾消毒。

5. 丰产栽培技术要点

（1）建园栽植。选择日照充足、有水源、无台风的区域建园，土壤 pH7～8、富含钙质而质地较疏松的沙壤土、壤土或轻黏土为最理想。平原地下水位应低于 1.5 米，行株距（5～6）米×（4～5）米，每 667 米² 栽 25～30 株；山坡地坡度应在 20°以下，采取等高线栽植。由于油橄榄自花授粉结实率低，要求 3 个以上品种搭配栽植。

（2）土肥水管理。果园一年中耕除草 2 次，每年除草剂使用最多 1 次，冬季结合施有机肥深翻扩穴 1 次。南方平原果园春夏季要及时做好开沟排水；甘肃东南地区和四川西南部地区，冬、春干旱季节要及时灌溉，灌水量一般不低于 150 吨/公顷。油橄榄每年要施好 4 次肥，即春季芽前肥、夏季壮果肥、秋季采后肥和冬季基肥，前三次肥以速效肥为主，冬季基肥以有机肥为主，施肥量以每产果 100 千克施纯氮 0.6～0.8 千克，氮、磷、钾比例以 1∶0.6∶0.8 为宜，还要加强生石灰（钙肥）的施用。

（3）整形修剪。油橄榄生产上通常采用的树形有主干疏层形和自然开心形等两种树形，整形方法参考本书板栗部分。油橄榄修剪在冬季至早春萌芽前进行，幼龄树和盛产树以疏剪为主，密生枝按"三去一、五去二"原则进行，剪去病虫枝、基部下垂枝、内膛交叉枝、细弱枝、大枝上的骑马枝、扰乱枝等；老龄树采取疏剪、回缩相结合，回缩更新结果枝组。

（4）花果管理。为了提高坐果率，在初花期、幼果期分别叶面喷施一次 0.2％硼酸和 0.3％尿素加 0.2％磷酸二氢钾进行保花保果；还可在开花期进行人工辅助授粉或采取放蜂，每公顷放蜂 2 箱。

（5）病虫害防治。油橄榄为害严重的病虫害有肿瘤病、孔雀斑病、炭疽病、根腐病、天牛、小蠹虫、介壳虫等。在加强田间生产管理的基础上，提倡利用害虫的假死性、趋光性，进行人工捕捉和物理防治，科学使用农药进行化学防治，优先选用生物源农药、低毒无公害农药，以保证食品安全。

（十一）金银花丰产栽培技术

金银花又名忍冬，忍冬科忍冬属，多年生半常绿缠绕木质藤本植物。金银花性寒、味甘，具有清热解毒、抗炎、补虚疗风的功效，花蕾、茎枝入药，既是家喻户晓的保健和去火饮品，又是庭院栽培美化环境的观赏树种。金银花在我国分布较广，辽宁以南、华北、华中、华东、西南等地均有分布或栽培，河南、山东栽培较多。

1. 主要品种　金银花主要品种有金花三号、九丰一号、金封一号、豫封一号、渝蕾 1 号、湘蕾二号、湘蕾三号、白云一号。

2. 生长结果习性　在当年生新枝上孕蕾开花，一梗两花，花期 5～9 月，果熟期 7～11 月。花生于叶腋，花下 2 苞片叶状，花冠筒状唇形，长 3 厘米，初开白色，2～3 天后为金黄色。浆果球形，熟后褐色，有光泽，内含种子 4～10 粒。

河南南部地区 3 月上旬金银花芽体膨大，4 月中旬第 3～4 对叶开始现蕾，5 月中旬可摘第一茬花，土、肥、水管理好的条件下，一年可收 3 茬花。丰产期可产干花 2 250 千克/公顷左右，丰产期可维持 30 年以上。

3. 生态习性　温带及亚热带树种，喜阳。适应性很强，耐阴、耐寒、耐干旱和水湿，对土壤要求不严，酸性土、盐碱地均能生长，但以湿润、肥沃的深厚沙质壤土生长最佳。每年春夏发梢 2 次，萌蘖性强，茎蔓着地即能生根，根系繁密发达，是很好的固土保水植物，山坡、河堤等处均可种植。

4. 繁殖方法

（1）种子繁殖。播种于 4 月进行，在 35～40℃温水中将种子浸泡 24 小时，湿沙催芽，湿沙用量为种子的 2～3 倍，裂口达 30％左右时可播种，每 1 公顷用种子 15 千克左右。畦上按行距 21～22 厘米开沟播种，覆土厚 1 厘米，每 2 天喷水一次，10 多天即可出苗，于秋后或第二年春季移栽。

（2）扦插繁殖。选健壮无病虫害的 1～2 年生枝条，摘去下部叶子修剪截成长 30～35 厘米作为插条，随剪随用。在 7～8 月，按行距 23～26 厘米开沟，深 16 厘米左右，株距 2 厘米，把插条斜立着放到沟里，填土压实，以透气、透水性好的沙质土为育苗土，生根最快，并且不易被病菌侵害而造成枝条腐烂。栽后喷一次水，干旱时，每隔 2 天要浇水一次；扦插的枝条生根之前应注意遮阳，增加空气湿度，避免阳光直晒造成枝条干枯，半月左右即能生根。一般在夏秋阴雨天气扦插，第二年春季或秋季移栽。

5. 栽培管理技术要点

（1）栽植技术。金银花栽培地选择在土壤深厚疏松、透气保墒性强的山地，或地力中等、土壤呈微酸性至中性土壤的地块。成苗大田移栽春、秋季均可，春移在 3 月上旬，秋移在 9 月中下旬。栽植前将地块整为畦宽 120～150 厘米，畦埂宽 30 厘米左右、畦高 20～25 厘米。田地整好后在畦两边埂内挖栽植穴，株距 80～120 厘米，穴规格为 50 厘米×50 厘米。

金银花也可直接扦插建园。以透气透水性好的沙质土为佳，在整好的土地上，按行距 1.6 米、株距 1.5 米，穴深 16～18 厘米挖穴，每穴插 5～6 根，分散斜立着埋土内，地上露出 7～10 厘米，填土压实。

（2）整形修剪。金银花生长发育快，任其自由生长，枝繁叶茂，通风透光不好，容易导致叶子发黄脱落，开花部位大都在株丛外，枝条虽多，但着生花朵少，产量不高，需适当修剪。一般每年冬季或早春未萌发新芽前修剪一次。根据植株生长情况，适当保留几根主干，将发育差的剪去，并剪去弱枝、枯枝、过密枝、病虫枝和沿土蔓生枝，对不开花或开花少的徒长枝从基部30厘米处剪去，使养分集中供结，并促其成为开花枝。

（3）土肥水管理。金银花性喜湿润，要求土壤湿度在70％以上。每年入冬前浇一次防冻水，萌芽前浇一次促芽水，每次夏剪后根据天气结合追肥适时各浇一次催长水，促使植株生长旺盛、稳产、高产。

每年春、秋季要结合除草进行施肥，以有机肥与无机肥混合施用为佳，一般每株金银花施肥量为有机肥5千克、硫酸铵50克、过磷酸钙150克、氯化钾25克。另外，定期施用锰、镁、铜、锌等微肥，施用适量的微肥是金银花优质丰产的关键。

（十二）胡椒丰产栽培技术

胡椒为胡椒科胡椒属多年生的热带木质藤本植物，为辛香调料类树种。我国海南栽培较多，约占全国总产量的1/4，广东、云南、广西、福建等省（自治区）有分布。

1. 主要品种　我国栽培的胡椒品种主要为大叶种。胡椒的果实与种子通过不同的加工方法，可得到黑胡椒、白胡椒、绿胡椒和红胡椒。

2. 生长结果习性　胡椒系浅根性作物，蔓近圆形，木栓后呈褐色，主蔓上有顶芽和腋芽。叶为椭圆形、卵形或心形，全缘、单叶互生，叶面深绿色。一般栽培的高度控制在2～3米，种植后2年左右便形成圆柱形树冠，树冠幅度120～180厘米，由多条主蔓和枝序构成。枝条上的侧芽是混合芽，花芽和叶芽是同时分化的。海南地区温度较高，开放秋花在9～11月，温度较低的地区开放春花在4～5月。花为穗状花序，多为雌雄同花，花期较长（2～3个月），从抽穗开花至果实成熟需要9～10个月。果为球形、无柄、单核浆果，成熟时为黄绿色、红色。在正常栽培管理下，胡椒种植后 2～3 年收获，一般每年每 667 米² 产干胡椒 100～150 千克，经济寿命可达 30 年。

3. 生态习性 胡椒喜温，在年平均气温 21℃ 的无霜地区能正常生长和开花结果，以年平均气温 25～27℃ 最适宜。一般栽培在海拔 500 米以下山地，以土层深厚、土质疏松、排水良好、pH5.5～7.0、富含有机质的土壤最适宜。胡椒怕冷、怕旱、怕渍、怕风，最忌积水，但要求有充沛的雨水。

4. 繁殖方法 胡椒主要采用扦插繁殖。要求插条长度 30～40 厘米、5～7 节、蔓龄 4～6 个月、粗度 0.6 厘米以上，顶端二节各带 1 个分枝和 10～15 片叶、腋芽发育饱满、气根发达以及没有病虫和机械损伤，切取时切口要平滑，要边切边蘸水。以春、秋两季扦插繁殖为宜，培育 1 个月左右便可出圃种植。

5. 栽培管理技术要点

（1）定植时间。海南全年均可种植，以春季 3～5 月和秋季 8～10 月种植最适宜。

（2）定植密度。海南地区以露地栽培为主，椒园四周需设防护林带。平地栽植密度为 2.0 米×2.3 米，缓坡地密度 2.0 米×2.5 米。

（3）丰产树型。每株留健壮的主蔓 8 条，全株枝序达 120～150 个，每枝序抽生的结果枝初产期有 20 条，盛产期有 30～40 条，树冠幅度 160～180 厘米。通过合理留蔓、剪蔓、修枝和施肥等管理措施，培育丰产树型。

（4）田间管理。

①水分管理。干旱季节应进行淋水灌溉，大雨过后应及时排除积水。

②施肥管理。幼龄椒施肥以沤制腐熟肥为主，坚持勤施、薄施、多施的原则。结果椒在攻花、保果和养树等几个环节上及时进行施肥管理，主攻花肥早施和重施，就是在每年的 5 月底至 6 月初未摘果前施入腐熟有机肥（牛粪、鸡粪和土杂肥）15～25

千克/株，或施胡椒专用复合肥 1 千克/株。另外，使用"高美施"液肥作为攻花、养树肥，在 8 月中旬用 400 倍液的高美施作根外追肥 2 次，养树壮果肥是在翌年的 3～4 月根据胡椒的长势和结果状况适当施肥。

③植株管理。

a. 绑蔓。定植后 1～2 个月，新蔓长出 3～4 节时开始进行，用柔软的麻皮或塑料绳在蔓的节下将几条主蔓绑于支柱上，每隔 10～15 天绑一次；结果植株每隔 40～50 厘米用牢固的绳索绑一道。

b. 摘花。结果椒在海南一般留秋花，其他地方一般留春花和夏花，其余季节抽生的花穗一律及时摘除。

c. 摘叶。中小椒在绑蔓时应将主蔓和分枝基部的老叶摘除，使树冠内部通风透光。

d. 遮阳。幼龄椒在高温季节需遮阳。

（5）病虫害防治。要做好胡椒瘟病、细菌性叶斑病、介壳虫和蚜虫等综合防治工作。

（十三）腰果丰产栽培技术

腰果属漆树科腰果属多年生热带常绿乔木果树，因其坚果肾形而得名。果实香味可口，为高档干果类树种，在海南省大面积种植，台湾及云南西双版纳地区有少量种植。

1. 主要品种（无性系） 腰果主要品种有 GA63、CP - 6336、FL30、HI2 - 21。

2. 生长结果习性 腰果原产热带美洲，全年均可生长，但受寒流影响地区冬季基本停止生长。成年树高 7～9 米，靠近基部分枝，主根粗壮，侧根发达。单叶互生，椭圆形或倒卵形，革质、光滑，全缘。2 龄开花，3 龄产果，8 龄盛产，盛产期 15～35 年。顶生圆锥花序；雄花有雄蕊 6～10 枚，两性花有子房，有 1 枚雄蕊和雌蕊伸出花冠外。果实由假果和真果组成，假果由花托膨大发育而成，通称果梨，成熟时呈红、黄或红黄杂色，真果即坚果、肾形，暗灰色或淡褐色。

3. 生态习性 适宜生长在高温光照充足的环境，以年日照2 000小时以上，年降水量1 000～1 600毫米的地区。月平均气温23～29℃开花结果正常，20℃生长缓慢，低于17℃易受寒害，低于15℃则严重受害致死。对土壤适应性较强，土层深厚、排水良好的中性或微酸性土最宜，但土质黏重、低洼积水、盐碱地上不宜种植，花期忌阴雨，耐旱、耐瘠，适应性广，以海南省海拔400米以下地区生长为宜。

4. 繁殖方法 腰果主要有压条繁殖、种子繁殖、嫁接育苗和组培快繁。压条是腰果进行无性繁殖的有效方法，常用地面压条和空中压条。嫁接以芽接法应用较多。

5. 栽培管理技术要点

（1）种植密度。海南省种植密度为8米×8米，肥沃地9米×9米正方形或三角形种植。

（2）除草与间作。幼树根圈每年除草2～4次，覆草保水，行间种短期作物或绿肥。

（3）施肥。幼树以施氮肥为主，配合少量磷肥和有机肥，结果树要提高磷肥的比例。1～2龄树每年施尿素0.2～0.5千克，3～5龄施尿素1.0千克，6龄以上尿素1.0～2.0千克；此后，每年每株加施过磷酸钙1.0千克，有机肥10.0～15.0千克。实生成龄结果树，每年每株施尿素1.5千克、过磷酸钙0.5千克、氯化钾0.5千克。

二、落叶经济林栽培

（一）无花果丰产栽培技术

无花果为桑科无花果属落叶果树。主要分布于新疆、江苏、山东、上海、浙江、福建等省（自治区、直辖市）。

1. 主要品种 无花果主要品种有布兰瑞克、新疆早黄、黄无花果、晚熟无花果、玛斯义·陶芬、蓬莱柿、绿抗1号、谷川。

2. 生态习性　无花果喜光，较耐高温而不耐寒，适宜比较温暖的气候，以年均气温 15℃、冬季最低气温 8℃最好。对二氧化硫、氟化氢以及有机毒气有一定吸收和忍耐能力。较抗旱，不耐涝，对土壤适应范围较广，耐盐碱性强，可在西北荒漠盐碱地和沿海滩涂地种植。

3. 生长结果习性　无花果生长势很强，芽具有早熟性，一年中可多次分枝。花芽大而圆，雌雄异花，埋藏在隐头花序内，可食用部分由花托肥大而成聚合果。隐头花序分化与枝条伸长生长同时进行。普通型无花果自发性单性结实，其他类型需要异花授粉。种植后当年即可结果，第二年就有一定产量。

4. 繁殖方法　无花果可用扦插、压条、分株、嫁接等方法繁殖。以扦插繁殖为多，一般在秋季落叶后或早春树液流动前剪取插条，扦插时期多为春季。新疆 4 月上旬扦插，南方地区可适当提前。有绿枝扦插、秋冬季保护地扦插等方法。

5. 栽培管理技术要点

（1）栽植技术。长江以南地区为露地栽培适宜区，江淮地区为次适区，黄河以北地区除选用抗性强的品种外，需进行树体防寒。栽植密度一般为 4 米×4 米、4 米×5 米或 4 米×6 米。

（2）整形修剪。我国无花果常用树形有丛状形、开心形、自然圆头形、杯状形、水平形、有中心干的无层形为主等；国外有一字形、X 形。新疆多选用无主干多主枝树形，以利冬季埋土越冬，同时需简易搭架。无花果发枝力较弱，因此，除冬季受冻的枯枝要及时剪除外，一般情况应尽量少疏枝，注意新生徒长枝的改造利用。对生长势较旺的枝条，应进行夏季摘心，可促进早成形、早结果。

（3）土肥水管理。土壤管理需进行春耕、夏耕和秋耕。施肥宜在春、夏果及秋果迅速生长前进行。要求在新梢旺长期前、夏果和秋果迅速膨大前追施氮、磷、钾肥料，落叶前后施用有机肥作为基肥。春旱季节、新梢和果实迅速生长期进行灌水，落叶后灌冬水，以满足树体生长发育的需要，提高安全越冬能力。北方地区在冬剪和冬灌后需进行埋土防寒。

（二）扁桃丰产栽培技术

扁桃为蔷薇科李亚科桃属扁桃亚属落叶果树。我国有一定规模栽培，主产于新疆天山南部，山东、河南、山西、陕西、河北、内蒙古、甘肃等省（自治区）有引种。

1. 主要品种 扁桃主要品种有纸皮、双果、鹰嘴、克西、麻克、双软、双薄、多果、晚丰、寒丰、浓帕烈、米桑。

2. 生态习性 扁桃喜光，不耐阴，日照时数以 2500～3500 小时/年最理想。若光照不良，则引起落花落果、枝条枯死。夏季耐热、冬季较抗寒，落叶迟，在休眠期可忍耐 $-20～-27℃$，适宜授粉温度 15～18℃。对土壤适应性强，地下水位不宜过，耐干旱、瘠薄；以土层深厚、通透性强的沙壤土生长发育良好。

3. 生长结果习性 扁桃的根系主要分布在 20～40 厘米土层中，耐旱性强。萌芽力强，芽具早熟性，可发二次枝。花期比较早，极易遭受晚霜危害，先花后叶，以越年中果枝、短果枝或短果枝群结果为主。大多数扁桃品种自花不实。

4. 繁殖方法 扁桃一般采用嫁接繁殖，也可实生繁殖。嫁接繁殖，以毛桃作为砧木亲和力强，新疆多用桃巴旦作为砧木，适于贫瘠土壤，以套芽接和 T 形芽接法较普遍。

5. 栽培管理技术要点

（1）建园栽植。建园要注意防晚霜危害，必须配置授粉树，栽植密度可采用株行距 3 米×5 米、4 米×4 米 、4 米×5 米或 4 米×6 米。

（2）整形修剪。定植当年定干，采用疏层形或自然开心形整枝，以自然开心形为主。修剪量较轻，冬剪夏剪结合，幼树以轻剪缓放为主，结果枝组适当短截回缩，各级骨干枝按需要长度短截，徒长枝、枯枝、病虫枝、过密枝要疏除。盛果期树以疏剪为主，适当短截，加强结果枝组培养与更新。

（3）土肥水管理。行间清耕、种绿肥作物或覆盖秸秆，每年进行秋耕，深度 20～25 厘米。幼树每年秋施基肥 1 次，成年树可 2～3 年施一次，每公顷 9 000 千克。追肥一般在春季开花前、夏季果实形成期、秋季采收后进行，每公顷施氮肥 180 千克、磷肥 420 千克。干旱地区适时灌水，可有效提高扁桃产量。

（三）厚朴丰产栽培技术

厚朴，别名重皮、油朴，木兰科木兰属多年生乔木，为我国特有珍稀药用树种，其树皮、根皮和花果均可入药。种子含油率约 35.2%，出油率 25%，油可制作肥皂。厚朴材质轻韧、纹理细密，适于做图版、漆器、乐器、船具、铅笔杆等。树姿雅致，为优良用材、经济和观赏树种。

1. 优良类型

（1）细鳞厚朴。细鳞厚朴又称嫩鳞厚朴。

（2）厚鳞厚朴。厚鳞厚朴又称厚皮厚朴。

（3）油朴。油朴又称血朴。

2. 生长习性及生态习性　厚朴根系较浅，侧根发达，萌芽能力强。喜光，幼时耐阴，喜凉爽、湿润的气候，宜生于雾气重、空气相对湿度较大且阳光充足的地方。主要分布在海拔 500～1 000 米的山区，在溪谷、河岸、山麓等湿润、深厚、肥沃、向阳地生长良好。

厚朴常栽培于阴湿凉润的山麓和沟谷以及肥厚的酸性黄壤和黄棕壤上。我国厚朴产区年均温 10～20℃，1 月份平均气温 3～9℃，年降水量 800～1 000 毫米。厚朴 20 年左右即可剥皮制药，寿命可达百余年。

3. 繁殖方法

（1）采种。厚朴种子在 10 月中下旬，由黄绿色转为紫黑色，微裂，露出红色种皮时，是种子的最佳采收期。采种时连果柄摘下，放在室内通风阴凉处，让其自然开裂，不宜暴晒。当果实完全开裂后，用筛筛出种子，再将种子摊沤于室内，厚 10～15 厘米，经过 2～3 天，待红色外种皮发黑后，将种子置于容器内，搓去外种皮，放入清水中漂洗干净，再放适量的碱（草木灰或洗衣粉），将种子反复搓洗干净晾干，或直接用湿沙贮藏。

（2）育苗。秋冬季节翻耕土地，2～3 月播种，一般采用条播，行距 20～25 厘米，沟深 7～10 厘米，株距 7～8 厘米，播后覆土厚 3～5 厘米，并盖草保湿。每 667 米^2 播种量 10～15 千克，产苗量 2.0 万～2.5 万株。1 年生苗高 35 厘米以上、地径 0.6 厘米以上，即可出圃移栽。

此外，厚朴还可进行分蘖育苗、压条育苗。

4. 栽培管理技术要点

（1）造林技术。厚朴适宜造林地选择在海拔 800～1 000 米，空气湿度大、土壤呈微酸性至中性的深厚肥沃的山麓、溪谷等排水良好的东南坡上。

①局部整地的规格。穴的规格为 40 厘米×40 厘米×40 厘米。整地应结合水土保持工作进行，以冬季最好，可按坡度大小采取不同的方式：坡度 10°以下，可全垦深挖，深度 20～30 厘米，山区略浅于丘陵区；坡度 10°～20°，采取反坡阶梯式整地，深 25 厘米，梯面宽 3～5 米，内低外高，内沟深 30 厘米、宽 40 厘米，且每隔 3～4 块梯地，设置 3～4 米宽的水土保持带；20°以上陡坡地，沿等高线进行带状整地，带宽 70～80 厘米，深 20～25 厘米，同时保留带间斜坡上的植被。

②混交造林。厚朴宜造混交林，以提高林地效益，促进厚朴生长，减轻病虫危害。混交方式有行间混交、块状混交与带状混交。初植密度为每公顷 3 000～3 600 株，待混交树种的生长影响到厚朴生长时便将其间伐，每公顷保留 1 500～1 800 株。如与杉木混交，每隔 1～3 行杉木种植 1 行厚朴。或采取与经济林树种混交的立体经营方式，如杜仲、厚朴、茶叶混交，大大缩短了杜仲、厚朴的收益期。以药用为主的宜稀，材药兼用的宜密。药用

为主的林地每公顷初植密度为 2 700～3 600 株；待进入成林郁闭时，进行一次间伐，保留 1 500～1 800 株，以利于增加光照，提高药材产量。

（2）经营管理。

①除草与间作。造林当年春末夏初进行一次松土除草及培土正苗，秋季再除一次草。此后，每年春夏两季各中耕除草 1 次，并将杂草压入土中作绿肥。头 3 年内可间种低矮的农作物。间种作物不宜太密，头年可间种 3～4 行，以后逐年减少；幼林开始郁闭时停止间作。

②施肥。施肥应结合间种进行。以有机肥为主，也可追施少量化肥。追肥应深施，一般开十字沟或绕树冠开环状沟，沟深 10～12 厘米，施肥后即覆土。冬季培土时施入堆肥或厩肥，春季在树旁穴施硫酸铵或腐熟的人粪尿。

③除萌。厚朴萌蘖性强，3～4 年后，树干基部即生萌蘖，应及时除去。除萌可结合分蘖繁殖进行。

④间伐。第一次间伐在厚朴林郁闭后 1～2 年间进行。间伐后，当厚朴植株间枝条互相重叠时可进行第二次间伐。间伐宜在树木萌动时进行，以利厚朴皮的剥取；也可结合除萌进行。

⑤树皮增厚。15 年生左右的厚朴，若树皮尚薄，春季用利刀绕树干将树皮斜割两三刀以促进养分积累，使树皮增厚，4～5 年后剥取，能明显增产。

⑥病虫害防治。主要防治立枯病、叶枯病、天牛、白蚁、黄刺蛾等病虫害。

（3）采收。定植 15 年以上的厚朴即可剥皮收获。剥皮宜在每年 5～6 月间树皮最易离皮时进行。

剥下的树皮，自然卷成筒状，然后以大套小，3～5 筒成一卷，平放容器内（切忌立放，以免树液从切口流失，影响发汗），堆放在土坑中，盖上青草，使之"发汗"，3～4 天待水分从树皮内渗出后，再取出晒干或烘干，然后蒸软卷曲成筒状，称"筒朴"。从根皮剥取的称"根朴",置于干燥处贮藏,忌阳光暴晒,注意防潮发霉和虫蛀,最宜在室内阴干。待充分干燥后就可分级、打捆出售。

厚朴的花蕾,以含苞未放、干透、柄短、色棕红、完整、无霉烂、无蛀虫、香气浓者为优质花。可于3~5月花蕾将开时采下,过迟则花瓣脱落。鲜花采回后,放蒸笼中蒸5~10分钟,再用文火烘干或烘焙到七成干后再晒干,置干燥处贮藏。

(四) 果桑丰产栽培技术

果桑为桑科桑属落叶乔木或灌木,其果实称桑椹。果桑在我国南北均有分布。

1. 主要品种 果桑主要品种有无核大十、白玉王、陕玉 1号、红果 1号、红果 2号、红果 3号、红果 4号。

2. 生长习性及生态习性 果桑喜光照,气温 12℃时萌芽,生长适温 30~32℃,气温下降到 10℃时顶芽不再生长。果桑较抗旱,对土壤条件要求不严。主根较深,水平根极发达;混合花芽着生在新梢的叶腋间,来年抽生新枝,开花结果,花为菜黄花序。果实成熟期在 5月中下旬至 6月下旬。桑椹可鲜食,也可加工果汁饮料。

3. 繁殖方法 果桑可以播种、扦插繁殖。嫁接以本砧、黑桑、山桑为砧木,T 形芽接、袋接、插皮接、腹接、根合接均可。建园栽植株行距以 (0.6~0.8) 米×(1.5~2.0) 米、4.0米×5.0米较好。

4. 栽培管理技术要点

(1) 整形修剪。自然状态下,果桑树体多为自然圆头形,集约栽培宜采用小冠开心形(改良杯状形或自然开心形),随时剪去枯枝、弱枝、病虫枝、过密枝,及时回缩下垂骨干枝,更新树势。大棚栽植一般养成低干树形,树干高度 70 厘米以下。

(2) 土肥水管理。一年施肥 2~3 次,春季发芽前、夏季迅速生长期、秋耕前进行。施肥量春秋占 1/2、夏季占 1/2。合理灌水与排水。注意疏花疏果与摘心，成熟期在树下张拉布蓬，清晨振动，采收果实。

（五）山核桃丰产栽培技术

山核桃为落叶乔木，胡桃科山核桃属，寿命长、产量高，为华东地区著名干果和木本油料树种。我国山核桃品种资源主要分布在浙西、皖南等地，如临安山核桃、宁国山核桃等。目前引进国外山核桃主要是长山核桃，原产地位于美国密西西比河流域及墨西哥湾南部。

1. 主要品种 山桃长山核桃（Shawnee）、长山核桃（Caddo）、长山核桃（Choctaw）、长山核桃（Pawnee）、长山核桃（Baker）、茅山1号。

2. 生长结果习性 山核桃幼年期生长缓慢，3年生以后生长加快，一般6~7年开始结果，20年以后进入盛果期。山核桃的结果大小年非常明显，原因主要是营养不足，大年枝梢生长细弱，次年抽发新梢不能形成雌花而变为小年。

山核桃雌雄同株，属风媒花。山核桃结果的基础是雌性花的花原基，只有花原基多结果才多。在开花期间，气温低于10℃，多阴雨，或降温幅度较大，不利传粉坐果。通常9月上中旬果实外部总苞颜色由绿或蓝绿色转变为黄褐色，即成熟。受精不良等因素造成的空果不易分离，以此可区别果实的优劣。

3. 生态习性 山核桃性喜温暖湿润，年平均温度15.2℃较宜，温度最高能耐41.7℃，较耐寒，-15℃也不受冻害。若花期遇低温将影响开花、授粉及花的发育。

山核桃对光照要求不严。幼年期要求阴凉环境，山核桃育苗须人工遮阳。成年树在向阳干瘠的阳坡，生长不良。薄壳山核桃需水较多，一年中不同物候期对水分的要求也有差异。通常在开花前春梢生长期需求适量雨水，4月下旬至5月中旬开花期忌连续阴雨，6~9月果实和裸芽发育时期要求雨量充足且均匀。土壤以疏松而富含腐殖质的砾质壤土为宜，以砂岩、板岩、页岩上发育的黄泥土及石灰岩上发育的油黑土、黄泥土为最好，红壤、沙土不适宜。

4. 繁殖方法　山核桃以播种繁殖为主，也可利用根蘖幼苗繁殖以及在春季采用枝接法嫁接繁殖。播种用的种子要求坚果充分成熟。种子采收后，经水选，于秋季播种，播种时种子须横放。如秋季不播，须用湿沙层积贮藏。幼苗一般培育2年可出圃栽植。

5. 栽培管理技术要点

（1）栽植技术。选择土层深厚、疏松、水源充足、背风向阳的地块种植。一般在12月至翌年1月植苗，定植后，固好树盘，浇足定根水。亦可直播营造果林，播种时间在冬季10月至翌年3月，除冰冻天气外，均可进行。株行距（4～7）米×（5～8）米为宜。定植穴要求直径1.0～1.5米，深1.0～1.2米；心土与表土分开放，在坑底先放一层秸秆，表土覆至20厘米；放入有机肥50千克、过磷酸钙500克，与土拌匀。移植时，近距离的苗木能带土球最好，远距离的苗木掘起后将根立刻蘸上泥浆，可起保护作用。

（2）整形修剪。山核桃树高大，干性强，顶芽及附近芽易抽生新芽，中下部萌发力较弱，为促幼树早结果，可对骨干枝进行适当短截。为了管理方便，通常在进入盛果期（10～15年）去顶，控制树高在5米左右。

（3）土肥水管理。据山核桃的生物学特性，春秋两季施肥效果较好。春季2～3月施速效肥可促进雌花花芽分化、发育及春梢的生长发育，且利于提高雌花质量，减少落花落果；秋季8月底至9月中旬的采果前后，速效肥与有机肥相结合，可延长叶的寿命，增加光合产物积累；5月中旬加施一次磷、钾肥或山核桃专用肥，效果更佳。施肥方法可穴施或沟施，即从树冠半径1/2处均匀地挖小穴或离树干1.5米处挖环沟施肥，施肥后浇水覆草，有机肥与化肥结合施用，肥效更好。

（六）玫瑰丰产栽培技术

玫瑰属蔷薇科蔷薇属落叶灌木，为香料树种。在我国，自然分布于辽东半岛（大连、东沟、金州）、山东烟台（牟平县）和吉林珲春地区。现栽培分布全国各地，以山东、江苏、浙江、广东较多，山东平阴、北京妙峰山涧沟、河南商水县周口镇及浙江吴兴等地都是玫瑰的名产地。

1. 主要品种 玫瑰主要品种有重瓣红玫瑰、法国千叶玫瑰、紫枝玫瑰、丰花玫瑰、重瓣白玫瑰、粉紫枝玫瑰、平阴一号、平阴二号、平阴三号、西胡一号、西胡三号。

2. 生长结果习性 玫瑰夏季 5～7 月开花，果期 8～9 月，果扁球形。花单生或簇生于枝顶，有紫红色、白色等，又有单瓣与重瓣之分。

玫瑰在生产发育过程中有 2 次生长停止期，此时不发枝，枝条不伸长。6～7 月称夏眠，夏眠期是采花苗木的最佳修剪期。11～12 月称冬眠，冬眠期可配施底肥、灌好越冬水，为来年花蕾的稳产高产奠定基础。

3. 生态习性 玫瑰的生长有特定的土壤理化和光温条件要求。选择土壤结构疏松、土层深厚、排水良好、富含有机质的沙质土壤为宜，土壤 pH 要求在 5.5～6.8。性喜阳光，在荫蔽处不易开花，栽培地宜选在向阳干燥的地方，忌通透性差、土壤黏重或低凹积水地块。全年均应保持通风透光，土壤要保持既不太干又不太湿。玫瑰适宜生长温度为 17～28℃，温度超过 35℃时应采取遮阳网或滴灌等措施降温，温度在 −2℃时，可用 2 层保护膜覆盖或其他加温方法加以保护。

4. 繁殖方法 玫瑰常用的繁殖方式有分株、埋根、嫁接、嫩枝扦插等。

（1）分株。分株繁育可将玫瑰整个株丛挖出，依据其根系生长情况，分成若干小株；也可以只刨株丛附近的根蘖苗。两种方法均在秋季落叶后或早春发芽前进行，不宜在生长季进行。

（2）埋根。埋根繁育是利用玫瑰分株或更新时挖出的根进行育苗，此方式在早春或冬前均可进行。

（3）嫁接。嫁接繁育是用蔷薇嫁接玫瑰的一种繁育方法。嫁接时间主要在 7 月份，发芽前与停长后也可进行。嫁接苗比分株苗及埋根苗产花量高 2～3 倍，是当前玫瑰育苗普遍使用的方法。砧木采用扦插繁殖，按株距 10～15 厘米，行距 20～30 厘米扦插。嫁接以芽接为主，可采用"双开门""单开门""T 形"等嫁接方法。接芽选择当年萌发的玫瑰枝条中上部的饱满接芽，嫁接最好在气温 26℃以上的晴天进行。

（4）嫩枝扦插。嫩枝扦插最佳时间以 6～7 月份为宜。在通风处用竹竿草帘东西方向搭高 1.5 米的遮阳棚，在棚下挖长 21 米，宽 1.5 米，深 0.4 米的苗床，填充新鲜干锯末和细河沙，并充分拌匀、消毒，苗床四周和底部用砖砌好。选择当年生半木质化健壮的营养枝顶端，修剪嫩枝为 4～5 个节间长，成捆放在清水中，以防失水凋萎。田间采集的插穗摘除下部叶片，顶端留 3 片复叶，并在第一腋节背侧削成斜面，然后进行扦插。插前用 2%～3%的高锰酸钾液对苗床消毒，用量 7.5～10.0 千克/米²，插深约 2～3 厘米，密度 120～150 株/米²。插后苗床用拱形塑料膜覆盖，每天喷水 2～3 次，苗床内空气湿度维持在 95%左右，苗床温度高于 30℃时，需增加喷水次数，并适当通风降温。

5. 栽培管理技术要点

（1）栽植技术。以地栽为主，也可盆栽。在黄河流域及以南地区可地栽，露地越冬。但在寒冷的北方地区应盆栽，室内越冬或挖沟埋盆越冬。栽植时期在秋季落叶后至春季萌芽前均可，栽植地要求地势较高、向阳、不积水，栽植深度以根埋入地面 15 厘米为宜。栽植沟规格为行距 2 米、宽 60 厘米、深 50 厘米，栽植的株距为 1 米。栽后要踏实、及时灌透水，防止苗根系因透风、干旱而死亡。

（2）整形修剪。按照修剪时期可分为花后修剪和冬春修剪。

花后修剪，在鲜花采收完毕后进行，主要用于生长旺盛、枝条密集的株丛，疏除交叉枝、密生枝、重叠枝，但要适当轻剪，否则会造成地上、地下生长平衡失调，引起不良后果。冬春修剪，在玫瑰落叶后至发芽前进行，修剪以疏剪为主，每丛选留粗壮枝条15～20枝，空间大的可适当短剪，促发分枝，以保证鲜花产量。对于生长势弱、老枝多的株丛要重剪，以集中营养，促进萌发新枝、恢复长势。

（3）土肥水管理。早春，当气温稳定在 3～5℃ 时，玫瑰花芽开始萌动，施肥应以氮肥为主，氮、磷结合的速效肥料，如尿素、磷酸二氢钾等，每 667 米^2 用量 10～15 千克。4 月中旬至 5 月下旬是玫瑰开花显蕾阶段，若肥水不足，则会直接影响鲜花产量和质量，导致花小瓣薄，含油率低，并造成大量落蕾，应追施速效复合肥，每 667 米^2 用量 15～20 千克。施肥期间若土壤干旱，应在施肥后浇一次透水。8 月中旬至 10 月中旬，枝叶逐渐停长，光合作用积累的营养物质大量回流至根部，结合深翻施有机肥，每 667 米^2 用量 2 500～5 000 千克，然后进行一次冬灌。

（七）枸杞丰产栽培技术

枸杞为茄科枸杞属，多分枝落叶灌木，高 0.5～1.0 米，栽培时可达 2.0 米。分布于我国宁夏、甘肃南部、东北、河北、河南、山西、陕西、青海东部、内蒙古乌拉特前旗以及西北、西南、华中、华南和华东各省（自治区），我国枸杞著名产地为宁夏及青海。

1. 主要品种　枸杞主要品种有宁杞 1 号、宁杞 2 号、宁杞 4 号、大麻叶、小麻叶。

2. 生长结果习性　播种的枸杞植株第二年即可开花结果，4～5 年可丰产，盛果期可持续 20 多年，整个生命周期达 100 年左右。物候期可分为萌芽、展叶、抽梢、现蕾、开花、结果、果熟、落叶和休眠等阶段。

枸杞枝条可分结果枝与营养枝两类。结果枝按年期分为老眼枝与七寸枝。老眼枝是 2 年生以上的老枝，每年花期早，果实大，其结果能力随着年龄增长而减弱。老眼枝的芽眼实际是极短枝，4 月初腋芽开始分化，5 月上旬首先从外沿开花，一个芽眼开 5～8 朵。七寸枝也称春枝，是当年春季从老眼枝抽出的新枝或新枝上再度萌发出的侧枝，为主要结果枝。部分从较粗的侧枝上萌发的春枝亦称中间枝、二混枝，也是重要的结果枝。七寸枝在 6 月上旬为初花期。开花结果发育时间依照时序大约是花蕾期12 天，开花期 4 天，结果期 27 天，红熟期 2 天，全程 45 天。营养枝亦称徒长枝，俗称"油条"，初期生长旺盛不开花，后期或剪截后萌发侧枝，可开花结果。

枸杞果实间歇式成熟，生产上按果实成熟期一般将其分为春果枸杞、夏果枸杞和秋果枸杞。春果枸杞在 6 月至 7 月初成熟；夏果枸杞在 7 月上旬至 8 月份成熟；秋果枸杞在 9～10 月成熟。

3. 生态习性 枸杞性喜光照。对土壤要求不严，以肥沃、排水良好的中性或微酸性轻壤土栽培为宜。耐盐碱、耐肥、耐旱、怕水渍，盐碱土的含盐量不能超过 0.2%，在强碱性、黏壤土、水稻田、沼泽地不宜栽培。

4. 繁殖方法 枸杞种子繁殖选用优良品种，以大果、色鲜艳、无病虫斑的成熟果实为佳，夏季采摘后，用 30～60℃温水浸泡，搓揉种子，洗净，晾干备用。播种前按照种子∶湿沙为1∶3 拌匀，置 20℃室温下催芽，有 30%种子露白时再行播种。春、夏、秋季均可播种，春播为主。春播于 3 月下旬至 4 月上旬开沟条播，开沟规格为行距 40 厘米，深 1.5～3.0 厘米，覆土1～3 厘米。幼苗出土后，根据土壤墒情，注意灌水。苗高 1.5～3.0 厘米时松土除草 1 次，以后每隔 20～30 天松土除草一次。苗高 6～9 厘米时定苗，株距 12～15 厘米，留苗 15 万～18 万株/公顷。在 5 月、6 月、7 月追肥 3 次，结合灌水进行，为保证苗木生长，应及时去除幼株离地 40 厘米以下部位抽发的侧芽，苗高 60 厘米时应行摘心，以加速主干和上部侧枝生长，当根茎粗 0.7 厘米时出圃移栽。

也可扦插繁殖，在优良母株上，采粗 0.3 厘米以上的已木质化的 1 年生枝条，插穗剪成 18～20 厘米长，扎成小捆束，用 100 毫克/升 α-萘乙酸浸泡 2～3 小时，然后扦插。扦插时株距 6～10 厘米，按 60°斜插在沟内，填土踏实。

此外，繁殖方法还有分株繁殖、压条繁殖等，均没有扦插繁殖效果好。组织培养是一种新型繁殖技术，为大规模生产苗木的理想方法。

5. 栽培管理技术要点

（1）栽植技术。栽植地要选择土壤熟化、肥力较好、灌排通畅、交通方便、地下水位在 1 米以下的沙壤或轻壤土。在垄上挖穴，穴深 30 厘米，直径 30 厘米。每穴施腐熟厩肥 3 千克，并与土壤充分混合。栽植密度为 1.5 米×2.5 米，每 667 米^2 栽植 178 株。栽植苗木时，使根系向四周伸展，用湿土压住根系，向上轻轻提拉树苗，再填心土，分层踏实、浇水，最后覆盖松土保墒。深度以苗木根茎与地面齐平为宜。

（2）整形修剪。枸杞为喜光树种，控制树冠大小可以提高产量。常见树形有自然纺锤形、自然半圆形、三层楼形、圆锥形等。整形采用操作简单、易于上手的自然纺锤树形是枸杞丰产优质的首选树形。

修剪在春节时进行，前两年将主干上侧面的枝全部疏除，仅留主干。第三年，主干距地面 60 厘米以下的萌芽全部剪掉；在主干上，每 10 厘米左右选留 1 侧枝，生长向不同的方向，保证在空间上均匀分布；侧枝长到 15 厘米时剪短，二次分枝长到 20 厘米时再行剪短，促进分枝结果。第四年，控制主干在 2 米左右，侧枝剪留 10 厘米左右。在主干 60 厘米以上留 17 个左右的侧枝。此外，夏剪需剪除植株根茎、主干、膛内、冠顶萌生的徒长枝，每 15 天修剪一次，以免扰乱树形并消耗营养，夏剪要格外重视。

（3）土肥水管理。于 10 月土壤封冻前施基肥，基肥以腐熟的有机肥和氮、磷、钾复合肥为主，氮肥基施比例为全年施肥量的 60%，磷、钾肥比例为 40%。于 4 月下旬至 5 月上旬第一次追肥，主要用尿素、二铵，5 月下旬至 6 月上旬及 6 月下旬至 7 月上旬各追一次氮、磷、钾复合肥，8 月上旬追施硫酸钾。另外，还要做好中耕除草、灌排水工作。

（八）五味子丰产栽培技术

五味子为木兰科五味子属，多年生落叶藤本，可药用和观赏。在我国，五味子属约有 20 种，根据产地的不同，习惯将产于东北的五味子称为北五味子，将产于陕西、四川、湖北的华中五味子称为南五味子或西五味子。

1. 主要品种　五味子主要品种有红珍珠、红珍珠 2 号。

2. 生长结果习性　五味子花多为单性，雌雄异株，稀同株，花单生或丛生叶腋，乳白色或粉红色，花被 6～7 片，花期 5～6 月；雄蕊常 5 枚，花药聚生于圆柱状花托的顶端，药室外侧向开裂；雌蕊群椭圆形，离生心皮 17～40 厘米，花后花托渐伸长为穗状，长 3～10 厘米。小浆果球形，成熟时红色，果期 8～9 月。种子 1～2 粒，肾形，淡褐色有光泽。

在水、肥和管理条件好的情况下，移栽 2 年生五味子苗，第二年即可开花结果，第三年有一定产量，4～5 年后大量结果，每 667 米² 干果产量约 150 千克。

3. 生态习性　五味子具有喜光、喜湿润、喜肥、适应性强等特性，不耐涝，幼苗期怕烈日照射，需适度遮阳。对土壤要求不严，野生五味子多生于肥沃、湿润、腐殖质含量高的杂木林、林缘及山间灌丛处。

4. 繁殖方法　野生五味子除种子繁殖外，主要利用地下横走茎繁殖。人工栽培中，进行了扦插、压条繁殖的研究。种子繁殖方法简单易行，能在短期内获得大量苗子。扦插、压条虽能生根发育成植株，但生根困难，处理时要求条件难以掌握，均不如种子繁殖。

（1）播种育苗。9～10月果实成熟时，选择穗大、粒多、大小均匀的果实，清水中浸泡3～4天，搓下果肉，洗出种子，捞出晾干后与3倍用量的湿沙拌匀，装入麻袋，埋入挖好的避风向阳处深60～70厘米的坑内。次年4月份，当种子裂口露白时，即可取出播种。

播种地选择在排水良好、土壤肥沃、平坦向阳的地方。整地施肥，整成宽1.2米的苗床，开沟行距15厘米，沟深2～3厘米，沟底踩平，将种子均匀播入沟内，播后覆土2厘米，稍加镇压后盖草防旱保温，每667米² 用种量约5千克。播后20～30天出苗，当50%～70%出苗时撤除盖草，搭设简易遮阳棚，苗高5～6厘米后再拆除。幼苗真叶3～4片时，按株距5～7厘米定苗。

（2）扦插育苗。早春植株萌动前剪取上年生健壮枝条，剪成10～12厘米长的插穗，按行距12厘米、株距7～10厘米的规格斜插于整好的苗床上，并搭荫棚，经常浇水，促进生根发芽。

（3）压条育苗。早春将植株枝条部分埋入土中，常浇水使土壤保持湿润，待枝条长出新根后，于第二年春天剪断与母株相连部分，并进行移栽。

5. 栽培管理技术要点

（1）栽植技术。栽植地选择在土壤肥沃、土层深厚、排水良好的林缘地或熟地，以腐殖土或沙质壤土为佳。栽植地施基肥20～30吨/公顷，整平耙细备用。一般在4月下旬至5月上旬移栽，行株距120厘米×50厘米，然后挖深30～35厘米、直径30厘米的穴，每穴栽1株。栽时要使根系舒展，防止窝根与倒根，栽后踏实，灌足水，待水渗透后用土封穴。15天后查苗，未成活的进行补苗。

（2）整形修剪。五味子枝条在春、夏、秋三季均可进行修剪。春剪一般在枝条萌芽前进行，剪掉过密果枝和枯枝，剪后枝条疏密适度，互不干扰。夏剪一般在 5 月上中旬至 8 月上中旬进行，主要剪掉萌蘖枝、内膛枝、重叠枝、病虫枝等，对过密的新生枝也需进行疏剪。秋剪在落叶后进行，主要剪掉夏剪后的萌蘖枝。夏剪进行得当，秋季可轻剪或不剪。

不论何时剪枝，都应选留 2～3 条营养枝作为主枝，并引蔓上架。用促花王 3 号喷施，可大大促进花芽分化，提高开花坐果率，抑梢疯长，均衡大小年。

（3）土肥水管理。五味子喜肥，生长期需要足够的养分和水分，孕蕾开花结果期，除需要足够水分外，还需要大量养分。每年追肥 1～2 次，分别在展叶期和开花后进行。一般每株可追施腐熟的农家肥 5～10 千克。追施时可在距根部 30～50 厘米周围开 15～20 厘米深的环状沟，开沟时勿伤根系，肥料施入后覆土踏实。栽植成活后，需经常灌水，保持土壤湿润，结冻前灌水以利越冬。

（九）黄柏丰产栽培技术

黄柏为芸香科植物黄皮树和黄檗的干燥树皮。前者习称川黄柏，后者习称关黄柏。具清热解毒、泻火燥湿等功能。川黄柏主产四川、湖北、贵州、云南、江西、浙江等省（自治区）；关黄柏主产东北和华北地区。

1. 生态习性　黄柏对气候适应性强，苗期稍能耐阴，成年树喜阳光。野生多见于避风山间谷地，混生在阔叶林中，多分布于海拔 600～1 700 米的山上。喜深厚肥沃土壤，在湿润、排水良好、腐殖质丰富的中性或微酸性土壤中种植生长良好。喜潮湿、喜肥、怕涝、耐寒，尤其是关黄柏比川黄柏更耐严寒。黄柏幼苗忌高温、干旱。黄柏种子具休眠特性，低温层积 2～3 个月能打破其休眠。

2. 繁殖方法

（1）种子繁殖。可以春播或秋播。春播一般在 3 月上中旬，播前用 40℃温水浸种 1 天，然后进行低温或冷冻层积处理 50～

60 天，按行距 30 厘米开沟条播，播后覆土，并稍加镇压、浇水。秋播在 11～12 月进行，播前 20 天湿润种子至种皮变软后播种。每 667 米² 用种 2～3 千克。苗齐后应拔除弱苗和过密苗。一般在苗高 7～10 厘米时，按株距 3～4 厘米间苗，苗高 17～20 厘米时，按株距 7～10 厘米定苗。培育 1～2 年后，当苗高 40～70 厘米时，即可移栽。

（2）分根繁殖。在休眠期间，选择直径 1 厘米左右的嫩根，窖藏至年春解冻后扒出，截成 15～20 厘米长的小段，斜插于土中，上端不能露出地面，插后浇水。也可随刨随插。1 年后即可成苗移栽。

3. 栽培管理技术要点

（1）栽植技术。按穴距 3～4 米开穴，穴深 30～60 厘米、80 厘米见方，并每穴施入农家肥 5～10 千克作为底肥。移植时间在冬季落叶后至次年新芽萌动前。移植方法是将幼苗带土挖出，剪去根部下端过长部分，每穴栽 1 株，填土一半时，将树苗轻轻往上提，使根部舒展后再填土至平，踏实，浇水。

（2）土肥水管理。定植后 2 年内，每年夏秋两季，应中耕除草 2～3 次；3～4 年后，树已长大，只需每隔 2～3 年，在夏季中耕除草 1 次，疏松土层，并将杂草翻入土内。

（3）病虫害防治。

①锈病。5～6 月始发，为害叶片。防治方法：发病初期用敌锈钠 400 倍液或 25％三唑酮 700 倍液喷雾。

②花椒凤蝶。5～8 月发生，为害幼苗叶片。防治方法：利用天敌，即寄生蜂抑制凤蝶发生；在幼龄期，用 90％敌百虫 800 倍液或苏云金杆菌乳剂 300 倍液喷施。此外，还要做好地老虎、蚜虫、蛞蝓等为害。

（十）辛夷丰产栽培技术

辛夷属于木兰科植物，又名玉兰、木兰、望春花等，其干燥花蕾入药称作辛夷。辛夷的适生区域广阔，主产于河南、安徽、湖北、浙江、陕西等地。早春初暖乍寒时节，辛夷先花后叶，花冠大而色泽艳丽、气味馨香扑鼻，花落后叶片才冒出，叶大而浓绿，树姿美观，树纹理通顺光滑，质细坚实，广泛用于城市园林或住宅庭院美化绿化，已成为城市园林重要绿化树种之一。辛夷花蕾既可药用，又能提取香料，十分畅销。辛夷资源的主要树种有望春玉兰、玉兰、紫玉兰、二乔玉兰、腋花玉兰等。

1. 主要品种

（1）腋花玉兰。该类型 1 年生枝条除下部 4～5 个芽外，顶端和其他叶腋均可形成花蕾。花蕾卵形、淡灰色，长 1.38～2.58 厘米，径 1.03～1.42 厘米，花蕾端正，鳞毛整齐。幼树树冠紧凑，盛蕾期树冠逐年开张，属高产类型。

（2）猴掌玉兰。形态特征基本与腋花玉兰同，主要区别是 1 年生枝条上端节间很短，可形成 3～4 个紧密排列且无叶片的花蕾，状如猴指。该类型嫁接后 3 年即可有产，适宜密植。

（3）桃实望春玉兰。该品种花蕾单生于 1 年生枝顶，长卵形、淡灰白色，长 2.04～3.86 厘米，径 1.30～2.71 厘米；花梗紫褐色，密被短柔毛，花蕾特大，蕾形端正。树势旺盛，产量较高。

2. 生态习性　辛夷喜光，幼时稍耐阴，在天然杂木林中常形成优势树种。辛夷树种对土壤条件要求不严，在各种土壤上均能生长，但以土层深厚肥沃、湿润疏松、排水良好的中性或微酸性的壤土、沙壤土上生长最好。对气候条件有较强的适应性，在年平均气温 10～23℃、年降水量 600～1 400 毫米的气候条件下都能生长。但以年平均气温 13.0～14.5℃，年降水量 750～900 毫米，海拔高度 300～900 米，无霜期 180～240 天的范围内，最适宜辛夷树种生长，花蕾品质极佳，为其适生分布区和适生栽培区。

3. 生长结果习性　辛夷树种先花后叶或花叶同放，在河南山区一般 2～3 月开花，4 月发芽展叶，果熟期 8～9 月，11 月份落叶采蕾。

4. 繁殖方法

（1）种子繁殖。选树龄15～20年生的健壮树作为采种用母株。于9月上中旬，当聚合果变红，部分开裂，稍露鲜红色种粒时，即可采集。采回后，先将果实摊开晾干，待全裂时脱去红色种子。然后，将种子与粗沙拌混，反复搓揉，使其脱去红色肉质皮层。含油脂的外皮搓得越净，发芽率越高。搓净后再将种子用清水漂去种皮、杂质和瘪籽，晾干后进行湿砂层积贮藏。第二年春季，当种子裂口露白时，取出播种。播种育苗：3月上旬，在整好的苗床上，按行距20～25厘米开沟条播，沟深2.5～3.0厘米，将催芽的种子均匀撒在沟内，覆土2～3厘米，压实、盖草。1个月左右即可出苗，齐苗后及时揭去盖草，加强苗床管理，培育2年，当苗高100厘米左右时，可出圃定植。

（2）分株繁殖。于立春前后，挖取老株的根蘖苗，或将灌木丛状的小植株全株挖取，带根分株另行栽植。要随分随栽，成活率很高，成株也快。

（3）扦插繁殖。夏季进行扦插育苗。选1～2年生粗壮的嫩枝，取其中下段截成15～20厘米的插条，每段需有2～3个节，上端截平，下端切成斜口。用100毫克/千克吲哚丁酸浸泡插口数分钟，在插床上按行距20厘米、株距5～7厘米插入土中，覆土压紧，浇水湿润、搭棚遮阳，保持土壤湿润，1个月左右即可生根，成活率70%左右。

（4）嫁接繁殖。砧木采用1～2年生，发育良好，生长壮实，根系发达，无病虫害的紫玉兰或白玉兰实生苗。接穗采用开花结果好，芽呈休眠状，无病虫害的1年生枝条。采后立即剪去叶片，留叶柄，并用湿润的稻草包裹。于5月中下旬，采用带木质部的削芽接或T形芽接法。嫁接的新芽成活后，马上解除绑绳，抹除砧芽，促进嫁接芽的生长。管理得当，2～3年后即可开花。利用嫁接苗移栽，是辛夷早期丰产的主要途径。

5. 栽培管理技术要点

（1）栽培管理技术。在幼株阶段，每年除草培蔸 2 次，分别在 6 月、8 月进行。造林后第二年开始，对土壤肥力不足的苗木，结合除草培蔸进行施肥。每年施肥 1 次，每株施氮肥 0.1 千克。对成年大树，每年摘花蕾后，9～10 月在树冠投影外缘挖槽换土，注意勿伤大根。

（2）修枝整形。对培育 3 年后仍不结花的幼树，剪去树干的顶枝，疏掉一部分生长过旺的徒长枝，以促进花芽形成。修剪分为春秋剪和夏剪。春秋剪在秋季封顶后、春季萌芽前进行，主要剪除病虫枝、枯枝和衰弱枝。夏剪在 6～7 月进行，主要是打顶疏密，剪除徒长枝和重叠枝。

（3）防治病虫害。主要是蛀干害虫，可将敌敌畏注入虫孔，或用经过敌敌畏液浸泡的棉球堵塞虫孔。

（十一）香榧丰产栽培技术

香榧，又称为中国榧、榧树、玉榧、野杉子，为红豆杉科榧属常绿乔木，原产我国，是世界上稀有的经济树种。树高可达 25 米，树干端直，树冠卵形，干皮褐色、光滑，老时浅纵裂，冬芽褐绿色常 3 个集生于枝端，雌雄异株，雄球花单生于叶腋，雌球花对生于叶腋，种子大形，核果状，长 2～4 厘米，为假种皮所包被，假种皮淡紫红色，被白粉，种皮革质，淡褐色，具不规则浅槽，花期 4 月中下旬，果熟翌年 9 月。香榧种子称"香榧子"，为著名的干果。香榧的果实为坚果，橄榄形，果壳较硬，内有黑色果衣包裹淡黄色果肉，可食用，营养丰富。

香榧树主要生长在我国长江以南的浙江、安徽、福建、江苏、贵州、湖南、江西等省（自治区），其中以浙江的枫桥香榧、安徽的太平香榧和江西的玉山香榧（果）等最负盛名。

1. 生长结果习性 榧树雌雄异株，有性繁殖全周期需 29 个月，一代果实从花芽原基形成到果实形态成熟，需经历 3 个年头，每年的 5～9 月，同时有两代果实在树上生长发育，还有新一代果实的花芽原基在分化发育，人们称之为"三代同树"。

2. 生态习性　香榧为亚热带树种，喜光也稍耐阴，喜温暖湿润的气候和深厚肥沃的酸性土壤，不耐积水涝洼和干旱瘠薄。较耐寒，寿命长达数百年至上千年。

3. 繁殖方法

（1）采种。

①采集种子。每年中秋节前后（白露至秋分），香榧外面的种皮由青绿色转为黄绿色，微微开裂，种皮紫红色时即成熟了。为了避免损伤第二年的幼果，不能用竹竿敲打枝桠。在种子成熟前先把树下杂草除尽，筑一围埂，种子成熟自落时，每天清早到树下拾取。因品种不同，每0.5千克种子有100～200粒不等。

②种子处理。香榧种子一般要2年才发芽。为了能当年出苗，将鲜种采回后立即剥洗去外面的种皮，取回净种放在室内阴干，于当年秋天播种。或一层湿沙（以手捏沙不滴水为宜）一层种子贮藏，既要保湿又要防霉。到第二年2月（雨水至惊蛰）当种壳微裂，就可取出播种。

（2）育苗。

①播种。选择土壤肥沃、疏松、排水良好的土地，先下足底肥，再三犁三耙后筑苗床。苗床宽100厘米、高25厘米。床面要平整。筑好苗床后即开沟条播。条距30厘米，株距7厘米，盖土厚度近2厘米。每667米^{2}用种约40千克。

②管理。清明至谷雨幼苗陆续出土后，要及时拔草、松土、追肥、灌溉、排水。夏季要及时搭上荫棚，以免幼苗晒死，一年生苗高可达到20～30厘米，每667米^{2}产量为10 000株左右。

4. 栽培管理技术要点

（1）山场选择。选择酸性或微酸性土壤，沙质土比黏质土好。浙江南部地区适宜栽植在海拔400米以上的即临风、向阳、多雾的山谷、山坳中，要求土壤疏松、深厚肥沃。干旱瘠薄的山冈、山脊不能栽。

（2）栽植。冬至全面整地，定点挖穴。穴宽 100 厘米、深 50 厘米，施入底肥。在惊蛰期间选阴天，最好要带土起苗，做到栽正、舒根、打紧。每 667 米² 栽 20～30 株。在开花期主风的上风口按 10％栽植雄树。

（3）幼林抚育。造林后 1～2 年仅在保护圈内除草，圈内尽量保留植被，特别是豆科杂草灌木和耐阴性杂草要保留，只清除耗水、耗肥力强的芒草和杂竹。旱季来临前清除杂草覆地，保湿降温。3 年以后逐年向外扩穴。

2 年生以后幼树以有机肥结合化肥（氮肥、复合肥），每株施氮肥 50～100 克，复合肥 100～150 克，有机肥 5～15 千克，化肥不能直接接触根系，采用环沟法施肥。

（4）成林管理。香榧树每年既有当年采收的种子，又有来年可收的幼子，营养物质消耗大。应该在 4 月份施一次速效肥，秋季收籽后再施一次恢复树势的基肥，结合化肥；施肥量按每 100 千克种子（带假种皮）计，年施 100 千克有机肥和 8 千克化肥（按春 5 冬 3 施用）。

保留雄株，也可通过移栽、嫁接等措施来增加雄榧树。低矮的香榧树还可以采取人工辅助授粉的办法来提高坐果率。可剪取带蕾小枝采集花粉，选择晴天用喷雾法、水浸法或撒粉法进行人工辅助授粉。

（5）混交。香榧幼年树喜阴，林下套种有利香榧幼林，同时又能增加早期收益，最好与生长期较短的植物混交。

（十二）欧李丰产栽培技术

欧李为蔷薇科多年生落叶小灌木，因果实含钙高又称高钙果，中国特有的第三代小水果。欧李作为第三代新型保健时尚水果，果实似小李子，酸甜可口、风味独特、营养丰富，其钙和铁的含量位列各种水果之首。

欧李植株矮小、结果早、果实较大、营养丰富，可以生食，也可以用于加工，是加工果汁的优质原料，种仁还可以入药，它是寒地很有发展前途的一种矮生野生果树。内蒙古自治区自然分布范围在呼伦贝尔市、兴安盟、通辽市、赤峰市、锡林郭勒盟、乌兰察布盟等地区。

1. 主要品种　欧李主要品种有农大钙果系列、内蒙古大欧李系列、燕山钙果系列、太行山钙果系列、泰山早熟欧李品种系列等。

2. 生长结果习性　欧李在定植当年形成花芽，第二年开始结果，除枝条基部外，几乎所有节位都可形成花芽。腋芽多为簇生，少数为3并生，每叶腋叶芽1个，花芽2～6个，每花芽可形成2朵小花。欧李的萌芽率高，几乎所有叶腋的叶芽都能萌发。

欧李的花为两性花，白花授粉坐果率低（5％～7％），实生群体自然授粉坐果率50％，果实着生牢固，无生理落果和采前落果现象，果实8月下旬至9月上旬成熟，果重2～5克，大果株系果重8～9克。

3. 生态习性　野生欧李多生于山坡灌丛、林缘、草地及固定沙地等，耐旱、耐瘠薄、耐盐碱、适应性很强，是极耐寒的落叶小灌木。

4. 繁殖方法　欧李繁殖用播种、扦插、压条、分株或嫁接、组培均可。目前无性系主要采用嫩枝扦插法、砧木嫁接法和组织培养法进行繁殖。

（1）播种技术。果实采收后，晾干或不晾干，沙藏，第二年春天采用营养钵或阳畦育苗，适时移栽。也可以直接播种，一般情况下均具有较好的发芽率和出苗率。沙藏未发芽的种子在当年夏季或第二年春季还会出苗。

（2）嫁接技术。在桃树上嫁接欧李，春季（4月份）和秋季（9月份）利用粗度较大的接穗，采用嵌芽接方法可以达到70％～90％的成活率，生产中可试用。欧李与部分核果类果树（毛桃、山杏、毛樱桃等）均具有较好的嫁接亲和性，嫁接后接口愈合良好。其中 1991 年在毛桃砧木上嫁接的欧李已经正常生长结果 12 年。

（3）扦插技术。5 月下旬至 6 月下旬，取 8～10 厘米长的插条，扦插于蛭石、珍珠岩、河沙或其混合基质，厚度 10～15 厘米，插前用 ABT 生根剂 1 000 毫克/千克处理 2 小时，苗床湿度 30%～40%，温度 22～23℃，空气相对湿度 90%，温度 24～25℃，喷杀菌剂，15 天内遮阳，一般情况下 20～30 天生根率为 50%～80%，适时移栽。

④压条技术。早春时把 1 年生枝条埋到土中，枝条顶端露出地面，枝条生根后，截断其与母株的连接，秋季移栽。压条前刻伤并涂抹 100 毫克/千克萘乙酸对生根有促进作用。

5. 栽培管理技术要点

（1）荒山造林。可采用大块状混交造林，欧李可与刺槐、元宝枫等阔叶树混交或与侧柏、油松等针叶树混交。块内欧李采用带状栽培，每带 4 行，带间距 2 米，带内株行距 0.5～1.2 米。大块状混交，可增强森林对环境的保护作用，同时可提高土地的生产力。

（2）人工栽培建园。欧李人工栽培采用带状栽植，每带 3～4 行，带距 2 米，带内株行距 0.8 米×1.5 米，便于管理和采果。也可与其他果树间作，提高经济效益。

（3）选地整地。荒山造林可选择阳坡、半阳坡、坡度较缓、土层较厚的山坡地。采用水平阶整地，阶宽 1.0 米，深 0.5 米，长度随山势而定，里低外高，将草皮覆于埂沿拦截雨水。大田建园一般地块即可，但有灌溉条件最好。也可在乔木果树行间、梯田地边栽种。栽前深翻一次，多施有机肥。

（4）栽植。时间最好在秋季欧李落叶后至土壤封冻前进行，也可在春季土壤解冻后至芽萌动前，当年即可开花结果。按照株行距定点挖穴，穴深 0.5 米，长、宽各 0.4 米，表、底层土分开堆放。荒山造林可把枯草表土放入穴底。苗木出圃后立即浸水拉泥条，趁墒栽植踩实，如墒情不好可想法浇一次透水。

（5）浇水追肥。欧李一年中有 3 个需肥关键时期：春季萌芽前后，以氮肥为主；新梢旺长和幼果膨大期施氮、磷、钾复合肥，可促使新梢生长和幼果膨大；7 月底 8 月初，在果实最后一次生长高峰前施肥，以磷、钾肥为主，加速果实膨大。果实采收后 9 月份，秋施一次有机肥，可在有机肥中掺入适量硫酸亚铁，以满足果实对铁的需要。如有灌溉条件施肥后应灌水，否则抢墒施肥。

（6）整形修剪。采用丛状整形。丰产的欧李株丛应有各类结果枝 10 个左右，其中基本枝 7～8 个，2 年生枝 2～3 个，每年选留 10～15 个枝作为更新。春季定植时，每枝留 20 厘米短截，当年可萌发 3～5 个基生枝和 7～15 个二次枝。第二年形成大量花芽，开花结果，对 2 年生枝上的二次枝，疏除过密细弱枝，保留粗壮的二次枝长放结果。对于基生枝，可选择株丛中部的 2～3 个进行中短截，促其旺长，其余基生枝长放结果。2 年生株丛易产生基生枝，次年萌芽后及时除萌，每丛选留 10～15 个作为更新枝，其余一律剪除。第三年进入盛果期，基生枝和上年短截的二年生枝上的侧枝生长健壮，形成大量花芽。长放的 2 年生枝和 3 年生枝大量结果后所发侧枝细弱，冬季疏除。

（7）疏花疏果。欧李易成花，一般基生枝从基部第三节起往上均可开花结果，每节可开花 2～8 朵，在绿豆粒大小时疏果，疏去梢部果、密挤果，使健壮枝保留 20 个果，中庸枝保留 10 个果，弱枝 3～5 个果。

（8）病虫害防治。欧李的病虫害较少，可在发芽前喷一次 3 波美度石硫合剂防病虫。7 月份以后进入雨季有白粉病、细菌性穿孔病发生，可用三唑酮、农用链霉素防治。虫害主要是蚜虫，用吡虫啉防治。

（十三）刺梨丰产栽培技术

刺梨为蔷薇科蔷薇属亚热带落叶小灌木，饮料类水果，又名茨梨、刺石榴、缫丝花、木梨子，果实富含维生素 C，是滋补健身的营养珍果，适用于加工。主要分布在贵州、陕西、甘肃、江西、安徽、浙江、福建、四川、云南等地，以贵州分布最广，产量最高。

1. 主要品种 刺梨主要有贵农 2 号、贵农 5 号、贵农 7 号。

2. 生长结果习性 刺梨属浅根性果树，无自然休眠期，冬季仍缓慢生长。芽具有早熟性、异质性明显。花芽为混合芽，萌芽后，先抽生结果枝，然后开花结果，5 月为开花盛期。刺梨枝梢生长的顶端优势和垂直优势都弱，枝梢多斜生或平展，树冠的更新能力较强。刺梨的 1 年生枝和多年生枝都可形成结果母枝，以 1 年生枝为多；结果枝有单花果枝和花序果枝两种，结果枝具有连续结果的能力。花为完全花，有红花和白花；有单花和花序，着生于果枝顶端，大多数结果枝只着生单花，由生长健壮的结果母枝抽生的结果枝可着生花序，形成不规则的伞房花序。果实为假果，内有种子 3～45 粒，果皮有无刺果和有刺果，从幼果发育到成熟需要 90～110 天。刺梨落花落果少，坐果率达 70％左右，能自花授粉结实，但在异花授粉的条件下，坐果率高。在花期低温阴雨（13℃以下的低温）的条件下，易导致授粉、受精不良。

3. 生态习性 刺梨适宜于温和气候，在年平均气温 11.0～16.5℃、≥10℃年有效积温 3 100～5 500℃的地区生长发育良好。耐寒性稍差，但枝可忍耐−10℃左右的低温。喜光，不耐强烈的直射光，以散射光最佳，强光下果小，植株矮小。喜湿，多野生于溪流、河滩、沙洲、田坎、路旁等湿润处，在较潮湿的土壤中也能正常生长结实。对土壤要求不严，在土壤 pH5.5～6.5 的微酸性壤土、沙壤土、黄壤、红壤、紫色土上都能栽培，耐瘠力弱，丰产栽培要求土层深厚肥沃、保水保肥力强。

4. 繁殖方法 刺梨可用实生、扦插、压条、嫁接等方法繁殖，以种子播种和扦插繁殖为主。种子采收后可秋播，也可沙藏至次年春播。扦插，1年生枝作插穗，于早春至初夏进行。

5. 栽培管理技术要点

（1）定植时间。刺梨的定植应在落叶以后，在我国西南地区，以12月栽植最为适宜。

（2）栽植密度。一般直立型株行距（1.5～2.0）米×（2.5～3.0）米，开张型（1.0～1.5）米×（1.5～2.0）米；土壤条件优良的适当稀植；披散型的刺梨品种和土壤条件差的适当密植。

（3）科学施肥。每年冬施基肥1次，一般施有机底肥在45吨/公顷以上。春、夏、秋三季萌芽抽梢前各追肥1次，在2月份抽梢前追施1次以氨态氮肥，适当配合硝态氮肥；在6月初至7月初，追施1次氮、磷、钾复合肥。

（4）土壤管理。新建果园，提倡间作覆盖；盛果期果园要勤除杂草，在遇到干旱时要及时灌水。

（5）整形修剪。树形多采用丛状形。修剪时期以落叶后的冬剪为主，辅之以生长期的适量疏剪。落叶后，疏剪枯枝、病虫枝、过密枝和纤弱枝，尽量多留健壮的1～2年生枝作为结果母枝；对衰老的多年生枝进行重短截；树冠基部抽生的强旺枝要尽量保留，树冠中下部过于衰老的结果母枝要剪除。对衰老的刺梨园，应进行树冠的回缩更新修剪，回缩树冠1/3～1/2，每隔3年左右更新修剪一次；对于严重衰老、产量极低的刺梨园，可进行隔行台刈更新，维持高产、稳产。

参 考 文 献

艾呈祥，余贤美，张力思，等.2006.山东板栗遗传多样性分析［J］.果树
　　学报，23（5）681-684.

艾文胜，杨战胜，李昌珠，等.2001.湖南优质高效笋用竹示范基地建设展
　　望二［J］.湖南林业科技，28（4）：59-61.

白景云.2010.介绍几个京郊适宜栽培的核桃新品种［J］.北京农业（2）：
　　24-25.

蔡荣.2012.核桃优良品种丰辉引种及栽培技术［J］.果农之友（7）：18.

陈栋，谢洪江，江国良，等.2006.甜柿新品种川甜柿2号的选育［J］.果
　　树学报，23（4）：650-651.

陈庆文.2004.5个特早熟鲜食枣的优良品种［J］.中国种业（1）：56-57.

陈秋芳，田建保，程恩明，等.2005.核桃薄壳新品种金薄香2号的选育
　　［J］.中国果树（2）：8-9.

陈志松.2010.绿竹笋品种特性及其栽培技术［J］.福建农业科技（6）：
　　48-49.

单公华.2005.三个枣优良品种［J］.农村百事通（5）：35.

杜红岩，李芳东，杨绍彬，等.2011.果用杜仲良种'华仲9号'［J］.林
　　业科学，47（3）：194.

杜红岩，李芳东，杜兰英，等.2010.果用杜仲良种'华仲6号'［J］.林
　　业科学46（8）：11.

顾姻，贺善安.2001.蓝浆果与蔓越桔［M］.北京：中国农业出版社.

洪亮.2010.介绍五种适宜保护地栽培的香椿品种［J］.新农村（9）：25.

侯国杰.2008.介绍几个核桃优良品种［J］.北京农业（2）：30.

胡妍，王志军.2011.西北板栗品种群中的优良板栗品种"镇安1号"
　　［J］.资源保护与开发（12）：58.

黄新华.2009.板栗新品种"艾思油栗"幼树的早期丰产栽培技术［J］.信
　　阳师范学院学报（自然科学版），22（2）：287-289.

贾志华.2007核桃优良品种介绍［J］.烟台果树（4）：33-34.

解明 . 2011. 杂交榛子丰产栽培技术（续Ⅰ）［J］. 北方果树（5）：54 - 57.

解明 . 2011. 杂交榛子优良品种及丰产栽培［J］. 果业经济（11）：22 - 23.

金光，廖汝玉，沈青标，等 . 2010. 优质早熟红柿品种早红的选育［J］. 中国南方果树，39（6）：13 - 15.

李春林，张丽芳 . 2010. 花椒新品种林州红选育及栽培［J］中国果菜（3）：15.

李武成，同文利，史亮，等 . 2007. 西林 2 号核桃的栽培技术要点［J］. 落叶果树（1）：61 - 62.

李先明 . 2003. 几个优良甜柿新品种［J］. 广西园艺（4）：5.

李先明 . 2004. 早熟甜柿新品种宝华甜柿［J］. 广西园艺，15（4）：22 -23.

梁玉本 . 2007. 薄壳核桃优良品种简介［J］. 烟台果树（1）：36 - 37.

刘金龙，李求文 . 2003 . 银杏新品种：恩银 1 号［J］. 园艺学报，30（6）：760.

刘庆香，王广鹏，孔德军 . 2009. 河北省主栽板栗品种（系）授粉结实特性研究［J］. 河北农业科学，13（8）：11 - 12，18.

刘荣光 . 2006. 南亚热带小宗果树实用栽培技术［M］. 北京：中国农业出版社 .

刘树英，刘洪章，文连奎，等 . 2009. 大果沙棘新品种'秋阳'［J］. 园艺学报，36（2）：306.

刘祥林，崔红莉 . 2004. 山楂优良品种简介［J］. 河北果树（2）：29 - 30.

刘学海，李占芹，英有文，等 . 2007. 沂蒙山区板栗优良品种简介［J］. 山西果树（4）：15 - 16.

马文江，陈志忠，周晓云，等 . 2006. 沂蒙山区山楂优良品种简介［J］. 落叶果树（3）：20 - 21.

孟庆杰，黄勇 . 2011. 山楂新品种沂蒙红［J］. 落叶果树（3）：68.

明桂冬，柳美忠，沈广宁，等 . 2004. 山东省板栗良种［J］. 果农之友（1）：19 - 20.

聂洪超 . 2009. 杂交榛子 B21 品种特性及栽培技术［J］. 果业经济（11）：25 - 26.

宁伟，郝楠，葛晓光，等 . 2006. 长白楤木新品种沈农草本龙芽 1 号［J］. 中国蔬菜（4）：51.

潘中田 . 2011. 南山楂鲜食新品种——中田大山楂〔J〕. 品种资讯，28
（4）：54.

彭世琪 . 2003. 10 个鲜食枣品种〔J〕. 中国农业信息（4）：27.

沈慧 . 2012. 两个核桃优良品种〔J〕. 良种介绍（1）：9.

孙秀坤，李清国，苗锋，等 . 2010. 枣树新品种沧蜜 1 号〔J〕. 北方果树
（6）：55 - 56.

田建保，陈秋芳，程恩明，等 . 2005. 核桃新品种金薄香 1 号〔J〕. 山西果
树（2）：3 - 4.

田雪 . 2004. 枣庄石榴优良品种〔J〕. 中国种业（9）：51 - 52.

田易萍，张俊，徐丕忠，等 . 2009. 茶新品‘种云茶 1 号’〔J〕. 园艺学
报 . 36（1）：153

王光全，孟庆杰 . 2006. 早熟山楂新品种伏早红〔J〕. 中国种业（6）：
50 - 51.

王广鹏，张树航，韩继成，等 . 2013. 燕山板栗新品种“燕奎”的选育
〔J〕. 果树学报，30（2）：328 - 329.

王立新 . 2005. 枣树优良品种与现代栽培〔M〕. 郑州：河南科学技术出
版社 .

王丽娟，赵惠芬，戎俊青 . 2010 枣新品种“颖秀”的选育及栽培技术〔J〕.
良种繁育（3）：67 - 68.

王迎，宋承东，郭善基，等 . 2011. 银杏新品种‘金带’〔J〕. 林业科学
（10）：9 - 10.

王长柱，高京草，刘振中，等 . 2003. 早熟大果鲜食枣品种‘七月鲜〔J〕.
园艺学报，30（4）：499.

魏玉君，吕顺端，梅家东，等 . 2009. 板栗优良无性系“豫丰红”的选育研
究〔J〕. 河南林业科技，29（4）：29 - 31.

吴国良 . 1999. 经济林优质高效栽培〔M〕. 北京：中国林业出版社 .

吴履平，骆耀平，苏国崇，等 . 2006. 温州茶区茶树品种结构现状分析与思
考〔J〕. 茶叶，32（3）：171 - 174.

郗荣庭，刘孟军 . 2005. 中国干果〔M〕. 北京：中国林业出版社 .

夏国京，郝萍，张力飞 . 2002. 第三代果树野生浆果栽培与加工技术〔M〕.
北京：中国农业出版社 .

肖邦森 . 2000. 南方优稀果树栽培技术〔M〕. 北京：中国农业出版社 .

肖正东，陈素传.2007.安徽省栗属种质资源现状与利用前景［J］.经济林研究，25（4）：97-101.

徐育海，张力田，张仕辉，等.2003.湖北主要优良板栗品种性状调查及授粉试验初报［J］.中国南方果树，32（2）：51-52.

徐育海.2004.南方十个大粒优质板栗品种［J］.种子苗木（2）：19.

闫继峰，杨海菊，吴育红，等.2009.沧州市新审定的林木优良品种简介［J］.河北林业科技（4）：131.

姚莲芳.2004.榛子优良品种及高产栽培技术［J］.经济林研究，22（4）：98-102.

翟洪民.2011.适宜鲁苏北地区栽培的山楂优良品种［J］.中国农业信息（1）：32-33.

张大鹏，黄文敏.2002.陕西板栗品种资源概况及存在问题［J］.西北园艺（3）：11-12.

张国斌.2005.大果型优质石榴新品种开封大红一号［J］.名产名品（1）：38.

张军.2004.陕西临潼石榴优良品种［J］.中国果树（3）：29-31.

张时兴.2013.霞早绿竹笋用林丰产栽培技术［J］.安徽农学通报，19（01-02）：60-61.

张献辉，陈奇凌，王东健.2012.沙棘新品种新垦沙棘1号的选育［J］.中国果树（5）：10-11.

张一帆，王亚芝，曹庆昌.2010."北京板栗"探寻［J］.中国农村科技（5）：52-53.

赵辉，张康健.2003.高胶、高药型杜仲新品种：秦仲1-4号［J］.现代种业（4）：44.

赵京献，毕君，郭伟珍.2010.花椒新品种：琉锦山椒［J］.农家参谋（4）：8.

郑红建.2012.不完全甜柿新品种黄金方柿的选育［J］.中国果树（2）：37-38.

图书在版编目（CIP）数据

50种经济林果丰产栽培技术/王立新，王法格，王森主编.—北京：中国农业出版社，2014.3（2018.6重印）
ISBN 978-7-109-18926-3

Ⅰ.①5…　Ⅱ.①王…②王…③王…　Ⅲ.①经济林
-栽培技术②果树园艺　Ⅳ.①S727.3②S66

中国版本图书馆CIP数据核字（2014）第034192号

中国农业出版社出版
（北京市朝阳区农展馆北路2号）
（邮政编码100125）
策划编辑　黄　宇
文字编辑　浮双双

北京通州皇家印刷厂印刷　　新华书店北京发行所发行
2014年3月第1版　　2018年6月北京第15次印刷

开本：850mm×1168mm　1/32　印张：10.5
字数：265千字
定价：24.00元
（凡本版图书出现印刷、装订错误，请向出版社发行部调换）